U0341797

高 炉 解 剖 研 究

张建良　罗登武　曾 晖　左海滨　焦克新　著

北 京

冶 金 工 业 出 版 社

2019

内 容 提 要

本书是我国第一部反映高炉解剖成果的技术专著，所解剖研究的莱钢 125m³ 高炉，是我国高炉冶炼史上解剖研究的最大高炉，也是我国解剖的高炉中冶炼强度最高、强化冶炼手段最齐全、喷煤量最大的高炉。本书通过分析解剖数据和生产数据，详细阐释了高炉内含铁原料的分布、下降、粉化、还原、软熔滴落等行为，焦炭和煤粉的燃烧、气化和性状演变路径，渣铁熔分过程；基于高炉料柱特征诠释炉内煤气流分布及有效控制方法；系统揭示有害元素分布和迁移路径；科学分析高炉侵蚀炉型及形成机理。

本书所揭示的高炉冶炼规律，对于改善我国高炉在高冶炼强度下的稳定、顺行，提高高炉精准操作技术水平，加快我国炼铁技术的发展，促进高炉冶炼基础理论研究，均具有重要的参考价值。

本书可供高炉炼铁领域的科研、生产、设计、教学、管理人员阅读参考。

图书在版编目（CIP）数据

高炉解剖研究/张建良等著 . —北京：冶金工业出版社，
2019.11

ISBN 978-7-5024-8196-4

Ⅰ. ①高…　Ⅱ. ①张…　Ⅲ. ①高炉—构造—研究

Ⅳ. ①TF573

中国版本图书馆 CIP 数据核字（2019）第 204739 号

出 版 人　陈玉千

地　　址　北京市东城区嵩祝院北巷 39 号　邮编　100009　电话　（010）64027926
网　　址　www.cnmip.com.cn　电子信箱　yjcbs@ cnmip. com. cn
责任编辑　刘小峰　曾　媛　美术编辑　郑小利　版式设计　孙跃红
责任校对　李　娜　责任印制　李玉山
ISBN 978-7-5024-8196-4

冶金工业出版社出版发行；各地新华书店经销；北京博海升彩色印刷有限公司印刷
2019 年 11 月第 1 版，2019 年 11 月第 1 次印刷
787mm×1092mm　1/16；19.5 印张；473 千字；302 页
200.00 元

冶金工业出版社　投稿电话　（010）64027932　投稿信箱　tougao@cnmip. com. cn
冶金工业出版社营销中心　电话　（010）64044283　传真　（010）64027893
冶金工业出版社天猫旗舰店　yjgycbs. tmall. com
（本书如有印装质量问题，本社营销中心负责退换）

前　言

近十几年来，中国炼铁工业高速发展，生铁产量从 2000 年的 1.30 亿吨增加到 2018 年的 7.71 亿吨，占全球生铁产量的 62.23%，且自 2008 年之后，中国生铁产量一直占据世界生铁产量的半壁江山。全球 90% 以上的生铁是通过高炉生产，高炉炼铁工艺经过两百余年的发展和改进已趋近成熟，当前正朝着大型化及长寿化方向发展。面对复杂多变的原燃料质量条件，为了保证当前及未来大型、长寿及高冶炼强度高炉的稳定顺行，需要更加全面和深入地理解高炉冶炼原理，明晰高炉冶炼强度下高炉冶炼进程，从而指导工业生产中的精准操作。

多年来，高炉工作者主要是通过观察、测定、取样、模拟实验等各种手段间接了解高炉炉内状态。这些方法虽然便利，但终究未能直接反映高炉内的实际情况。高炉解剖研究作为国际上探索炼铁生产和工艺规律的重要方法，也是我国钢铁行业中的一项前沿性研究课题。在高炉正常生产状态下停炉，通过注水或者通入氮气冷却，使炉内料柱结构完整保留。然后从炉喉的炉料开始，一直到炉底的积铁，进行像发掘古迹一样的细致解剖调查，以便确切和真实地掌握炉内工作状态。虽然高炉解剖调查不能完全重现高炉生产过程中的动态情况，但相比其他任何方法，解剖研究可以更加全面地揭示高炉内烧结矿、球团矿、焦炭、煤粉等炉料的性状变化，从而完善高炉冶炼理论，为强化高炉冶炼及提高高炉操作水平提供参考。

本书是我国第一部专门介绍高炉解剖研究的专著，所解剖的 125m³ 高炉是中国高炉冶炼史上解剖研究的最大高炉，也是中国解剖的高炉中冶炼强度最高、强化冶炼手段最齐全、喷煤量最大的高炉。本书所揭示的高炉冶炼规律，对于加快我国炼铁技术的发展、提高高炉操作技术水平以及开展高炉冶炼基础理论研究，均具有重要的参考价值。尽管这座小型高炉的内部性状不一定完全代表大型高炉的情况，但由于对解剖试样进行了大量的测试和分析研究，并取得了丰富的生产和分析数据，因此将这些资料编印成书，供我国从事炼铁专业生产、科研、设计和教学等方面的工作人员参考，是很有必要和价值的。

本书第 1 章综述了日本、德国等国外高炉解剖的研究成果以及国内首钢、攀钢等高炉解剖的新发现。第 2~8 章详细介绍了莱钢 125m³ 高炉解剖结果。其中，第 2 章详细介绍了解剖高炉的生产情况，以及从停炉、冷却到解剖调查的方法。第 3 章论述了含铁炉料在炉内的分布运动及其粉化、还原、软熔、熔化和滴落过程。第 4 章重点阐述了高炉内燃料的行为，针对焦炭，自上而下地介绍了焦炭性状、尺寸及性能的变化，对煤粉自下而上地描述了其在高炉内的燃烧行为及未燃煤粉的迁移路径和影响。第 5 章论述了渣铁在高炉内的形成过程，重点介绍了软熔带、回旋区、炉腹及炉缸部位渣铁的熔分和性能状况。第 6 章针对当前及未来高炉不可避免的有害元素富集问题，全面诠释了碱金属、锌、铅、硫在高炉内不同区域炉料及耐火材料中的分布，描述了有害元素的迁移路径，完善了有害元素循环富集理论。第 7 章从高炉料柱的角度诠释了块状带、燃烧带、风口回旋区、死料柱等各个区域的结构及其对煤气流分布的影响机理，为合理控制高炉煤气流分布提供理论依据。第 8 章主要介绍了高炉侵蚀炉型及其形成机理，分别介绍了炉墙、炉喉钢砖、凸台冷却壁、扁水箱、下层冷却壁、炉缸砖衬的破损机理，并且进行了炉缸渣铁水流动的数学模拟，从理论和实践角度证明了渣皮厚度是挂渣能力和挂渣环境动态平衡的结果。第 9 章对高炉解剖工作进行了总结。

莱钢 125m³ 高炉的解剖研究，系莱芜钢铁集团与北京科技大学两家单位共同完成，在后续的研究过程中也得到了很多同事及同行的帮助，在本书完稿之际，作者要特别感谢：

(1) 2007 年 12 月 18 日，在莱钢炼铁厂举行了高炉解剖科学实验启动仪式，之后的 6 个月内，在莱钢技术人员的大力支持下，对高炉进行了有序地停炉、冷却和解剖，完成重达近 600t 设备、耐火材料及炉内冶炼物质的拆分。在此向王子金、蒋学健、孙建设、张明、罗霞光、张英、周小辉、李培言、周生华、张吉刚、郭怀功、董杰吉、刘生华、王延平、周林等技术人员表示衷心的感谢！

(2) 王筱留教授在高炉解剖过程中亲临坐镇，从策划到实施，全程耐心全面指导，付出了辛勤的劳动。杨天钧教授在后续的系统分析研究中提出了诸多指导意见。原首钢试验厂车间主任王允谦及教授级高工朱景康在高炉解剖过程中给予了大量帮助。本书还凝聚着程树森、国宏伟、刘征建、赵宏博、祁成林、王广伟、李克江、王振阳、王翠等老师的许多贡献，在此一并表示深深的感谢!

（3）本书是作者课题组多年合作研究的成果。感谢当时参加高炉解剖工作的研究生，孔德文、范正赟、陈永星、张雪松、朱进锋、潘宏伟、刘文文、裴燚、姜丽丽、苏步新。第3章收录了杨广庆博士的部分研究成果，第4章收录了孔德文博士的部分研究成果。与此同时，张磊、王朋、刘东辉、许仁泽、范筱玥、高善超、马恒保等研究生同学参与了许多资料收集、翻译和编辑工作。同学们多次召开读书会、研讨会，许多思想的火花为本书增加了光彩，对于同学们的辛勤劳动，再次专致谢忱!

（4）20世纪90年代后期，作者师从德国亚琛工业大学古登纳（Prof. Dr. H. W. Gudenau）教授和北京科技大学杨天钧教授，重点研究高炉炼铁技术，此后经常交流，交换了许多宝贵的资料并进行了深入的探讨，受益匪浅；与此同时，本书得到了日本东北大学有山达郎教授（Prof. Dr. T. Ariyama）的宝贵意见。在此一并表示感谢!

本书在编著过程中得到了王筱留教授的指导，刘云彩、吴启常、王维兴、高斌、蒋海冰、张华等专家提供了宝贵的意见和建议，在此一并表示诚挚的感谢!

由于水平所限，书中难免有不足之处，恳请广大读者批评指正。

张建良　谨识

2019 年 10 月 20 日

目　　录

1 高炉解剖研究概述

高炉炼铁是炼铁的主导工艺，会在很长时间内一直作为炼铁的主要流程，同时高炉也将会长期作为炼钢铁水的提供者。高炉是一种复杂的大型逆流反应器，长期以来被炼铁工作者称为"黑箱"。经过世界各国炼铁工作者的不断努力，目前高炉内部发生的变化越来越清楚，正在逐渐转变为"灰箱"，但还有许多问题不甚清楚，需要进一步深入研究，揭开高炉炼铁的秘密。

高炉解剖是揭开高炉"黑箱"一种最直接、最高效的方法。软熔带的发现，正是高炉解剖后带来的重要成果之一。高炉是一个动态系统，软熔带的变化会引起煤气分布改变，煤气流的变化又会影响软熔带的形状和位置。这种相互作用加剧了高炉生产的复杂性。在高炉内炉料和煤气逆流运动的过程中，含铁炉料不断受热还原，在软熔带发生软化、熔融、滴落。因此，软熔带是含铁炉料由固态转变为液态的过渡带，而且伴随着渣铁分离过程。软熔带中发生着复杂的物理化学反应，在高炉冶炼过程中起着"承上启下"的作用，对高炉冶炼有深刻的影响。优化高炉的软熔带形状及位置，是保证高炉顺行和降低燃料比的重要措施之一。

分析焦炭在高炉内部的行为是高炉解剖的另外一个重要任务，特别是焦炭在软熔带和滴落带作为煤气流和渣铁的通道，其焦炭粒度大小分布、焦炭层的厚薄和层数等均对高炉顺行具有十分重要的意义；焦炭作为炉缸死料柱的骨架，其组成状态是影响高炉下部料柱透液性的重要因素。目前已有的研究大多将死料柱视为一个整体，并设定了其空隙度以及浮起或沉坐状态后再进行模拟研究。但是实际高炉运行时由于中心不活、边缘堆积、碱金属影响等原因，死料柱沿炉缸径向的空隙度分布不均匀，且出铁过程死料柱往往处于动态的浮起和沉坐。

大喷煤是现代高炉的一个重要特点，大喷煤后，高炉的未燃煤粉量增加，会对高炉炉料透气性产生较大影响，如何避免这些不利影响是一项重要的研究课题。高炉解剖可以发现高炉内部不同部位未燃煤粉的含量及消耗情况，从而得出相应的改善措施。

通过高炉解剖，研究含铁炉料、焦炭和煤粉的行为，弄清含铁炉料、焦炭和煤粉在高炉内的反应机理，寻找改善高炉炉料透气性、透液性的措施，对我国高炉大型化过程中稳定高炉操作、优化炼铁指标等具有重要意义。

1.1 高炉解剖历史

19世纪中期，以焦炭为燃料并鼓入热风为标志的现代高炉出现。很长时期内，人们对高炉的内部状态都缺乏了解，高炉就如同一个看不透的"黑箱"，炼铁工作者只能猜测高炉内部的状态。

高炉解剖是把正在进行冶炼中的高炉突然停风，并且急剧降温以保持炉内原状，然后将高炉剖开，进行全过程的观察、录像、分析、化验等各项研究考察，人们将此工作称为高炉解剖。高炉解剖揭示了高炉内部的奥秘，极大丰富了高炉炼铁的技术和理论。国外历次高炉解剖情况见表1-1。

表1-1　国外历次高炉解剖情况

高　炉	解剖年份	炉缸直径/m	冷却方式
Lillhyttan，KHT	1916，1924	1.5	密封
Mines Experimental Station	1948	1	通氮冷却
USBM，Pittsburgh	1957	1.2	通氮冷却
Enakievo No.1	1964	5.4	通氮冷却
Higashida No.5	1968	6	注水冷却
Hirohata No.1	1971	8.5	注水冷却
Kukioka No.4		7.9	注水冷却
Kawasaki No.4	1974	7.1	注水冷却
Kawasaki No.2		7.4	注水冷却
Kawasaki No.3		7.1	注水冷却
Tsurumi No.1		7.6	注水冷却
Kokura No.2	1974	8.4	注水冷却
Amagasaki No.1	1976	6.7	注水冷却
Chiba No.1	1977	7.6	注水冷却
Kakogawa No.1		11.9	注水冷却
Nagoya No.1		11.0	通氮冷却
Mannesmann No.5	1981	8.0	通氮冷却
Teesside A，B，C	1989，1990，1991	0.6	通氮冷却

历史上有记录可查的最早的高炉解剖是由瑞典皇家工学院在1916年进行的。之后20世纪50~60年代美国矿业局在$10m^3$试验高炉和苏联叶纳基耶沃厂在$15m^3$试验高炉以及$426m^3$生产高炉先后进行了高炉解体调查研究。日本利用多座高炉处于更新停炉和技术革新的机会，在20世纪60年代末期到80年代的十几年间对多座高炉进行了解剖研究。公开发表的资料就有4座试验高炉、9座生产高炉，日本为解剖高炉最多的国家。此外，我国于1979年在首钢$23m^3$试验高炉上首次进行了高炉解体调查研究，取得了丰富的研究成果。1982年我国在四川西昌攀钢410厂$0.8m^3$试验高炉上进行了冶炼钒钛磁铁矿高炉解体调查研究。这是国际上首次对冶炼钒钛磁铁矿高炉进行解剖，进一步加深了对高炉冶炼钒钛磁铁矿规律的认识。

1.2　国外高炉解剖

1.2.1　日本高炉解剖研究

日本是世界上解剖高炉最多，也是解剖高炉容积最大的国家，其中解剖高炉容积在$1000m^3$以上的就有5座。日本公布的高炉解剖研究成果，引起了世界各国炼铁界的广泛关注。表1-2为日本各解剖高炉基本情况。

表 1-2　日本解剖高炉操作条件

高　炉		广畑 1	洞岗 4	川崎 4	川崎 2	川崎 3	鹤见 1	千叶 1	小仓 2	尼崎 1
炉容	m³	1407	1279	922	1148	936	1150	966	1350	721
炉缸直径	m	8.5	7.9	7.1	7.4	7.1	7.6	7.6	8.4	6.7
平均出铁量	t/m³	2605	2111	1630	1872	1433	1682	1242	2527	1290
利用系数	t/(m³·d)	1.85	1.65	1.77	1.63	1.53	1.46	1.29	1.87	1.79
停炉前出铁量	t	3289	2268		1700	1459	1722	1252	2187	1380
停炉前利用系数	t/(m³·d)	2.34	1.77		1.48	1.56	1.5	1.3	1.62	1.91
停炉前减风时间	h	20	30	7	60	100	105	20	90	35
停炉后打水时间	h	6.5	1.9	10	13	35.5	22	11	4.7	14.5
装料设备		钟式	钟式	钟式	钟式	钟式	钟式	钟式	钟式	钟式
装料顺序		CC↓OC↓OO↓	CC↓OO	CC↓OO	CC↓OO	CC↓OO	CC↓OO	CC↓OO	CC↓OO	C↓O
焦炭批重	t	12.5	7.2	5.8	7.28	6.2	7.35		10.2	4.7
矿焦比	t/t	3	3.94	3.49	3.09	2.97	3.09	2.8	3.25	3.6
烧结矿	%	50.4	68.7	79	61	58		79	60.2	39.9
球团矿	%	15.2	11.6	2	10	13	70	16		39.9
块矿	%	34.4	19.7	19	29	29	30	5	39.8	20.2
焦比	kg	502	394							
重油比	kg	40	83							
风温	℃	1028	980							
冶炼强度	t/t	1.00	0.79							

从表 1-2 可以看出，20 世纪 70~80 年代，日本高炉都采用无钟炉顶布料，装料方式主要采用正装，块矿入炉比例较高，没有采用喷吹煤粉。其中广畑 1 号高炉主要冶炼铸造生铁，鹤见 1 号高炉炉料结构以酸性球团矿为主，川崎 2 号高炉使用低强度焦炭，小仓 2 号高炉停炉前利用系数最高，洞岗 4 号高炉焦炭负荷最重，川崎 3 号高炉停炉前减风时间最长。

1.2.1.1　炉内炉料分布状况

在解剖高炉前，并不清楚软熔带的内部状况。通过高炉解体调查研究揭示了炉料在炉内的存在状态和分布情况。

从各解剖高炉内状况可以看到，矿石和焦炭分层装入炉内，在没有其他因素干扰的情况下，各层保持较好的层状分布，一直到高炉下部的熔化区域。根据高炉解剖结果，可以把炉内炉料的下降行为和结构状况分为 7 类。

（1）料面。料面堆积状态主要包括料面形状和堆尖位置等因素，主要由布料方式、炉料种类、炉料粒度等因素决定。

（2）块状带。各种炉料仍然保持散料状，没有发生相互黏结，矿石与焦炭保持层状下降。在下降过程中料层厚度逐渐减薄，堆角减小。

（3）软熔带。软熔带位于块状带的下方，是矿石高温熔化所致。炉内矿石层软化熔融形成软熔层，软熔层同与之相间的焦炭层构成了软熔带。发现高炉内软熔带的存在是一系列高炉解体研究最大的收获。日本高炉解剖发现软熔带的形状主要有三种：1）发现最多的是倒"V"形软熔带，如川崎 4 号高炉，鹤见 1 号高炉、小仓 2 号高炉、广畑 1 号高炉；2）"V"形软熔带，如川崎 3 号高炉；3）"W"形软熔带，如千叶 1 号高炉。

（4）滴落带。滴落带包括软熔带下部和炉缸部分。主要是焦炭、渣铁颗粒夹杂在焦炭之间。焦炭的棱角还很清晰。风口前端可以看到一个由焦炭围成的椭圆形区域。内部焦炭粒度较小，棱角已经磨损。

（5）燃烧带。风口前端回旋区及其周边构成的焦炭同热风发生氧化反应的区域。

（6）炉芯部。焦炭带下方密实圆锥状焦炭堆积层，其下降和消耗行为受多种因素制约，与焦炭带的下降不同步，炉芯焦在高炉内的停留时间较长。

（7）渣铁积存区。炉芯下部到炉底，由上部的渣层和下部铁层构成。渣、铁层中填充着疏松的焦炭。

1.2.1.2 软熔带的形成、熔化、滴落

关于高炉软熔带的形成，在未进行实际生产高炉解剖之前，争论多年但一直未能明确。试验高炉容积小，软熔带的形成过程也不明显。日本广畑 1 号高炉和苏联叶纳基耶沃1 号高炉是最早解剖的实际生产高炉，对它们的解体调查证实了软熔带的存在。广畑 1 号高炉解体调查发现有岩石样圆盘状矿石固结物；叶纳基耶沃高炉解体调查发现已还原的矿石固结在一起，在高炉剖面上呈"V"形分布。在广畑 1 号高炉解体调查中详细调查了矿石黏结物的状况，探讨了矿石层软化、熔融、滴落过程；之后在洞岗 4 号高炉解体调查过程中又做了进一步研究，才完全把软熔带形成、熔融、滴落过程弄清楚。

A 软熔带的结构

软熔带是指矿石在炉内下降过程中，矿石受热还原软化，从矿石颗粒开始黏结到完全熔化滴落的一段区间。软熔带结构如图 1-1 所示。

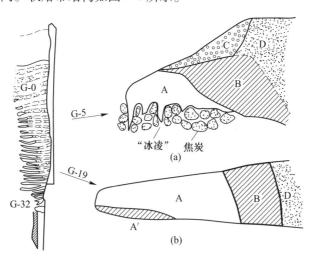

图 1-1 广畑 1 号高炉软熔带结构示意图
A—半熔融部分；A′—滴落带；B—软熔部分；C，D—块状带

在软熔部位矿石颗粒的种类能够清楚地区分，不同种类的矿石黏结在一起，球团矿间形成面接触，黏结牢固，主要由熔渣和金属铁黏结；烧结矿几乎不变形，与球团矿接触时

烧结矿的尖角可以伸入球团矿内部，同球团矿熔结在一起；烧结矿间只在接触点上才发生黏结，主要为熔渣黏结。在靠近半熔融部位的一侧矿石颗粒开始变形。在软熔性能方面烧结矿比球团要好。

在半熔融部位矿石层熔结成为整体，在料柱的压力下收缩变得密实，金属铁增多，石灰石与橄榄石尚未参与造渣反应。仔细观察炉料断面结构，矿石颗粒的轮廓还可以通过肉眼辨认，从颗粒的组织结构特征能够判断出矿石的种类。

在半熔融部位下部有中空的"冰凌"存在于焦炭缝隙中，如图1-1所示。冰凌主要为金属铁，在"冰凌"内外表面存在小液滴状渣粒。"冰凌"中空，根部呈蜂窝状结构。

B　软熔带中的还原反应

在块状带，烧结矿的还原率较低，广畑1号高炉解剖发现块状带同层矿石的还原率稳定在12%~15%。随着块状带向软熔带的转化，还原率在相当短的距离内急速上升。软熔带中烧结矿和生矿的还原率达到65%左右，球团矿的还原率达到80%左右。

C　软熔带中有害元素富集

（1）碱金属循环富集。温度在1000℃左右，各类矿石和焦炭中的碱金属含量开始升高，软熔带下部附近碱金属含量达到最高值。碱金属分布状态同软熔带形状相对应，如图1-2（a）所示。碱金属氧化物在滴落带和燃烧带中还原气化，随煤气上升，碱金属蒸汽在块状带下部和软熔带被矿石和焦炭吸收，并随之下降，发生碱金属循环富集，循环区域为从风口平面至1000℃等温线左右。调查结果表明，碱性烧结矿对碱金属吸收的能力强于酸

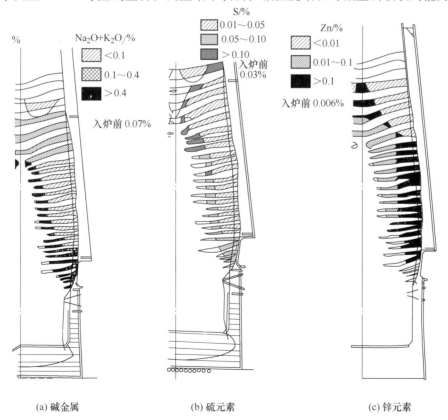

(a) 碱金属　　　　　(b) 硫元素　　　　　(c) 锌元素

图1-2　广畑1号高炉有害元素分布

性球团矿。

（2）硫元素循环富集。各类矿石中的硫含量是在温度为 1000℃ 左右开始升高，在软熔带中、上部出现最大值。硫含量的分布同碱金属分布类似，与软熔带的形状相对应，如图 1-2（b）所示。高炉中的硫主要来自焦炭，随着焦炭在燃烧带燃烧，硫元素也被气化并随煤气上升，在块状带下部和软熔带中，被矿石和石灰石吸收并跟随炉料再次下降。循环区域为风口平面区域到 1000℃ 等温线。调查结果表明，碱性烧结矿的吸硫能力强于酸性球团矿。

（3）锌元素循环富集。在 900℃ 左右各类矿石、焦炭中的锌含量急剧升高，在 1100~1200℃ 达到最高值后又急剧下降。锌元素最高值的分布范围相应在块状带下部和软熔带上部，如图 1-2（c）所示。锌元素在 1000℃ 左右还原气化并随炉腹煤气上升。在块状带中、下部和软熔带上部冷凝、富集在各类矿石和焦炭中。循环区域为 900~1250℃ 的块状带中部到软熔带上部。

1.2.2 德国高炉解剖研究

1981 年德国对曼内斯曼 5 号高炉进行了解体调查研究。高炉采用 N₂ 冷却，避免了水冷带来的危害，很好地保持了炉内状态。炉料结构为烧结矿 73%、球团矿 13%、块矿 12%、钢渣 1%。解体调查发现炉内分为块状带、软熔带、滴落带。曼内斯曼 5 号高炉软熔带形状和位置如图 1-3 所示。

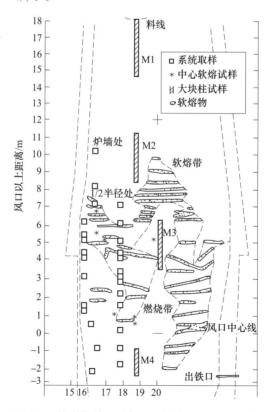

图 1-3 曼内斯曼 5 号高炉的软熔带形状和位置

从图 1-3 中可以看到，曼内斯曼 5 号高炉的软熔带形状有些特别，呈 "V" 形和倒 "V" 形相结合的形状。调查结果表明，炉料颗粒在低于 1050℃ 时就开始黏结。颗粒表面出现的渣相引起了黏结，导致软熔带的形成。温度继续升高后软熔带开始熔融滴落。软熔带中包含透气性好的软熔层和透气性差的软熔层。透气性好的软熔层是由于软熔层中混入了焦炭所致。金属铁在软熔带上部被大量还原出来，此时炉料基本保持固体状态。软熔带中下部含铁炉料会发生还原滞后。

1.3　国内高炉解剖

1.3.1　首钢高炉解剖研究

我国于 1979 年首次进行高炉解剖研究，解剖高炉为首钢 23m³ 试验高炉，共有 4 个风口。1972 年 6 月投产，1979 年 10 月 22 日停炉，解剖时为第五代炉役。该高炉进行了澳矿、巴西矿冶炼以及高炉法生产稀土合金等多种试验。解剖时使用首钢烧结矿进行冶炼。

1.3.1.1　炉内状态

根据炉内炉料状态的不同，炉料可以分为块状带、软熔带、滴落带。验证了日本和德国高炉解剖得到的炉内状况。

（1）块状带。从料面到炉身下部烧结矿颗粒黏结处为块状带。烧结矿虽然黏结但并不牢固，用手很容易掰开。焦炭看不出明显变化，石灰石分解不均匀，存在大块未分解石灰石。炉料呈明显层状分布。

（2）软熔带。块状带下部炉身与炉腰交界处，烧结矿表面熔化，黏结成一片，命名为 "黏结层"。在 "黏结层" 下部，从炉腰中部至炉腹下部烧结矿黏结牢固，称为软熔带。此时烧结矿软化熔融，原始烧结矿形貌已不能辨别。在软熔带下部悬垂着中空的 "冰凌" 状滴下物。软熔带中软熔层和焦炭层交替分布，从上到下共有十层软熔层。其中，顶层是直径 300mm 的一整块，第二层至第六层呈环状，第七层至第十层为不完整的环状。

（3）滴落带。滴落带包括软熔带下部和炉缸部分。主要是焦炭，渣铁颗粒夹杂在焦炭之间。焦炭的棱角还很清晰。风口前端可以看到一个由焦炭围成的椭圆形区域。内部焦炭粒度较小，棱角已经磨损。

1.3.1.2　软熔带研究

（1）软熔带的形状和温度分布。首钢试验高炉解剖得到的软熔带形状和位置如图 1-4 所示。从图 1-4 中可以看出，首钢试验高炉的软熔带是倒 "V" 形的。根据炉内烧结矿的物理状态，软熔带可以分为黏结层和软熔层，这两层是连续变化的，无明显界限。从测温片和焦炭石墨化程度测定的温度分布可以推断出软熔带黏结层的开始温度为 1100℃ 左右，终了温度为 1200~1450℃，软熔带熔化滴落温度为 1450℃。

（2）软熔带的还原反应。烧结矿在高炉上部块状带的还原度约为 10%~35%，从软熔带开始还原度增加较快，从第四层软熔带（炉腹）开始还原度急剧增加，第九、十层软熔带（接近风口平面）烧结矿的还原度高达 90% 以上。金属化率的变化规律同还原度的变化规律基本一致。金属铁主要在软熔带的第六层至第十层大量出现。

矿相研究表明在软熔带黏结层中大部分磁铁矿还原成浮氏体，有些还原出来的浮氏体同渣相混溶。软熔层开始出现渣铁分离结构，渣相中含有浮氏体，因此金属铁含碳量很

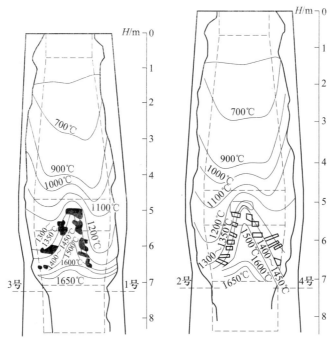

图 1-4 首钢实验高炉软熔带形状

低，金属铁的结构由蠕虫状逐步发展到致密块状。含有浮氏体的熔融物向下滴落，形成软熔带下方"冰凌"状滴落物。

（3）软熔带中碱金属的富集。试验高炉入炉原料中的碱金属含量并不高，但从炉内取出的样品中碱金属含量明显增加。烧结矿中最高碱金属含量是入炉前的几倍，焦炭甚至高达十几倍。说明高炉内存在碱金属的富集，碱金属富集区域同软熔带相对应。

我国在首钢试验高炉上进行的首次解剖研究是成功的。特别是通过风口喷吹镁砂保存风口回旋区，是以前历次高炉解剖未有的创举。这次高炉解剖部分验证了国外高炉解剖研究的结果，对高炉生产技术的提高和理论研究的深入具有重要意义。

1.3.2 攀钢高炉解剖研究

1982 年，对攀钢 410 厂的 $0.8m^3$ 试验高炉上进行了解剖研究。该试验高炉采用钒钛烧结矿冶炼。这是国内外首次对冶炼钒钛磁铁矿的高炉进行解体调查研究。此次高炉解剖采用 N_2-Ar 冷却，能够防止用水冷却带来的再氧化、塌料和元素流失等不利影响，有效保存了炉内原有状态。

试验高炉虽然容积较小，但炉内整体的宏观状况同大高炉相同，自上而下明显存在块状带、软熔带、滴落带。高炉炉内状况如图 1-5 所示。从图 1-5 中可以看出料层分层良好，在下降过程中料层逐渐平缓变薄。在炉身下部软熔带开始出现，在炉腹中部结束，共有 4 层，呈倒 "V" 形分布。冶炼钒钛磁铁矿高炉软熔带形成过程包括固相反应、软熔、滴落等，基本上同普通矿冶炼相似，也可分为孕育、生成、发展、消亡四部分。但结构疏松，黏结不明显，并且没有出现明显的"冰凌"状滴下物。

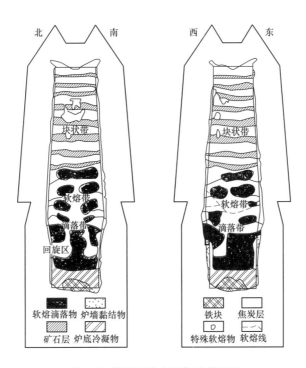

图 1-5 攀钢试验高炉软熔带形状

通过解剖证明，当温度低于1300℃时，可以通过石墨盒测温片进行解剖高炉测温，当温度高于1300℃时，石墨盒测温片将失效，例如滴落带，回收的石墨盒渗碳严重，表面有严重的蚀坑，并伴有铁粒。进入回旋区的石墨盒烧损严重，只留下部分残骸，无法辨认。此时，将通过焦炭石墨化度法进行测温。

该试验炉温度场的特点是：炉缸温度偏低，炉顶温度偏高，炉身高度方向温度梯度偏小，高温区范围偏大，西南方位温度偏高。这都是由小高炉冶炼钒钛磁铁矿导致。解剖高炉的软熔带基本呈现倒"V"形结构，其部位高，顶部距炉底1.45m，超过了炉型全高的一半，这是由于高冶炼强度、低鼓风动能、大煤气流量所致。整个气流分布特点是：下部是从3个风口回旋区上沿中心的煤气通道而来，在死料柱顶部汇集而成的中心气流。通过软熔层焦炭夹层后，形成进入块状带的西南偏高的不均匀性边缘气流。由于焦矿混杂现象的抑制调整气流，兼之中心料层负荷轻、透气性好，故在块状带下部中心气流较发展。由于小高炉的强烈边缘效应，煤气最终以西南偏高的非均匀性边缘气流逸出料面。解剖试验还发现，冶炼钒钛磁铁矿应注意适当增加风口的数目，这样可以改善炉缸圆周方向上的煤气流分布和温度分布，抑制钛的过多还原。

攀钢0.8m³ 高炉冶炼钒钛磁铁矿解剖试验中，对一系列垂直取样和炉身、炉腰、炉腹取样所得到的试样以及解剖时从风口、炉缸等部位得到的试样，进行了化学分析以及工艺岩石学研究，从而明晰了钒钛磁铁矿在高炉内还原过程、碳氮化钛生成机理、渣铁形成和相变特点；了解了钒钛磁铁矿高炉内部的实际状况，初步弄清了钒钛烧结矿的还原规律，对钒、钛在炉内的行为有了进一步的认识。此次高炉解剖是成功的，在理论上和实践上都有重要价值。

1.4　小结

本章简介了高炉解剖的历史，以及国内外高炉解剖的大致情况，主要结论如下：

（1）高炉解剖是把正在进行冶炼中的高炉突然停风，并且急剧降温以保持炉内原状，然后将高炉剖开，进行全过程的观察、录像、分析、化验等各项研究考察，揭示了高炉内部的奥秘，极大丰富了高炉炼铁技术和理论。

（2）日本是世界上解剖高炉最多，也是解剖高炉容积最大的国家。

（3）德国对曼内斯曼 5 号高炉解剖调查发现炉内分为块状带、软熔带、滴落带。

（4）我国于 1979 年首次进行高炉解剖研究，解剖高炉为首钢 23m³ 试验高炉，这次高炉解体通过风口喷吹镁砂保存风口回旋区，是以前历次高炉解剖未有的创举；部分验证了国外高炉解剖研究的结果，对高炉生产技术的提高和理论研究的深入具有重要意义。

（5）1982 年对攀钢 410 厂的 0.8m³ 试验高炉上进行了解剖研究，明晰了钒钛磁铁矿在高炉内的还原过程、碳氮化钛生成机理、渣铁形成和相变特点；了解了钒钛磁铁矿高炉内部的实际状况，初步弄清了钒钛烧结矿的还原规律，对钒、钛在炉内的行为有了进一步的认识。

参 考 文 献

[1]　朱嘉禾 . 首钢实验高炉解剖研究 [J]. 钢铁，1982（11）：4-11.

[2]　高振昕，李红霞，石干 . 高炉衬蚀损显微剖析 [M]. 北京：冶金工业出版社，2009.

[3]　周小辉，曾晖，潘宏伟，等 . 高炉解剖时分区冷却高炉的方法 [P]. CN 101748224 A，2010.

[4]　刘秉铎，李思再 . 首钢试验高炉解剖的研究 [J]. 辽宁科技大学学报，1982（4）：39-48.

[5]　李砚芳 . 小高炉解剖用钒钛烧结矿冶金性能的研究 [J]. 钢铁钒钛，1984（2）：60-67，51.

2 解剖高炉概况及解剖方法

本章主要介绍解剖高炉的基本情况和高炉解剖的方法。首先详细介绍了解剖高炉的基本结构、停炉前原燃料条件及生产状况，之后介绍解剖方法的选取、炉内温度场的测定方法以及取样方案的制定与实施。此次莱钢高炉解剖采用炉顶打水冷却的凉炉方案，通过石墨盒测温方式还原了炉内温度场的分布，制定了合理的取样方案，观测炉内料层分布，部分风口采用耐火材料填充以达到回旋区保真效果。以上一系列方法的采用，是为了更好地还原出高炉实际生产过程中炉内的真实情况。

2.1 解剖高炉的基本情况

莱钢 3 号高炉（125m³）共经历三个炉役。第一代炉役：1971 年 6 月 30 日建成投产，炉容为 120m³，于 1980 年 7 月 28 日停炉，1984 年 3 月开始大修，1985 年 2 月 7 日竣工投产。第二代炉役：1993 年 5 月 3 日停炉大修，于 1993 年 7 月 4 日竣工投产，大修投资 1400 万元。此次大修扩容为 125m³ 高炉。第三代炉役：于 2003 年 5 月 15 日停炉大修，6 月 12 日复风开炉，2007 年 12 月 18 日停炉，完成它的历史使命。

2.1.1 解剖高炉炉型结构

莱钢解剖的 125m³ 高炉炉型结构如图 2-1 所示，炉喉安装 18 块高度为 1.4m 的炉喉钢砖，炉喉高度为 1.5m；炉身上部为黏土砖炉墙，下部安装有 1 层凸台镶砖冷却壁和 1 层扁水箱，炉身总高度为 6.75m；炉腰安装 1 层镶砖冷却壁，高度为 1.4m；炉腹安装 2 层镶砖冷却壁，炉腹高度为 2.65m；炉缸侧壁上部砌筑高铝砖，下部为预制炭块，并安装 1 层光面冷却壁，炉缸高度为 2.3m，其中死铁层深 0.3m；炉底除铺设 1 层预制炭块外还铺设 4 层大块炭砖，外围安装 1 层光面冷却壁，整个炉底厚 1.75m，炉底采用通风冷却。

高炉具体炉型尺寸和参数见表 2-1。

2.1.2 解剖高炉用原燃料

入炉原燃料的化学组成、物理性能及冶金性能等都会对其在高炉冶炼过程中表现出的性能状态产生影响。因此，需要了解解剖高炉所使用的原燃料情况。

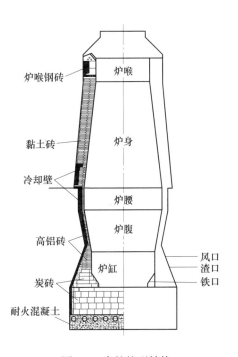

图 2-1　高炉炉型结构

表 2-1 高炉炉型参数

有效容积 V_u/m³	124.87	炉腰直径/mm	3900
有效高度 H_u/mm	14150	炉缸直径/mm	3200
炉缸死铁层高度/mm	304	炉腹角	82°28′34″
炉缸高度/mm	1850	炉身角	84°55′13″
炉腹高度/mm	2650	大钟直径/mm	1550
炉腰高度/mm	1400	风口/个	8
炉身高度/mm	6750	铁口/个	1（8号~1号风口之间）
炉喉高度/mm	1500	渣口/个	1（6号~7号风口之间）
炉喉直径/mm	2700		

2.1.2.1 焦炭

焦炭在高炉内起到还原、发热、骨架及生铁渗碳的作用，解剖高炉在停炉前使用了质量较好的莱钢自产焦炭。停炉前使用焦炭的工业分析及灰分分析见表 2-2 和表 2-3。

表 2-2 焦炭工业分析 （%）

日　期	名　称	C	灰　分	挥发分
2007-12-11	焦炭	83.34	14.78	1.88
2007-12-12	焦炭	86.47	11.97	1.56
2007-12-13	焦炭	86.08	12.56	1.36
2007-12-14	焦炭	85.56	12.80	1.64
2007-12-15	焦炭	85.84	12.51	1.65
2007-12-16	焦炭	86.09	12.62	1.29

表 2-3 焦炭灰分分析 （%）

日期	FeO	SiO_2	CaO	MgO	Al_2O_3	MnO	TiO_2	P	S
2007-12-11	4.31	38.72	3.52	0.99	28.52	0.490	1.21	0.135	0.013
2007-12-12	1.18	47.73	3.46	1.05	36.91	0.089	1.54	0.138	0.064
2007-12-13	1.00	45.20	3.36	1.09	35.05	0.067	1.408	0.146	0.954
2007-12-14	1.68	44.77	3.62	1.21	34.09	0.190	1.39	0.134	0.138
2007-12-15	1.04	41.87	3.14	1.03	32.85	0.080	1.36	0.156	0.112
2007-12-16	0.98	42.29	3.04	0.98	34.45	0.081	1.34	0.167	0.124

从表中看出，停炉前三天，焦炭成分比较稳定，灰分较低，灰分组成中以酸性氧化物 SiO_2 和 Al_2O_3 为主，两种化合物之和在 74%~79% 之间，CaO 和 MgO 含量之和在 4%~5% 之间。

停炉前入炉焦炭的粒度组成见表 2-4，强度及热态性能见表 2-5。

表 2-4　入炉焦炭的粒度组成　　　　　　　　　　　　　（%）

粒　度	<10mm	10~25mm	25~40mm	>40mm
焦炭	4.5	6.4	34.3	54.8

表 2-5　入炉焦炭的反应性和反应后强度　　　　　　　　（%）

项　目	M_{10}	M_{40}	CRI	CSR
焦炭指标	7	88	20.24	68.38

从表中看出，入炉焦炭粒度比较理想，直径大于 40mm 所占比例为 54.8%。热态性能优良，反应性和反应后强度均较好，可以满足该高炉冶炼要求。

K、Na、Zn 等有害元素的存在会破坏焦炭的热态性能，对解剖高炉入炉焦炭进行化验，得到有害元素含量见表 2-6。从表中看出，焦炭中不含有铅，锌的含量很低。钠的含量高于钾，一般来讲，钾对焦炭热态性能的破坏作用比钠要强。

表 2-6　入炉焦炭有害元素分析　　　　　　　　　　　　（%）

日　期	元　素			
	Pb	Zn	K	Na
2007-12-12	无	0.002	0.032	0.147
2007-12-13	无	0.001	0.030	0.149
2007-12-14	无	0.002	0.029	0.150
2007-12-15	无	0.0009	0.028	0.159
2007-12-16	无	0.0012	0.021	0.149
2007-12-17	无	0.013	0.016	0.142
2007-12-18	无	0.013	0.011	0.171

2.1.2.2　煤粉

解剖高炉喷吹单一煤种，煤比在 50~80kg/tHM，煤粉粒度小于 0.074mm 占 70% 以上，煤粉的工业分析见表 2-7。

表 2-7　喷吹煤粉工业分析　　　　　　　　　　　　　　（%）

名称	挥发分	灰分	固定碳
解剖高炉喷吹煤粉	7.51	10.04	82.45

从工业分析角度看，莱钢解剖高炉用煤灰分适当，挥发分较低，固定碳含量很高，是国内固定碳含量较高的煤种。

煤的着火点可作为确定在喷吹用煤的粉煤制备中，磨煤机出、入口温度和系统温度报警参数的参考，其值与煤粉的挥发分有很大关系。一般而言，挥发分越高，着火点越低。解剖高炉喷吹用煤的挥发分较低，仅为 7.51%，经测定其着火点为 408.8℃，火焰长度为0，无爆炸性。煤粉灰分的熔融温度可反映煤中矿物质在高炉中的动态，根据它可以预计结渣的情况。一般以变形、软化、呈半球和流动四个特征物理状态所对应的温度来表征煤粉灰分的熔融性[1,2]。喷吹煤粉灰分熔融性测定结果见表 2-8。

表 2-8   煤粉灰分熔融性温度测定结果

试样名称	熔融性温度/℃			
	变形温度	软化温度	半球温度	流动温度
解剖高炉用煤粉灰分	1260	1440	1480	1510

高炉是液态排渣铁的气化设备,温度高,对煤粉灰分熔融温度的适应范围较宽。但煤粉灰分熔融温度过低,粗粒度的煤粉在燃烧后,未燃部分易被熔融的灰分包裹,对提高煤粉的燃烧率不利;同时有可能在煤粉出口和风口小套结渣,影响喷煤。高炉渣要有良好的流动性,煤粉灰分完全流动的温度过高时,会影响高炉渣的性能,可能对脱硫等不利[3]。

高炉喷吹用煤,一般要求为非黏结性或弱黏结性煤(黏结指数小于 5 时,为不黏结煤;当黏结指数为 5~30 时,为弱黏结煤),以避免在煤粉喷吹过程中产生风口结焦、堵塞喷枪或喷吹管道等现象,影响高炉正常生产[4]。实验测得莱钢所用煤粉的黏结性指数为 0,为不黏结煤。

煤粉在风口前燃烧,可以替代部分焦炭产生热量,从而节约焦炭的消耗。煤粉发热值越高,煤焦置换比越高,实验测得的解剖高炉喷吹用煤的发热值见表 2-9。

表 2-9   解剖高炉喷吹用煤发热值

样品名称	编号	弹筒发热量 /J·g⁻¹	高位发热量 /J·g⁻¹	低位发热量 /J·g⁻¹	试样净热值 /J·g⁻¹
莱钢煤粉	①	31914.68	31863.62	31170.35	31914.68
	②	31445.32	31593.64	30900.37	31445.32
	平均	31680.00	31728.63	31035.36	31680.00

2.1.2.3   含铁原料

解剖高炉的炉料结构为 65%烧结矿+35%球团矿,入炉原料的粒度组成见表 2-10。

表 2-10   入炉烧结矿和球团矿的粒度组成   (%)

粒度	<5mm	5~10mm	10~25mm	>25mm
烧结矿	4.9	8.0	71.4	15.7
球团矿	11.5	5.9	81.7	0.9

从表中看出,烧结矿和球团矿的粒度比较均匀,以 10~25mm 的粒度为主,所占比例均在 70%以上,对改善料柱透气性有利。但小于 5mm 的粉末尤其是球团矿较多,说明竖炉球团矿的强度不是很好,进入高炉后,粉末阻塞气体通道,透气性指数下降。

停炉前几天炉料的化学分析见表 2-11。

表 2-11   炉料化学分析   (%)

日期	名称	TFe	FeO	SiO₂	CaO	MgO	Al₂O₃	MnO	TiO₂	P	S
2007-12-11	烧结矿	56.32	9.1	4.99	9.40	2.13	2.07	0.46	0.16	0.050	0.022
	球团矿	63.58	4.0	4.84	0.97	0.82	0.70	0.16	0.12	0.023	0.002

日期	名称	TFe	FeO	SiO$_2$	CaO	MgO	Al$_2$O$_3$	MnO	TiO$_2$	P	S
2007-12-12	烧结矿	56.75	9.2	5.22	10.16	1.69	2.08	0.439	0.152	0.061	0.016
	球团矿	62.92	2.4	5.77	1.07	0.92	0.74	0.15	0.12	0.027	0.002
2007-12-13	烧结矿	56.29	9.6	5.11	9.76	1.09	1.93	0.926	0.148	0.052	0.015
	球团矿	63.42	2.8	4.71	1.04	1.05	0.77	0.17	0.15	0.022	0.003
2007-12-14	烧结矿	56.21	7.8	4.53	10.44	1.90	1.83	0.181	0.118	0.063	0.020
	球团矿	63.72	3.1	4.70	1.01	1.00	0.76	0.17	0.14	0.022	0.002
2007-12-15	烧结矿	56.46	8.1	4.95	9.92	2.04	1.90	0.229	0.119	0.068	0.015
	球团矿	63.26	2.6	4.69	0.99	1.02	0.80	0.18	0.15	0.022	0.002
2007-12-16	烧结矿	56.45	7.9	4.73	10.38	2.13	1.80	0.202	0.111	0.069	0.024
	球团矿	63.65	2.0	4.82	0.91	0.92	0.74	0.17	0.13	0.021	0.001

实验测定烧结矿的还原度为：$RI = 74.9\%$，球团矿的还原度为：$RI = 73.56\%$，低温还原粉化性能见表2-12。

表2-12 烧结矿和球团矿的低温还原粉化性能

名称	二元碱度	500℃低温还原粉化性能			
		$RDI_{+6.3}/\%$	$RDI_{+3.15}/\%$	$RDI_{-0.5}/\%$	$RDI_{-3.15}/\%$
烧结矿	1.98	71.76	83.80	5.26	16.20
球团矿	0.20	57.76	85.57	8.8	14.43

含铁炉料的熔滴性能是决定高炉内软熔带的结构与位置的重要因素之一，解剖高炉装料采用炉料分装入炉的方式进行。炉料的熔滴性能见表2-13。

表2-13 炉料的熔滴性能

指标	软化开始温度/℃	软化结束温度/℃	软化区间/℃	最大压差/Pa	熔融开始温度/℃	滴落温度/℃	熔融区间/℃	透气性指数/kPa·℃
	T_{10}	T_{40}	$T_{40}-T_{10}$	ΔP_m	T_s	T_d	T_d-T_s	S
烧结矿	1116	1334	218	12779	1300	1517	317	1612
球团矿	1047	1319	272	12781	1236	1340	104	1595
混合料	1085	1306	221	8104	1228	1396	168	434

2.1.3 解剖高炉生产状况

2.1.3.1 鼓风参数

停炉前三天解剖高炉的鼓风参数见表2-14。风温基本保持在900℃以上，富氧率变化较大，停炉前富氧率仅为0.1%，风压和鼓风湿度比较稳定。

表 2-14   停炉前三天鼓风参数

日期	风温/℃	富氧/%	风量/m³·d⁻¹	冷风压力/kPa	热风风压/kPa	顶压/kPa	鼓风湿度/%
2007-12-15	920	0.5	412	140	137	58	2.0
2007-12-16	915	0	406	143	140	60	2.0
2007-12-17	905	0.1	396	140	136	60	2.0

2.1.3.2   生产情况

解剖高炉的渣铁排放周期约为 80min，每次出铁时间约为 10min，出铁量 30t（即停留在炉缸的铁液的高度为 0.5m）。出完最后一炉铁，继续冶炼 40min 后停炉，打水冷却。停炉前三天的各项生产指标见表 2-15。

表 2-15   停炉前三天的各项生产指标

时间	产量 /t·d⁻¹	煤比 /kg·t⁻¹	焦比 /kg·t⁻¹	利用系数 /t·(m³·d)⁻¹	冶炼强度 /t·(m³·d)⁻¹	矿比/t·t⁻¹	焦炭负荷	炉基温度 /℃
2007-12-15	450	64	433	3.75	1.63	1.65	3.35	257/390
2007-12-16	450	57	435	3.75	1.63	1.66	3.36	262/396
2007-12-17	360	78	539	3.00	1.62	1.79	3.31	262/398

时间	生 铁			
	[Si]/%	[S]/%	[Mn]/%	[P]/%
2007-12-15	0.78	0.027	0.25	0.095
2007-12-16	0.79	0.026	0.23	0.121
2007-12-17	0.75	0.022	0.21	0.104

时间	渣比 /kg·t⁻¹	碱度	炉 渣				
			SiO₂/%	CaO/%	MgO/%	Al₂O₃/%	S/%
2007-12-15	361	1.16	32.42	33.75	8.60	15.0	0.99
2007-12-16	356	1.15	32.04	37.00	5.47	16.75	1.10
2007-12-17	424	1.16	32.31	36.75	5.82	16.47	1.05

从表 2-15 可以看出，停炉前一天燃料比明显高于前两天，利用系数较低，生铁的硅含量较高，渣量较大。

2.2   高炉解剖方法

高炉解剖研究要经历停炉、冷却、现场测量、取样以及后期大量的实验研究。选择合理的冷却方式、制定科学的取样方案并保证顺利实施，是完成高炉解剖研究目的的基础。

2.2.1   凉炉方案制定

2.2.1.1   凉炉方案

高炉停炉冷却方法有两种：一种是打水急冷。该方法优点是停炉快、方便、经济；但会造成炉料渣铁的再氧化，烧结矿粉化加剧，同时造成钾、钠元素的迁移和损失。另一种方法是喷吹惰性气体冷却。这种方法可以克服喷水急冷的缺点；但停炉时间会延长，造成炉内物料成分发生变化,炉内温度上移;另外,此方法成本高。以往高炉解剖大都采用第一种方法,仅有少数用第二种方法[5,6]。

莱钢 125m³ 高炉采用打水冷却方式。停炉后,大小钟敞开,打开炉顶放散阀,用 8 支打水枪从煤气封罩处打水,开始的打水量设定为 7.8t/h,根据渣口出汽量的大小控制打水量。为了准确分析炉料成分及打水冷却过程中对炉料的影响,对渣口流出的冷却水进行取样,并对原始冷却水进行取样。

2.2.1.2 凉炉实施情况

根据制定的凉炉方案,停炉后,于 2007 年 12 月 18 日 12∶20 开始打水冷却,14∶45 渣口停止冒火,排出蒸汽;15∶15 渣口出水,为保障安全,15∶20 后根据出汽量的大小来控制打水量。打水过程中按照要求取样、记录。打水冷却持续 6 天,24 日出水温度降至 24℃,凉炉结束,共计打水 602t。

2.2.2 高炉内温度场的测定

2.2.2.1 温度场测定方案

利用投放石墨盒的方法获得高炉内温度分布。将内置多种不同熔点金属片的石墨盒随炉料加入高炉中,当第一批石墨盒下降到炉子下部要测量的部位时立即停炉。在解剖过程中取出,测量每个石墨盒在炉内的位置,根据石墨盒中已熔和与它相邻的未熔测温片确定该处的温度。最后结合焦炭石墨化程度测温和高炉活体测温,综合绘制出高炉内温度场分布[7,8]。

2.2.2.2 石墨盒的制作

测温片的选择与标定。炉内温度场测定的精确度与选择的测温片密切相关,测温片应满足下列要求:(1)要有明显的固定熔点;(2)高温化学稳定性好,不溶于水,不和水发生化学反应;(3)达到熔点时必须立即成球;(4)在任何温度下不渗碳。根据上述要求,此次实验选择纯金属及合金作为测温片。选择测温片后要对其熔点进行标定,对每种测温片除在中性气氛下测定其熔点外,还要测定在石墨盒内熔化时的环境温度以更加准确地反映高炉内该处的温度。将测温片装于石墨盒内,放在以一定升温速度加热的马弗炉中,盒内某种测温片开始熔化时的炉腔温度称为该测温盒的环境温度。标定方法是将已知熔点的测温片分成几个温度段,同一温度段的测温片按熔点高低分别并交错地装入一组石墨盒内,放进马弗炉中,炉子以一定速率升温,当达到取盒温度时,分别依次将盒取出,待最后一个石墨盒取出时停电、降温。在石墨盒冷却后开盖检测,定出该温度下已熔和未熔测温片的名称,据此确定下次测定方案。已熔者应降低取盒温度,未熔者应提高取盒温度,按此办法做 3~4 次,直到接近测温片的熔点为止。其余测温片也按同样方法处理。最后测定各种测温片在环境温度下的熔点范围。

石墨盒的制作。石墨盒制作为带有螺纹盖的特制容器,具有高温强度好的特点。在高炉内与焦炭一样可以完整地处在任何部位(回旋区除外),能满足测定高炉各部位温度的需求。设计时应考虑以下几点:

(1)保证石墨盒内容纳一定数量测温片的前提下,取外径 60mm、高 48mm,以达到较小的外形尺寸。

(2)壁厚取 9mm,以能满足强度要求。

(3)石墨盒内孔数设定为 15 个,以便保证每个石墨盒都能测出一个温度。

(4)石墨盒的螺纹设计并制成后,保证在高温下受炉料挤压而不松扣,螺纹盖能很好地压紧盒座，防止渗水和测温片熔化后流进其他孔内，造成混杂现象。

（5）盒内留有排列孔号的标志。

制作的石墨盒中金属测温片一共有 17 种，测温方式分为 A、B 两类，其成分、熔点及其在石墨盒中的排放顺序见表 2-16 和表 2-17（表中是经过标定后的温度）。

表 2-16 A 类石墨盒中测温片温度

元素	锌	铝	铜焊条	黄铜 H80	紫铜	铜镍 8	铜镍 7
编号	14	13	12	11	10	9	8
温度/℃	490	730	950	980	1040	1090	1140
元素	铜镍 6	铜镍 5	铜镍 4	铜镍 3	铜镍 2	铜镍 1	镍
编号	7	6	5	4	3	2	1
温度/℃	1160	1200	1280	1350	1380	1420	1453

表 2-17 B 类石墨盒中测温片温度

元素	铅	红磷	锌	铝	铜焊条	黄铜 H80	紫铜
编号	1	2	3	4	5	6	7
温度/℃	420	470	490	730	950	980	1040
元素	铜镍 8	铜镍 7	铜镍 6	铜镍 5	铜镍 4	铜镍 3	
编号	8	9	10	11	12	13	
温度/℃	1090	1140	1160	1200	1280	1350	

A 类测温片装入制度：外圈空一格，外圈按顺时针顺序分别为镍、铜镍 1、铜镍 2、铜镍 3、铜镍 4、铜镍 5、铜镍 6、铜镍 7、铜镍 8。内圈不空，和镍同角度的孔放的测温片分别为紫铜、黄铜、焊条、铝、锌，一共 14 种金属，测温值由内向外增大。

B 类测温片装入制度：内圈空一格，外圈也空一格，外圈从铅开始按顺时针顺序分别为铅、锌、红磷、铝、焊条、黄铜、紫铜、铜镍 8、铜镍 7；内圈从空格开始顺时针分别为铜镍 6、铜镍 5、铜镍 4、铜镍 3，一共 13 种金属，测温值由外向内增大。

2.2.2.3 温度场测定实施情况

A 石墨盒在炉内的分布

本次研究随炉料共向高炉内投入石墨盒 420 个，拆炉扒料取样时发现并回收了 325 个，在解剖过程中，发现石墨盒在炉内分布有如下几种现象：

1 号风口→3 号风口→5 号风口一侧石墨盒较多，共 205 个，占石墨盒总量的 63%，而 5 号风口→7 号风口→1 号风口一侧只有 120 个，占 37%，根据石墨盒的分布状况可以看出，该高炉存在一定的偏料现象。石墨盒在圆周方向上不同角度的分布情况如图 2-2 所示。

炉身下部、炉腰、炉腹上部石墨盒分布较多，而且比较集中，可以推测出，炉料在此部位下降速度变慢，多层炉料堆积软熔，并存在体积收缩现象。石墨盒沿高度的分布如图 2-3 所示。

B 石墨盒测温结果

实验室共打开石墨盒 243 个，其中因为石墨盒毁坏或者其他操作原因导致无法获取数据的有 25 个，有效数据 218 个，打开的石墨盒的形貌和测温片熔化情况如图 2-4 和图 2-5 所示。

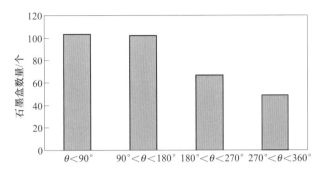

图 2-2　沿圆周方向石墨盒的分布图

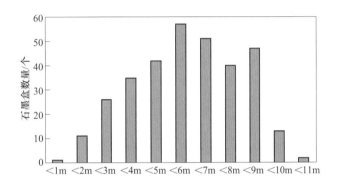

图 2-3　沿高度方向石墨盒的分布

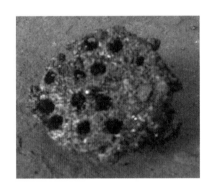

图 2-4　高炉中取出石墨盒形貌

对石墨盒在高炉内所处高度和温度进行统计,如图 2-6 所示。

从图 2-6 中可以看出,石墨盒所标定的高炉高度(距炉喉钢砖距离)上的温度分布大体上分为三个区域:第一个区域 4800~7000mm,在这个区域温度一般在 400~500℃之间,有个别地方温度达到 750℃,为局部气流所致,但总体来讲这个区域温度比较低;第二个区域 7000~10000mm,该区域内温度高低差别比较大,最高温度和最低温度均出现;第三个区域 10000~14000mm,该区域内温度普遍比较高,都在 1000℃以上,而且温度的差别比较小,结合炉料熔滴性能的测试结果,认为该区域为软熔带。

图 2-5　测温片熔化情况

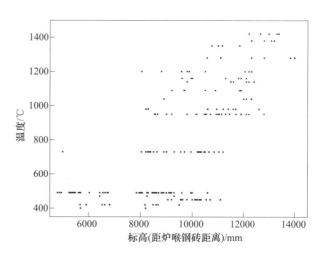

图 2-6　石墨盒高度、温度统计

　　按照高度和径向长度将高炉内型剖面划分成网格,除去异常的温度点,计算网格各节点的温度,温度点在同一网格的计算其平均值,网格内若没有温度点,则根据距离网格最近的几个温度点,采用线性差分的方式计算温度平均值,作为该网格节点的温度。

　　通过计算,把温度相同的节点连接成曲线,将这些曲线还原到高炉中,绘制出高炉不同风口方向温度分布,如图 2-7 和图 2-8 所示。

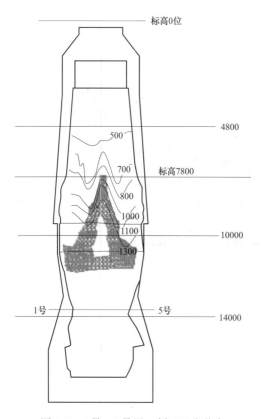

图 2-7　1 号—5 号风口剖面温度分布

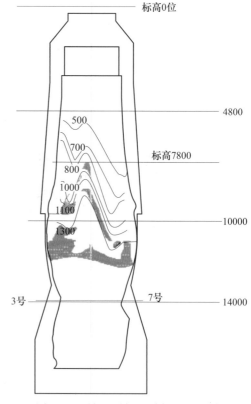

图 2-8　3 号—7 号风口剖面温度分布

从图中可以看出，高炉 1 号风口剖面温度曲线基本呈"W"形，这是由于高炉边缘气流以及中心气流同时发展造成的；而且温度曲线左右并不对称，在同一标高上，1 号风口方向温度普遍比 5 号风口方向温度略高，这是因为 1 号风口炉墙侧气流较 5 号风口侧气流更为发展，造成该区域等温线比较密集。从 3 号到 7 号风口剖面温度曲线可以看出，温度曲线呈不规则的"W"形，同一高度上，3 号风口方向温度明显高于 7 号风口，7 号风口侧低温区域较大，500℃曲线一直延伸到炉身下部，3 号风口侧等温线上翘，说明 3 号风口方向气流更为发展，与日常生产记录相符。

2.2.3 取样方案制定与实施

2.2.3.1 高炉中心线及零点标高的确定

高炉解剖的重要工作之一就是对炉内冷却后炉料进行取样，然后通过对样品进行金相分析及各种试验，得出有效数据。所取样品所在位置的确定是否准确，关系到最后结论是否正确，因此对所取样品在炉内位置的准确定位是取样工作的一个关键环节。

通过图纸分析可知，炉顶钢圈是炉顶设备的安装基准，在高炉安装位置中起着承下启上的作用，安装精度较高。因此，取炉顶钢圈的水平位置为基准，通过三个直径的交点即炉顶钢圈中心点作为原点，在原点位置安装线锤确定高炉中心线，称为 z 轴。平面坐标以 1 号、5 号风口中心连线作为 x 轴轴线，以 3 号、7 号风口中心线作为 y 轴轴线。1 号风口方向作为 x 轴正数方向，5 号风口方向作为 x 轴负数方向；3 号风口方向作为 y 轴正数方向，7 号风口方向作为 y 轴负数方向，形成高炉的平面坐标。将 z 轴与平面坐标系结合形成高炉的立体坐标。

考虑到现场使用的安全性及方便性，将平面坐标从炉顶钢圈水平面上移 1000mm，利用原有平台的 4 根 H 形钢梁作为立柱，在其上搭设水平横梁，作为平面坐标轴。在横梁中心位置安装 2m 长钢板尺（精度 1mm）作为刻度标尺。在刻度标尺外侧架设滑道及滑块，滑块下挂 50m 卷尺。通过滑块移动读出在刻度标尺上距离原点、x 轴、y 轴的读数，确定样点在炉内的具体位置。

通过利用原高炉使用的手动涡轮蜗杆卷扬机及导向滑轮制作可升降高炉中心线，以满足取样工作的需要。利用直径 6mm 钢丝绳作为高炉中心线的用线，钢丝绳下坠 10kg 线坠作为稳定部件。将钢丝绳与确定的高炉中心线重合并作临时固定，安装导向绳轮。钢丝绳通过导向绳轮连接到手动卷扬机上。钢丝绳预留长度为 35m，通过手动卷扬即可实现高炉中心线即钢丝绳的升降。高炉中心线及炉顶中心线升降手动卷扬设备如图 2-9 所示。

2.2.3.2 块状带取样方案

块状带主要研究料层分布、炉料的粒度变化、炉料冶金性能的变化、还原度随料层高度变化和温度分布等。根据实验目的，块状带取样分为普通样和芯管取特殊样。

A 普通样取样方案

普通样主要是为了研究炉料在高炉高度和半径方向上的一系列物理化学变化，取每层高度为 200~300mm。在奇数层，1 号风口与 5 号风口连接的直径线上取 7 个点，1 号点和 7 号点边缘距炉墙 100mm，中心为 4 号点，其余 2 号、3 号和 5 号、6 号样点为半径的 1/3 和 2/3 处，如图 2-10 所示。在偶数层，1 号、5 号风口方向上同奇数层相同，取 7 个点。

图 2-9   炉顶定位系统

考虑到不同半径方向上可能存在的炉料分布不均，在与 1 号、5 号风口直径垂直的半径方向上再取 3 个点，记作 8 号、9 号和 10 号样点（10 号点离炉墙 100mm；8 号、9 号点在半径的 1/3 和 2/3 处），如图 2-11 所示。在扒料过程中对每个样点进行详细的测量、拍照及描述工作。解剖过程共取普样 90 个。

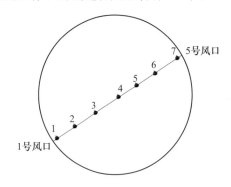
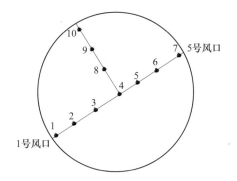

图 2-10   奇数层样点分布   图 2-11   偶数层样点分布

B   芯管取特殊样方案

芯管取特殊样主要针对料层分布的研究。向散料层内插入芯管，整体吊出后利用环氧树脂固化，然后切割，观察料层分布状态。从第二层开始插入芯管，以每层芯管的高度（有效高度，即炉料在芯管内的高度）作为每层的厚度。芯管的插入位置如图 2-12 所示。

实施中所用芯管直径为 400mm，高度有 1000mm、900mm、800mm、600mm、500mm 几种规格。按取样方案要求确定位置后，以炉皮为依托在直径方向上架设横梁，利用千斤顶向下压入芯管，然后清除芯管一侧炉料，在芯管底部下面插入钢板，与芯管焊为一体，然后设法提出芯管，在提出过程中要保证芯管不倾翻，防止管内炉料散落。为了观察料层分布，在切割芯管前进行固化。在固化实验时试验了多种固化剂，最后采用了透明的树脂，并严格控制固化过程，其优点是强度高、切割时不散料，缺点是费用稍高。

芯样制取的实际操作过程如图 2-13 所示。

本次解剖共插入 5 层芯管，共 33 支，其中第一层 7 支，第二、三层各 10 支，第四、五层各 3 支，另外插入方盒 1 个。

图 2-12 芯管样点分布

为了更加直观地了解料层分布情况,解剖过程中试验了多种方法:箅子法、有机玻璃遮挡法、玻璃夹心板法等,这些方法相对成熟,对观察料层分布提供了一些有益的参考。

(a) 芯管定位

(b) 架设横梁

(c) 芯管压入

(d) 压入后芯管

(e) 底板插入

(f) 芯管吊出

图 2-13   芯样的制取过程

（1）算子法。用 1450mm×500mm 的算子挡料，希望通过算子缝隙观察料层分布，如图 2-14 所示，但效果不理想，看不出料的分层，由于打水凉炉，使烧结矿颜色变黑，照片中最下面的碎料即为烧结矿，照片上很难分清，而且用锤子往下砸算子时，算子发生震荡，一部分炉料随算子的插入向下发生位移，另一部分粒度小的炉料在扒除算子一侧炉料时穿过算条缝隙流出，这都在一定程度上破坏了原有料层结构。

（2）有机玻璃挡料法。采用手工扒料，用 450mm×600mm 的有机玻璃挡料后，边扒料边插玻璃板。由于料层出现滑落，无法保持原料层断面，另外湿炉料粉末会粘在插板表面，影响透明度，因此效果一般（图 2-15）。

图 2-14   通过算条观察炉料

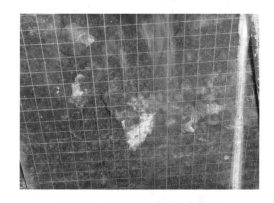

图 2-15   通过有机玻璃观察炉料

（3）玻璃夹心板（三明治）法。如图 2-16 所示，将两侧带保护板中间为有机玻璃的挡料板用千斤顶压入，然后将两侧保护板抽出，透过有机玻璃看料层分布。实施过程中发现，玻璃夹心板压入困难，且稳定性差、易偏斜，抽出有机玻璃两侧钢板后湿料粉末粘在有机玻璃内面影响透明度，此法效果一般。

（4）方盒法。制作 600mm×600mm×250mm 的方盒，用千斤顶压入，扒料后，插底板焊死，并打开侧面的钢板看料层分布，如图 2-17 所示。该方法方盒四个角的阻力大，压入较困难。将插入炉料的方盒提出后，将其上部填充压实用钢板焊住，然后平放，割开一侧钢板，便可清晰看出料层分布。此法可固定宽度，根据要求设计长度，取出后的处理较方便。

图 2-16　两侧带保护板的有机玻璃挡料板

图 2-17　方盒打开后情况

2.2.3.3　软熔带和滴落带取样方案

根据取样实际情况，制定软熔带和滴落带的取样方案：

（1）软熔带顶部（蘑菇头）完整保存。

（2）对于每层软熔带，在 8 个风口方向上软熔层内环、外环、中间位置都进行取样。

（3）滴落带的取样基本上以整体保存取样为主，并伴随有典型特征的样品取样。

（4）为了研究煤粉在高炉内的行为，焦窗的焦炭及粉末全部保存，死料柱的焦炭也基本上全部保留。

取样过程中，在第四层软熔带后发现中心空洞，随即调整了取样方案，每层软熔层的外环必须取样，由于软熔带的强度很高，对于无法取样的部分，进行整体保存；滴落带与软熔带没有严格的界限，在软熔带的内侧，从上部中间空洞壁上已经有了很小的"冰凌"，但不是很多，也不是很长；而在下部，在接近风口回旋区的地方，有很长的"冰凌"出现，滴落带的"冰凌"十分易碎。在中心空洞底部，存在大量的冰凌，在上部也有，但是大量的还是在底部。风口回旋区上方空洞内，存在大量冰凌形成的冰凌群。

整个取样过程取得的样品统计：蘑菇头整体保存；第二、三层软熔带的内环、中间、外环，共 48 个样；第四层开始每层取内环和外环，只取 1 号、3 号和 5 号风口方向；按层整体保存的有代表性的软熔带，滴落带大块、砖样、炉瘤、具有特别典型性及认识有差异的样品，共 51 个，作为特殊样。

2.2.3.4　风口回旋区取样

风口回旋区取样方案如图 2-18 所示。

从炉缸上沿，即风口回旋区上部开始。将 8 号风口中心线偏向 1 号风口侧插入 800mm×900mm×300mm 的方盒子，观察料面焦炭分布。分别在 5 号、6 号、7 号、8 号 4 个风口每个风口按半径方向取 3 个样点，两风口间中心线取 2 个点，共取 6 层，层高为 200mm。3 号、4 号两个填充的风口扒除其中散状填料取样 1 个，并对"空腔"壁焦炭取样，按回旋区前部、中部、后部取 3 个样点，层高 250mm。4 个未填充风口及其中心线共取焦炭样 6 层，每层 18 个，共计 108 个。3 号、4 号填充风口共取焦炭样 3 层，每层 6 个，共计 18 个。4 号风口回旋区内填料取样 1 个。3 号风口半个回旋区壁（近 4 号风口侧）整体取样

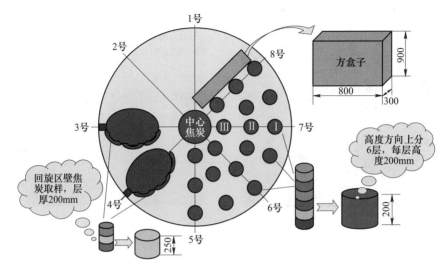

图 2-18 风口回旋区取样方案

1 个。4 号风口半个回旋区壁（近 3 号风口侧）整体取样 1 个。3 号风口填充形状保真炮泥整体取样 1 个。

2.2.3.5 炉缸渣铁层取样方案

渣铁层取样方案如图 2-19 所示。

渣层高度 900mm，从 1 号—5 号风口方向按直径等距离取样 5 个，每层高 300mm，共 3 层。渣口正下方取样 1 个，高度 300mm；铁层厚度为 600 ~ 1200mm，按高度方向颜色变化取金属样，铁层周围炭砖按高度方向取样 3 个，底部炭砖取样 2 个，取炭砖砖缝间渗入金属取样若干。

渣层取样统计。普样：1 号—5 号风口取样 5 个，共 3 层，共计 15 个；特殊样：8 号风口侧焦炭取样 1 个，近渣口处不同高度取样 3 个，渣铁交界面取样 2 个。

铁层取样统计。普样：按铁层分层情况取样 5 个；砖样：铁层侧壁取炭砖取样 3 个，铁层底部取炭砖取样 2 个；特殊样：侧壁炭砖砖缝夹杂物取样 1

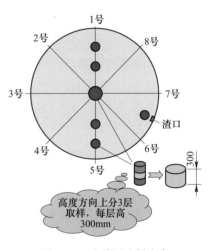

图 2-19 渣铁层取样方案

个，铁层底部砖缝间夹杂物取样 1 个，侧壁铁层上部圆周附近红色金属取样 1 个。

2.3 小结

本章给出解剖高炉的基本结构、停炉前所使用原燃料的基本性能以及停炉前高炉的操作状态；并重点描述了高炉凉炉、测温及取样方案的制定，主要结论如下：

（1）停炉前使用的焦炭和煤粉质量均较好，含铁炉料粒度比较均匀，入炉铁品位具有一定的普遍性，喷煤量在 70kg/tHM 左右，在一定程度上能够体现喷煤条件下煤粉在高炉内的行为。停炉前，高炉冶炼正常。

（2）确定采用炉顶打水冷却的凉炉方案。

（3）炉内温度场的分布通过石墨盒测温的方式获得，参考已有经验，独立设计并制作了可靠的测温用石墨盒，使用效果良好。

（4）根据石墨盒测温结果，结合高炉活体测温，制定了还原炉内温度场的算法，编制了计算机程序，绘制了炉内温度场的分布。结果表明炉内温度分布基本呈"W"形，但分布不均匀，同一高度上，1号风口方向温度普通比5号风口方向温度偏高，3号风口方向温度明显高于7号风口，说明1号、3号风口方向气流更为发展，与日常生产记录相符。

（5）制定了合理的取样方案并顺利实施。在料层分布观测上，创造性地尝试了多种方法，为传统的通过芯管取样获得料层分布信息的方法提供有益的参考。

（6）首次采用环氧树脂进行芯管炉料固化，通过实验摸索出树脂配方并制定出一套完整的固化方案，为清晰观察芯管内料层分布奠定了良好的基础。

（7）在风口回旋区保真方面，自行设计并制造了耐火材料喷枪，使用中取得了很好的效果。

参 考 文 献

［1］胡涛.高炉喷吹煤粉性能研究［J］.河南冶金，2012，20（2）：7-9.

［2］刘二浩.邯钢高炉喷吹煤粉性能研究［D］.唐山：河北理工大学，2009.

［3］任山，张建良，刘伟剑，等.高炉喷吹煤粉的灰熔融特性［J］.钢铁研究学报，2012，24（10）：11-15.

［4］焦阳.兰炭煤对酒钢高炉喷煤过程的影响研究［D］.唐山：河北联合大学，2012.

［5］高润芝，朱景康.首钢实验高炉的解剖［J］.钢铁，1982（11）：12-20，86-89.

［6］刘泉兴，董清海.无料钟式高炉停炉操作方法［J］.鞍钢技术，1993（3）：11-14.

［7］刘德铨，黎乃良.高炉煤气流运动的基本特征［J］.钢铁，1982（11）：74-76.

［8］吴志华，安立国.0.8m³高炉的温度分布和气流分布［J］.钢铁钒钛，1984（2）：68-75.

3 解剖高炉内含铁原料行为研究

高炉炼铁的原料由铁矿石或人造块矿、燃料、熔剂等组成，它们在炉内起着不同的作用，通过相互之间的物理化学变化，转化成了生铁、炉渣、煤气、炉尘等高炉主要产品排出炉外。炼铁原料是高炉生产的基础，原料的性能和质量将直接影响高炉生产指标，本章主要分析含铁原料在高炉内的行为。

3.1 炉料的堆积状况研究

3.1.1 炉顶料面形状

现场测量料面情况如图 3-1 所示，绘制的高炉料面形状如图 3-2 和图 3-3 所示。根据现场测量数据得到的炉顶料面为双峰形，两峰均靠近炉墙，如图 3-4~图 3-7 所示。料面在 2 号风口方向比其他风口方向低，在 2 号—6 号风口方向只有一个峰值，在其他方向料面均成双峰形，峰顶靠近炉墙侧，料面在整体上呈双峰形。

图 3-1　现场测量料面图

图 3-2　料面测量位置及堆尖位置

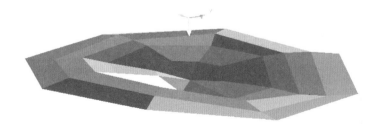

图 3-3　三维料面形状

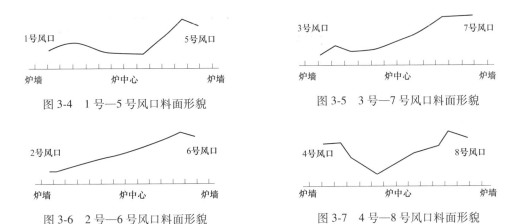

图 3-4　1 号—5 号风口料面形貌

图 3-5　3 号—7 号风口料面形貌

图 3-6　2 号—6 号风口料面形貌

图 3-7　4 号—8 号风口料面形貌

从料面的炉料分布情况看，整体上料面呈现出以下特点：

（1）如图 3-8 所示，含铁原料主要集中在中心区域，以球团矿为主；边缘主要为焦炭，仅有少量含铁原料。出现此种现象的主要原因为：此高炉为钟式布料，粒度相对较大的焦炭不容易向中心滚动，而粒度较小的矿石相对于焦炭易于向中心滚动，由于最后一次入炉矿石为球团矿，其粒度相对较小，而且滚动性能好，因此，其向中心漏斗滚落造成中心区域球团矿较为集中。

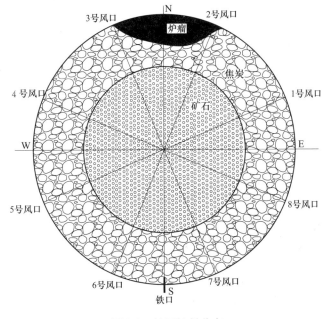

图 3-8　料面炉料分布

（2）由图 3-9 可见，北侧料面严重偏低，2 号风口方向料面并没有出现堆尖。其主要原因是：1）北侧 2 号风口炉喉钢砖下沿存在大块炉瘤，阻碍了北侧方向的正常布料，使北侧料面出现炉料空区；2）从 3 号风口侧炉身中下部的炉墙侵蚀状况和炉墙表面炉料黏结形态判断，北侧 3 号风口气流发展，加速北侧炉料向下运动；3）在拆除炉喉钢砖的过程中，此处炉瘤脱落砸在料面上，使料面受力而变得平坦。

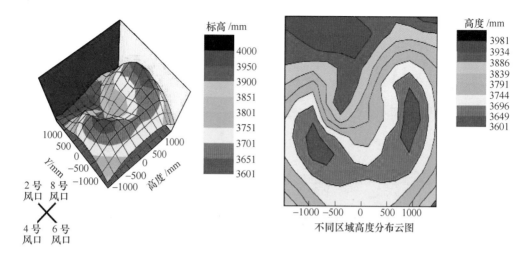

图 3-9   料面等高图

3.1.2   块状带炉料分布状况

从图 3-10 所示料面的炉料分布状况来看，含铁原料主要集中在中心区域，边缘炉墙处主要为焦炭，炉料分布不均主要是由于炉喉钢砖严重烧损变形、钢砖上的结瘤、装料制度以及炉料本身的滚动特性造成的。

从块状带炉料分布的整体分布而言，炉料存在一定的混料现象，如图 3-11 和图 3-12 所示。炉料中的球团矿基本保持层状分布，只有少量进入焦炭中，而烧结矿粉化后的小颗粒较多地进入焦炭的缝隙。

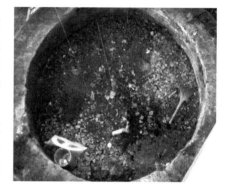

图 3-10   高炉料面炉料分布状况

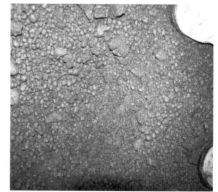

图 3-11   块状带炉料混合情况

炉墙附近炉料以焦炭为主，有少量烧结矿和球团矿填充，且粉末含量较多。主要原因：（1）钟式布料中大块焦炭滚动能力差，易堆积在炉墙附近，而球团矿滚向料面低洼处

图 3-12　炉墙处炉料混合状况

的趋势较强；（2）炉料与炉墙之间阻力较大，炉料粉化较严重，产生大量的粉末进入炉料；（3）炉喉钢砖翘起，炉料与钢砖碰撞，球团矿易被反弹到距离炉墙更远的地方，焦炭则靠近炉墙。

　　3 号风口侧炉瘤较多，炉墙耐火材料侵蚀较严重，其中大块炉瘤有两块：其一为炉身中部炉瘤，如图 3-13 所示。炉瘤主要由大小两块相互连接而成，尺寸为 300mm×500mm×400mm、200mm×300mm×200mm（长×高×厚）。此炉瘤主要以球团矿黏结为主，其黏结紧密，硬度很高。球团矿的金属化率均较高，球团矿之间缝隙中夹杂有棕黄色渣相，经化验其碱金属含量是入炉炉料的几十倍，可见碱金属是此炉瘤形成的主要原因之一。其二为炉腰处炉瘤，如图 3-14 所示。此炉瘤与炉墙耐火材料结合紧密，主要以焦炭和粉末黏结为主，其尺寸为 1200mm×1300mm×200mm（长×高×厚）。炉瘤与炉墙耐火材料结合形成渣皮，其厚度较厚。

图 3-13　炉身中部 3 号风口侧炉瘤　　　　　图 3-14　炉腰部位 3 号~4 号风口间炉瘤

　　为了测量高炉各部位的温度，向每批炉料的焦炭中加入测温用的石墨盒，表 3-1 和图 3-15 为高炉不同方位石墨盒的分布状况。由图 3-15 可知，石墨盒在圆周方向的分布状况不均匀，1 号、3 号、5 号风口一侧的石墨盒分布较多，占总数的 63.9%，而 5 号、7 号、1 号风口一侧的石墨盒数量较少，特别是 7 号、8 号、1 号风口方向只有总数的 15.2%。石墨盒是随炉料一起入炉，石墨盒的分布状况在很大程度上反映了炉料的分布状况，由此可见，炉料在 1 号、3 号、5 号风口一侧分布较多，这与下部软熔带北高南低的现象相符。

表 3-1　石墨盒沿圆周方向分布

角度	$\theta<90°$	$90°<\theta<180°$	$180°<\theta<270°$	$270°<\theta<360°$
数量/个	103	102	67	49
比例/%	32.1	31.8	20.9	15.2

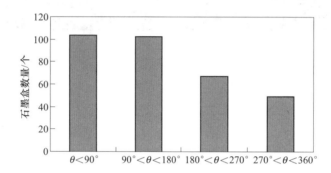

图 3-15　石墨盒在圆周方向上的分布图（以 1 号风口为 0° 逆时针方向为正）

从芯管中炉料分布（图 3-16~图 3-21）可见，炉料存在分层结构，含铁原料形成的层带分布较为明显，但焦炭层不明显，其中夹杂有小颗粒的含铁料，主要是由于烧结矿粉化后，烧结矿和球团矿的粒度都很小，炉身上部焦炭的粒度较大，两者之间的粒级差较大，烧结矿和球团矿很容易进入焦炭缝隙中形成混料。这种混料造成块状带焦炭层变薄，下部

图 3-16　切割芯管设备

图 3-17　芯管中炉料混合状况

软熔带焦窗变窄，炉内透气性恶化，影响高炉稳定顺行，严重时会造成悬料。

图 3-18　芯管中料层分层状况

图 3-19　焦炭中夹杂小块烧结矿及球团矿

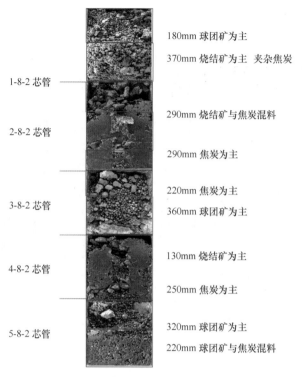

图 3-20　8 号风口芯管纵剖面图

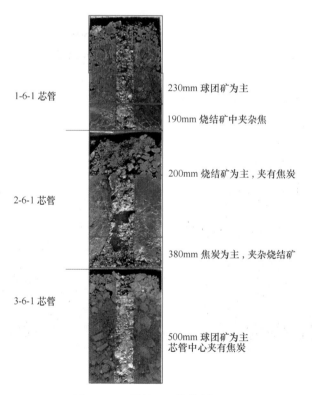

图 3-21　6 号风口芯管纵剖面图

从高炉炉料整体分布而言，自高炉顶部一直到软熔带，近炉墙处都存在一个 200~300mm 的焦炭环圈，只存在少量含铁原料，有些部位甚至出现连通的孔洞，透气性甚佳，局部含铁原料的金属化率比中心部位高。

3.1.3 软熔带炉料分布状况

高炉软熔带从炉身下部 1/3 处（标高 7800mm）开始出现，到炉缸上沿（标高 13200mm）完全消失，整个软熔带高度（H）约为 5000mm，最底层软熔带直径（D）约为 3600mm，高径比（H/D）为 1.38。软熔带呈现不规则的倒 V 形，如图 3-22 所示。沿高炉不同高度自上而下每层软熔带的截面分布如图 3-23 所示。由图 3-23 可知，软熔带的横截面面积不断扩大，中心向 3 号风口侧倾斜，这与 3 号风口侧煤气流较发展有关。圆周方向软熔带焦窗内侧厚度大于外侧，稍向内部倾斜，说明软熔带中有横向的煤气流通过且煤气流速很高，将熔融的渣铁吹向软熔带外侧。第一、二层软熔带主要以球团矿为主，球团矿先于烧结矿黏结成块，主要是由于球团矿的软熔温度低，还原过程中易形成 $FeO \cdot SiO_2$ 等低熔点化合物，先于烧结矿黏结所致。

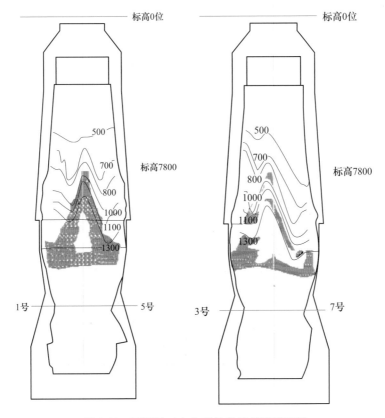

图 3-22　不同风口方向高炉软熔带纵剖面图

由下部软熔带分布状况可知，含铁原料和焦炭之间依旧保持着分层现象，但第四、五层和第五、六层软熔带之间均出现较薄的夹层，所占圆周面积和方位也有所不同，可见上部炉料部分的混料现象对软熔带的分层有一定影响。软熔带根部与炉墙之间也存在一个厚度为 200~300mm 的无黏结带，如图 3-24 所示。此层炉料主要以焦炭为主，且含有一定量的粉末，孔隙度较大，局部还形成长度近半米的连通孔洞，这点与炉顶料面呈现出的特点基本一致。可见炉顶布料对上部块状带炉料分布和下部软熔带的形状都有较大影响。

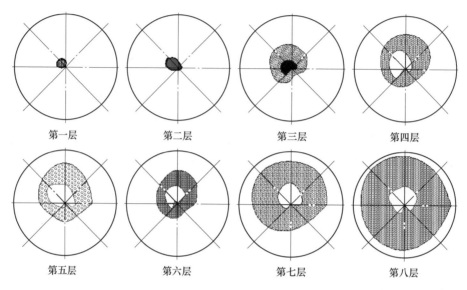

图 3-23　各软熔层的俯视投影图

图 3-24　软熔带炉墙处焦炭层

从水平方向上看，软熔带分布存在较明显的偏斜现象，3 号、4 号风口侧软熔带较高，6 号、7 号风口侧软熔带较低，形成自北向南的倾斜状。主要原因为：（1）各风口煤气流分布不均，导致温度分布差异较大，煤气流较为旺盛的 3 号风口侧软熔带出现的较早；（2）上部炉料的混料现象，3 号风口方向出现炉瘤降低炉料的下降速度，且下部软熔带区域 3 号、4 号、5 号风口方向出现软熔带的小夹层，造成此侧软熔带比 6 号、7 号风口侧高；（3）3 号、4 号风口在停炉前填充耐火材料，在停炉时此处风口回旋区上部炉料不会向下塌陷，故其软熔带会比其余部位稍高；（4）6 号、7 号风口回旋区上部焦炭烧损，出现一个连通的空洞，可能造成上部炉料的下移。

3.1.4 滴落带、燃烧带炉料分布状况

软熔带下边缘与回旋区和渣层之间的焦炭空间为滴落带，滴落带的大小主要由软熔带的高低和回旋区的大小决定，滴落带主要以焦炭为主，软熔带形成的渣、铁穿过此处到达炉缸，此过程被描述为渣铁的滴落现象，故称为"滴落带"。滴落带离风口回旋区较近，温度很高。软熔带对炉料进行初步的渣铁分离，形成的铁滴在软熔带进行成分调整，而下落的"初渣"经过时，其内部氧化物进一步还原，并吸收焦炭和煤粉中的灰分。

死料柱作为滴落带的主要组成部分，由解剖观察可知，死料柱中焦炭粒度较大，在风口回旋区所在平面上，死料柱焦炭粒度是回旋区的几倍。可见死料柱焦炭对上部软熔带主要起到支撑的作用。死料柱中渣铁含量较风口回旋区渣铁含量少很多，主要原因有：

（1）死料柱的焦炭相对于风口回旋区来说粒度较大，孔隙度大，停炉过程中渣铁更易向下流入渣铁层；

（2）由于高炉容积较小，故死料柱的截面面积较小，是一个瘦长的圆锥体，它所对应的软熔带只有上部几层，这几层软熔带的体积较下部软熔带小很多，滴下的渣铁含量也较少。

燃烧带由风口回旋区和回旋区外的还原区组成，是高炉稳定操作不可缺少的重要反应区。首先，高炉中的炉料由于炭的燃烧和熔化渣铁而不断滴落，给上部炉料腾出空间，使其在有效重力的作用下下落，炉料中炭的燃烧和熔化渣铁为整个冶炼过程连续、稳定的顺利进行创造了条件。其次，焦炭回旋区的形状（回旋区深度、宽度及高度）对高炉下部气流、炉缸活性度及炉料下降影响较大。再次，煤气是由焦炭中的炭和辅助燃料在回旋区与鼓风中的氧进行燃烧而产生的，其主要作为高炉生产所需化学能和热能的供给者和携带者，因而，回旋区的反应情况将直接影响高炉下部煤气的分布、上部炉料的均衡下降以及整个高炉内的传热传质。

莱钢 3 号高炉（125m³）风口前形成的回旋区，是一个自风口前端向高炉中心侧的上方逐渐扩展的腔体。腔体的内表面为较平滑的曲面，其底部距风口中心线 200~300mm，腔体的纵向中心线距风口小套前沿 300mm。整体形状为底部较平坦，圆周方向较狭窄，径向较长的椭圆柱体状，如图 3-25~图 3-28 所示。4 号风口回旋区深 700mm、高 600mm、宽 450mm，如图 3-29 和图 3-30 所示。

回旋区的底部和前端有一个平滑的焦末层，上面是细粒焦炭与熔融渣铁黏结在一起的黏结层，黏结层如图 3-27 所示。回旋区前端渣铁黏结层较厚，为 200mm 左右，底部较薄，为 80~90mm，黏结层与炉缸中心之间为焦炭区域（中心死料柱）。相邻的两个回旋区及炉墙之间围成的三角柱体区域，被称为"死区"，此区域焦炭粒度较大，焦炭较为疏松，焦炭缝隙中没有渣铁填充，焦炭无锈痕迹，可以断定高炉生产中此区域为不活跃区，焦炭大部分由回旋区上部提供，而产生的煤气流也主要是通过回旋区的侧上部进入中心区域。由于高炉边缘炉墙处矿石分布较少，故软熔带根部与炉墙之间有 300mm 的缝隙，导致此三角死区中上部滴落的渣铁较少，内部焦炭保存完好，未发现渣铁经打水产生的锈体。

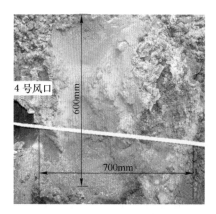

图 3-25   4 号风口回旋区侧壁

图 3-26   5 号风口回旋区小套前段

图 3-27   4 号风口回旋区尺寸测量及其断面

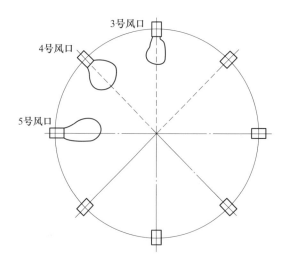

图 3-28   风口回旋区横截面示意图

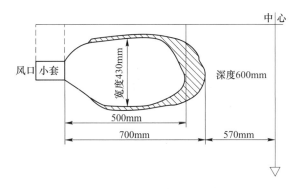

图 3-29 4 号风口回旋区平面俯视图

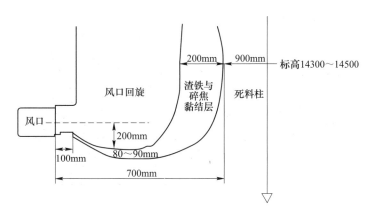

图 3-30 4 号风口回旋区纵剖面图

回旋区小结：

（1）回旋区呈上翘的气囊状。

（2）由填充耐火材料的 4 号风口测量结果可知，风口回旋区长度 700mm 左右、宽度 400mm 左右、高 600mm 左右。相邻两风口回旋区之间存在由大块焦炭组成的疏松区。

（3）由未填充的风口回旋区域可见，回旋区域内焦炭粒度较小，周围焦炭粒度较大，存在明显界限。

（4）回旋区中焦炭彼此相互黏结，黏结物主要为渣相，并含有零星铁珠，铁珠表面很亮。

（5）回旋区所在平面中心死料柱中焦炭粒度较大，不存在明显的疏松区域。

3.1.5　渣铁层炉料分布状况

如图 3-31 所示，渣铁层表面均较为平整，经打水冷却后，渣层硬度较高。

渣层上表面距离渣口中心线约 350mm、渣层厚度约 900mm，渣层表面如图 3-32 所示。渣层表面较平坦，内部镶嵌焦炭，焦炭占渣层体积的 70% 左右。渣层中有零星的铁滴存在，铁滴均呈圆球状。

由渣层断面可见，内部焦炭均匀分布，且自上而下粒度逐渐变小，可见渣层中炉渣和焦炭之间存在剧烈反应。由图 3-33 可见，渣层炉渣呈板条状，焦炭表面有星点弥散状炉

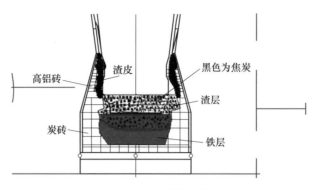

图 3-31 渣铁层分布结构

图 3-32 1 号—5 号风口渣层断面

渣分布，说明焦炭反应后，其灰分聚集成小颗粒进入炉渣。

　　铁层位于铁口中心线下方 250mm，铁层厚度约为 1300mm。1 号—5 号风口铁层断面如图 3-34 所示，铁层表面平整，铁口侧形成炮泥区域。部分炮泥与炉墙耐火材料形成一体，另一部分炮泥漂浮在铁水中，如图 3-35 和图 3-36 所示。

　　铁层中焦炭填充区域厚度 600mm 左右，与渣层和上部焦炭形成一体，焦炭在铁层中的下表面较平坦，边缘粒度较小，铁水主要通过焦炭层底部流向铁

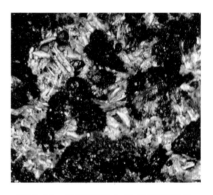

图 3-33 渣层炉渣与焦炭镶嵌结构

口。莱钢 3 号高炉死铁层设计厚度为 304mm，但解剖时，炉底四层炭砖已侵蚀近三层，可见较浅的死铁层炉型设计致使炉缸耐火材料遭受严重的铁水冲刷侵蚀，所以死铁层设计尺寸应深一些，以缓解炉底铁水流动对耐火材料的侵蚀，从而对炉缸耐火材料起到保护作用。此外，少部分铁水沿炉墙侧的焦炭层环流至铁口，解剖高炉炉缸侧壁耐火材料的侵蚀形状及炉墙附近焦炭受铁水冲刷后粒度小于中心焦炭可以很好地证明铁水的环流现象。

　　铁层中焦炭彼此之间结合较紧密，铁液主要存在于焦炭缝隙之中。铁层中部的焦炭粒度完好，焦炭表面圆滑，铁层边缘处的焦炭粒度较小，并含有一定量粉末。铁层中焦炭硬度很高，气孔率很小，结构致密，通过显微观察可见焦炭内部有渗铁现象，且几乎所有内

图 3-34 1 号—5 号风口铁层断面

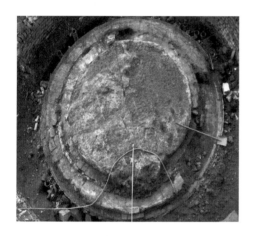

图 3-35 铁层平面及铁口炮泥

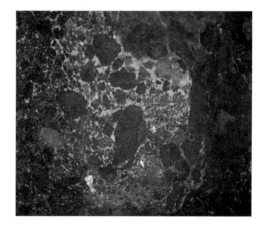

图 3-36 铁口处炮泥与焦炭、铁液混杂

部气孔中均填充渣相。主要原因是此处铁液对焦炭的压力较大,焦炭内部气孔壁发生失碳反应后生成的灰分无法排除,填充于气孔中与渗入的炉渣共同形成渣相。

铁口侧炉墙炭砖侵蚀较严重,内层炭砖已经消失,只剩外侧一层炭砖,铁口处形成炮泥、焦炭、渣铁混合镶嵌结构,部分炮泥与炉墙结合紧密,已经形成一个整体,少量炮泥漂浮在铁液中,最后进入炉渣。

铁层从表观上看可以分为 5 层,每层的金属光泽和结晶形貌不尽相同,铁层如图 3-34 所示。在铁层边缘和焦炭层底部边缘相交处(距渣铁分界面 1000mm 左右)存在一圈铜色金属,经化验为 Ti(C,N),与此部位相邻的炉墙炭砖缝隙里也存在相同物质。

通过对莱钢 3 号 125m³ 高炉解剖,对其料柱结构进行了研究,特别是对软熔带、滴落带和风口区的参数进行了测量,最终绘制了其炉料分布图,炉料分布如图 3-37 所示。其料柱结构呈现如下特征:

(1)料面为"双峰"型,两峰尖均靠近炉墙。由于 2 号风口侧炉喉钢砖有一大块炉瘤，导致 2 号风口方向料面比其他风口方向低，2 号—6 号风口方向剖面只有一个峰值；料面中心区域以球团矿为主，边缘区域以焦炭为主。

（2）从料面的炉料分布情况分析。含铁炉料主要集中在中心区域，以球团矿为主；边缘主要为焦炭，含有少量含铁炉料。料面的形状及其炉料分布状况主要取决于装料制度和球团矿的滚动特性。

（3）整体而言，块状带炉料保持层状分布，球团矿层较明显，烧结矿层和焦炭层有混料现象，炉墙附近炉料以焦炭为主，填充少量烧结矿，极少有球团矿，且粉末含量较多。

（4）软熔带呈现不规则的倒"V"形，从炉身 2/3 处开始出现，共分为 10 层。软熔带顶部两层为实体球状，其余几层为圆环状，软熔带根部与回旋区顶部距离 500mm，与炉墙之间距离 300mm。

（5）回旋区呈现上翘的气囊状，4 号风口回旋区尺寸为 700mm×600mm×400mm（长×高×宽）。从未填充耐火材料的回旋区可见，回旋区内部焦炭粒度较小，焦炭中铁粒较多，焦炭之间被炉渣黏结、接触紧密；两回旋区之间存在"死区"，焦炭粒度较大、被炉渣黏结较松散。

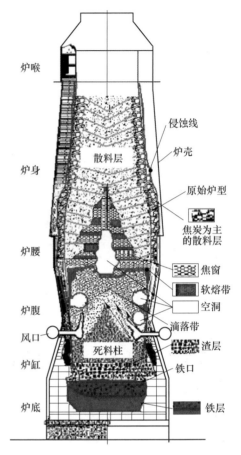

图 3-37　高炉料柱结构示意图

（6）渣层上表面距离渣口中心线约 350mm，表面平坦，渣层厚度约 900mm；渣层内部镶嵌焦炭，焦炭占渣层体积的 70% 左右。渣层中有铁滴存在，铁滴均呈球状。

（7）铁层厚度为 1300mm，其中 700mm 被焦炭填充，铁层中焦炭与渣层中焦炭形成一体，焦炭体下表面平坦；铁层从表观上分为 5 层，各层金属光泽、结晶形态不尽相同。

3.2　炉料的粒度变化研究

莱钢 3 号 125m³ 高炉入炉含铁原料为烧结矿配加球团矿，烧结矿的比例为 65% 左右，球团矿为 35% 左右。烧结矿和球团矿的粒度组成见表 3-2，其中烧结矿和球团矿中 5~25mm 所占的比例最多，分别为 78.4% 和 87.6%。就小于 5mm 粉矿含量而言，球团矿较烧结矿多，达到 11.5%；而大于 25mm 的大块矿，球团矿则较少，只有 0.9%，烧结矿达到15.7%。总体来说，烧结矿、球团矿粒度分布合理。

表 3-2　入炉含铁原料的初始粒度分布　　　　　　　　　　　　　（%）

粒级	<5mm	5~10mm	10~25mm	>25mm
烧结矿	4.9	8.0	71.4	15.7
球团矿	11.5	5.9	81.7	0.9

3.2.1　炉料中粉末含量的变化

炉料中小于5mm的粉末在1号—5号风口之间取样点沿高炉纵向的分布情况如图3-38所示。由图可见，沿高炉高度方向炉料中小于5mm粉末含量逐渐增加，高炉中心样点变化趋势较小，边缘样点增加较为明显；炉墙处粉末含量明显多于中心（图3-39）。

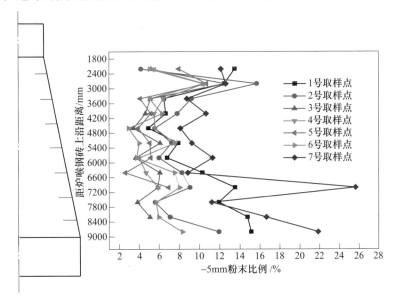

图 3-38　1号—5号风口之间取样点-5mm 粉末分布

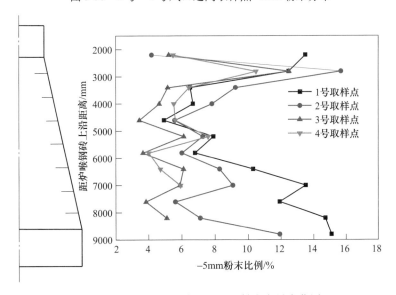

图 3-39　1号风口至中心-5mm 粉末含量变化图

由图3-40可知，在高炉横切面方向，近炉墙处的粉末含量比中心处的粉末含量多。一方面，高炉中心区域炉料整体下降，炉料之间的摩擦作用力要小于边缘区域炉料与炉墙之间的摩擦作用，故近炉墙区域炉料粉末产生量要多于中心区域；另一方面，边缘区域的烧结矿含量要稍多于中心区域，故其粉化后产生的粉末含量也多于中心区域。

由图 3-41 可知，靠近高炉中心处 2 个取样点（样点 3、样点 5）和高炉中心取样点（样点 4）的粉末含量基本一致，沿高度方向粉末含量变化较小。这与炉料的堆积情况有关，高炉中心的炉料主要以球团矿和焦炭为主，烧结矿含量较少，烧结矿的低温还原粉化现象对高炉中心料柱的粉末含量影响较小。

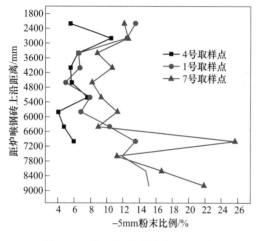

图 3-40 靠近炉墙处粉末占的比例

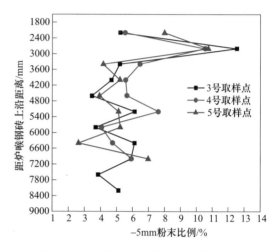

图 3-41 靠近炉中心取样点粉末占的比例

由解剖过程观察可知，烧结矿在高炉内存在粉化现象，但并不严重。烧结矿在炉身部位主要是碎裂成 5~10mm 的小块，经磁选可知，由烧结矿产生的小于 5mm 粉末较少，并且随着炉料的下降及温度的升高，碎裂的烧结矿在高温区开始黏结，组成较大的团块。

图 3-42 所示为高炉中心到 3 号风口之间的 4 个样点中小于 5mm 粉末含量的变化情况。与 1 号—5 号风口断面的粉末含量变化情况相比，此风口区域的粉末含量较少，根据解剖现场观察和测定的温度曲线分布情况来看，3 号风口处的煤气流较为发展，在同一水平面上 3 号风口的温度比其他风口区域高，且温度梯度较大，低温区间较窄，含铁炉料的黏结

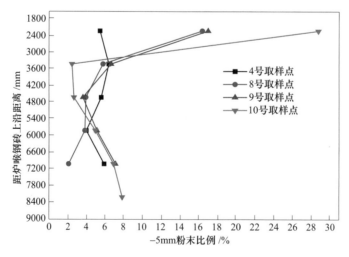

图 3-42 3 号风口方向取样点粉末占的比例

现象比其他部位提前出现，因此，此处的粉化现象不明显。

通过与其他高炉解剖的烧结矿粉化情况进行比较可知，此次莱钢高炉炉料中粉末含量远小于其他解剖高炉，这主要是由于近些年来高炉炉料结构的改善，入炉原料中粉料比例的减小和入炉原料性能的改善，特别是烧结矿低温还原粉化性能的改善。

3.2.2　烧结矿粒度变化研究

烧结矿进入高炉后受到各种力（如机械力、应力等）的作用，并随着炉料下移、铁氧化物还原，烧结矿的强度、物相组成及显微结构和粒度都发生明显变化。

当含铁炉料进入软熔带后，彼此之间相互黏结成块，有的甚至一层软熔带形成一个整体，所以无粒度可言，因此粒度的变化只选取块状带样点即可。选取了一、四、七、十、十二、十三和十四层的 1 号样（即高炉的边缘部分）做粒度分布的分析，结果见表 3-3。

表 3-3　烧结矿沿高炉高度方向的粒度变化

层数-编号	烧结矿/%			加权粒度/mm
	6~10mm	10~20mm	20~40mm	
1-1 号	42.92	36.27	20.81	15.1
4-1 号	14.90	67.32	17.78	16.6
7-1 号	40.52	49.18	10.30	13.7
10-1 号	66.01	25.47	8.52	11.7
12-1 号	58.00	36.08	59.2	11.8
13-1 号	47.85	44.77	7.38	12.8
14-1 号	23.72	66.40	11.88	15.4

通过表 3-3 的数据可以绘制出铁矿石在高炉高度方向的粒度组成的变化（图 3-43），铁矿石粒度变化如图 3-44 和图 3-45 所示。其中，图 3-44 为烧结矿加权粒度的分布，图 3-45 为烧结矿不同粒级所占比例的分布。

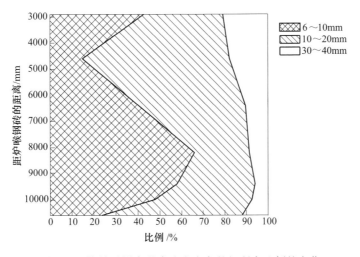

图 3-43　烧结矿沿高炉高度方向各粒级所占比例的变化

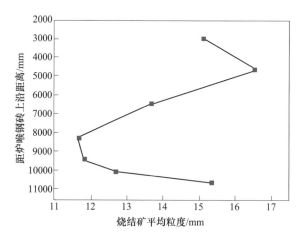

图 3-44　烧结矿沿高炉高度方向的粒度变化

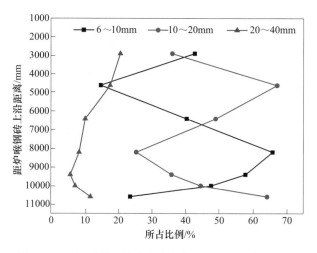

图 3-45　烧结矿沿高炉高度方向各粒级所占比例的变化

由图 3-44 和图 3-45 可知,烧结矿在炉身上部第一~第四层之间,大颗粒的烧结矿(10~20mm)所占比例相当高,加权粒度也因此增大。而在高炉这个区域温度是相当低的,烧结矿理应出现低温还原粉化、粒度变小的现象,且该温度条件下烧结矿还不可能熔融黏结。造成这一反常现象有两种原因:(1)打水冷却。以往研究表明,打水冷却对低温区域的烧结矿,特别是大块的烧结矿的低温还原粉化率有明显影响。当温度超过 700℃,打水冷却对烧结矿的粉化率几乎没有影响。(2)取样。在进行解剖高炉的准备工作时,拆卸炉顶设备,找中心位置,安装玻璃透明框架过程中,因工作人员在料面上的来回踩踏,破坏了上部的料层。

从图中可看出烧结矿在高炉内的粒度变化特点如下(除去前四层的反常现象):

(1)在炉身中上部,粒度减小。由图 3-44 可知,从第四层~第十层,烧结矿的加权粒度减小。由图 3-45 可知,10~20mm 粒级的烧结矿从第四~十层所占比例减少,20~40mm 粒级的也略有减少,而相应的 6~10mm 粒级的烧结矿急剧增加。烧结矿粒度减小的原因是烧结矿的低温还原粉化,致使其强度减小:在低温区赤铁矿的还原反应为 $\alpha Fe_2O_3 \rightarrow$

$\gamma Fe_2O_3 \rightarrow Fe_3O_4$，在这个转变的过程中发生体积膨胀，并产生微孔，在烧结矿的边缘和孔洞周围形成破裂带，从而导致了粉化，粒度减小。

（2）自炉身中下部开始，烧结矿粒度急剧增加。由图 3-44 可知，炉身下部烧结矿的加权粒度急剧增大，其平均粒度由第十层的 11.66mm 增加到第十四层的 15.42mm。图 3-45 中，6~10mm 小粒级的烧结矿从第十层开始减小，而到了第十四层，已经很难找到此粒级的烧结矿，10~20mm 粒级的烧结矿相应增加。而 20~40mm 的烧结矿从第十三~十四层急剧增加。

块状带下部烧结矿粒度急剧增加，其原因是此处温度已接近 1000℃，部分烧结矿开始软化，相互之间的黏结力增强，临近的三五个烧结矿颗粒开始黏结成块，造成粒度增加，含铁炉料的黏结情况如图 3-46 所示。

图 3-46 高炉下部矿石熔融黏结

3.2.3 球团矿的粒度变化研究

球团矿粒度分布取样同烧结矿，结果见表 3-4 和图 3-47。

表 3-4 球团矿沿高炉高度方向的粒度变化

层数-编号	球团矿/%			加权粒度/mm
	6~10mm	10~20mm	20~40mm	
1-1 号	21.94	77.77	0.29	13.5070
4-1 号	34.37	64.37	1.26	12.7828
7-1 号	14.75	84.50	0.75	14.0798
10-1 号	18.89	72.90	8.21	14.9084
12-1 号	15.87	81.36	2.77	14.3055
13-1 号	9.91	90.99	0	14.3065
14-1 号	7.27	83.36	8.37	15.5966

球团矿的粒度比较均匀，主要粒级为 8~16mm，约占 80%。球团矿在下降过程中受热还原，在炉身中部开始黏结，因此炉身上部球团矿的粒度是指单个球团矿，炉身中部以后球团矿的粒度包含了球团矿黏结在一起的群体粒度。

3.2.3.1 在炉身上部，球团矿粒度减小

由图 3-48 可知，第一~四层球团矿的加权粒度略有减小，但变化不大。具体分布可以

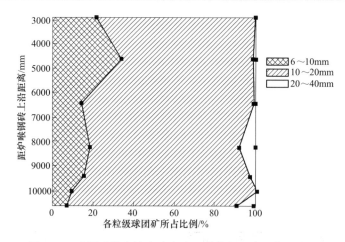

图 3-47 球团矿沿高炉高度方向上各粒级所占比例的变化

从图 3-49 看出，10~20mm 粒级的球团矿减少，而 6~10mm 粒级的球团矿相应增加。20~40mm 粒级的球团矿在整个高炉的中上部几乎没有变化。产生上述现象的原因可能为：(1) 矿石的低温还原粉化。此区域温度较低，被还原的矿石较少。(2) 停炉后的影响。主要包括打水冷却造成的粉化，以及取样过程中的破坏。

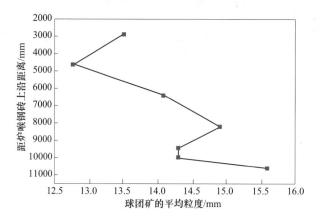

图 3-48 球团矿沿高炉高度方向的粒度变化

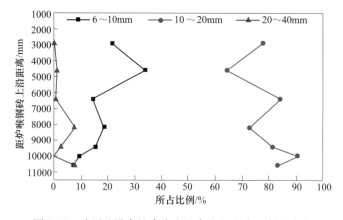

图 3-49 球团矿沿高炉高度方向各粒级所占比例的变化

3.2.3.2　炉身中下部，球团矿粒度增加

在炉身中部第四～第十三层球团矿的粒度缓慢增加，增加的量很少，仅增加了约
1.6mm。由图 3-49 可知，6～10mm 的小颗粒矿石不断减少，而 10～20mm 的球团矿有增加
的趋势，20～40mm 的球团矿几乎没有变化。说明这个区域矿石的低温还原粉化已经终止，
此外球团矿还有膨胀现象。当球团矿中的赤铁矿还原为磁铁矿时，发生晶格转变，体积可
以增大 20%；另外，在浮氏体变成金属铁时也出现晶须长大，膨胀率甚至可以达到 100% 以
上。到炉身最底部第十三～十四层，球团矿的加权粒度急剧增大，主要是 20～40mm 的大
颗粒增加。主要原因是高温区域产生了熔融的物质，使球团矿黏结在一起，如图 3-46
所示。

3.3　炉料的演变过程研究

3.3.1　炉料还原性研究

铁矿石还原度的定义为：以三价铁为基准（即假定铁矿石中的铁全部以 Fe_2O_3 形式存
在，并把这些 Fe_2O_3 中的氧算作 100%），还原一定时间后的脱氧的程度，以质量百分数表
示。还原度的计算公式见式（3-1）。

$$还原度(R) = \frac{从铁氧化物中失去的氧量(O_失)}{初始状态与铁结合的氧量(O_总)} \times 100\% \tag{3-1}$$

高炉内含铁原料的还原度只能根据入炉前原料的成分和解剖过程取到的含铁炉料成
分进行计算。将入炉前原料中除 FeO 以外的铁全部折合为 Fe_2O_3，将 FeO 中的氧与折合
后的 Fe_2O_3 作为初始状态与铁结合的氧量，化验出从高炉内取出的含铁炉料的全铁
（TFe）、氧化亚铁（FeO）、金属铁（MFe）含量，将除 FeO、金属铁以外的铁折算成
Fe_2O_3，求出剩余氧量，再用入炉矿石中的含氧量减去剩余氧量，得到从铁氧化物中排
除的氧量。

炉内含铁原料的还原度计算公式见式（3-2）。球团矿含氧量为 27.45%，烧结矿含氧
量为 23.14%。

$$R = \left[1 - \frac{42.9(TFe - MFe) - 11.1FeO}{入炉矿石含氧量} \right] \times 100\% \tag{3-2}$$

含铁炉料沿高炉高度方向变化情况如图 3-50 和图 3-51 所示。由图 3-50 和图 3-51 可
知，无论是烧结矿还是球团矿，炉身下部的还原度明显高于上部，炉身中部，即第五层料
样以下还原速度明显增加，含铁炉料还原度突然增大。炉身上部中心炉料的还原速率增加
较快，炉身下部还原达到 20% 左右，此处恰好为软熔带顶部的上方，由此可见软熔带上边
界处是炉料还原反应激烈进行的区域，直接还原反应和间接还原反应同时作用于软熔带上
边界处的炉料，此处温度已达 1000℃ 左右，热力学条件和动力学条件均有利于铁氧化物的
脱氧反应。

烧结矿和球团矿沿高炉径向还原度的分布曲线如图 3-52 和图 3-53 所示。由图 3-52 和
图 3-53 可知，同一半径方向上各样点含铁炉料的还原度是不同的，中心样点和边缘样点

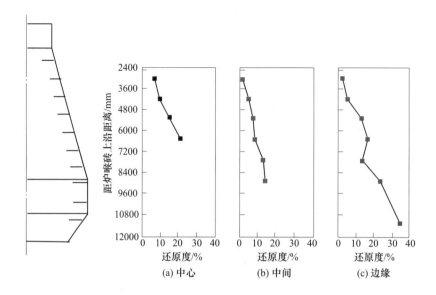

图 3-50 高炉块状带沿高炉高度方向烧结矿还原度的变化

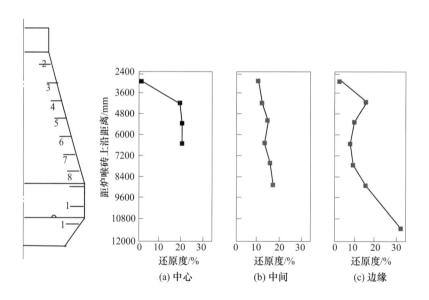

图 3-51 高炉块状带沿高炉高度方向球团矿还原度的变化

的还原度较高,而中间样点距中心 1000mm 处还原度最低,同一半径方向炉料的还原度相差 5%。由两图对比可见,烧结矿和球团矿在径向的还原度不尽相同,球团矿除第一层外,其余各层中心样点试样的还原度都较高,说明球团矿比较容易进行间接还原,入炉后在较低温度下(500℃)就可以发生间接还原反应,而烧结矿是随着高炉高度的下降还原度缓慢增加,随着温度的升高,烧结矿的间接还原反应才逐步发生。

含铁炉料在炉身下部(第八层)的还原度和金属化率见表 3-5 和表 3-6。炉身第八层中心 4 号样点烧结矿的平均还原度为 41%,球团矿的平均还原度为 42%,由温度分布图分

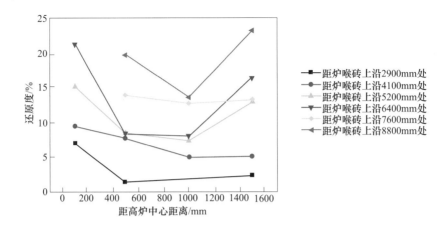

图 3-52 烧结矿径向还原度的变化

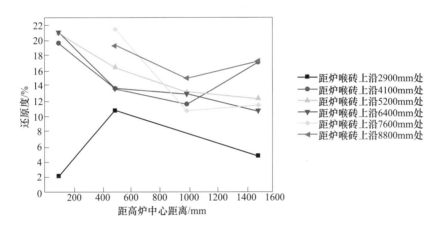

图 3-53 球团矿沿高炉径向还原度的变化

析可知此处温度已达 1000℃，由此可见，高炉内间接还原度偏低。高炉内间接还原度偏低除了与含铁原料还原性和焦炭的反应性较差、高炉容积小、炉身有效高度低、冶炼强度高有关外，还与炉内炉料偏析、煤气流分布不均有关。

表 3-5 炉身第八层中烧结矿的还原度和金属化率 （%）

项 目		1 号风口		中心
		边缘	中间	
还原度	解剖样	14.75	11.11	23.20
	考虑到再氧化	39.75	36.41	48.20
金属化率	解剖样	1.23	0.56	8.23
	考虑到再氧化	10.23	9.56	17.23

表 3-6 炉身第八层中球团矿的还原度和金属化率 （%）

项　目		1号风口		中心
		边缘	中间	
还原度	解剖样	11.04	17.51	21.4
	考虑到再氧化	36.04	42.51	46.4
金属化率	解剖样	0.45	3.18	2.4
	考虑到再氧化	9.45	12.18	11.4

3.3.2 含铁原料的金属化率变化

炉内烧结矿的金属化率变化曲线如图 3-54~图 3-57 所示。由图可知，炉料在下降过程中金属化率不断增大，以炉墙附近的边缘样点为例，其中烧结矿从入炉料的 0.5% 增加到软熔带上方的 18%；球团矿从入炉料的 0.2% 左右增加到软熔带上方的 9%。无论是烧结矿

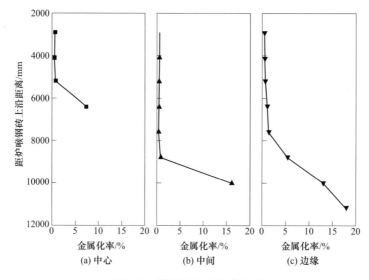

图 3-54 烧结矿金属化率曲线

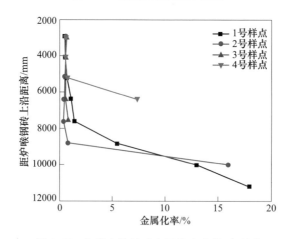

图 3-55 各样点烧结矿金属化率曲线对比图

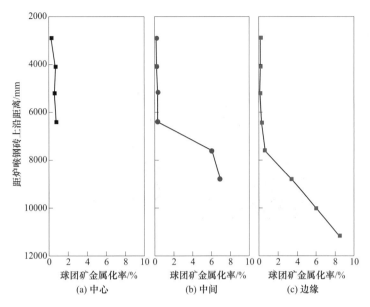

图 3-56　球团矿金属化率曲线

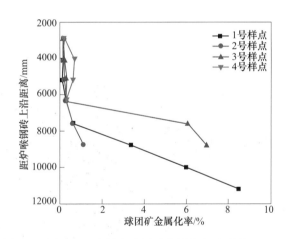

图 3-57　各样点球团矿金属化率对比图

还是球团矿，炉身上部前五层取样品的金属化率变化不大，均未超过 1%；从炉身中部第六层开始中心样点的金属化率开始明显增高，而边缘样点从炉身下部第九层取样点后才开始明显增加。由此可见，此高炉的中心气流发展程度高于边缘气流。

由图 3-55 和图 3-57 可知，同一高度取样层中，中心样点的金属化率最高，这也说明中心气流较发展。当炉料下降到接近软熔状态时，金属化率突然增加，说明软熔带外侧及与软熔带毗邻的块状带是铁氧化物还原最剧烈的区域。

3.3.3　含铁原料的矿相研究

对莱钢解剖高炉中烧结矿试样进行矿相分析，随机取每个样点的烧结矿和球团矿，粒度以 10~20mm 为宜，经过磨制和抛光，制成光片试样。实验用设备为德国产 LEICA-DMRX 偏光显微镜，试验设备如图 3-58 所示。

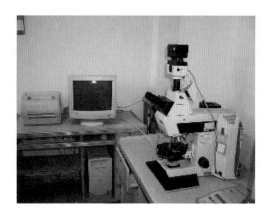

图 3-58　XJL-06 型偏光矿相显微镜

3.3.3.1　球团矿矿相分析

A　块状带球团矿矿相组成及分析

入炉球团矿矿相显微照片如图 3-59 所示。入炉球团矿矿相结构以赤铁矿和黏结相为主，黏结相主要是硅酸盐玻璃相，黏结相呈连续的基质，赤铁矿呈孤岛状散布在黏结相中，赤铁矿本身呈完整的块状。黏结相将块状赤铁矿连接在一起，孔洞较多，并有少量的磁铁矿以细纹状分布在赤铁矿中，或分布在赤铁矿的间隙。

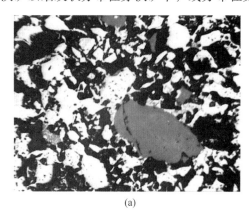

(a)　　　　　　　　　　　　　　　(b)

图 3-59　入炉前球团矿显微照片（反光，120×）

白色—赤铁矿；灰白色—磁铁矿；灰色—黏结相

高炉炉顶温度约为 300℃，煤气的流速很快，球团矿中有许多微气孔，因此煤气与铁氧化物接触充分，还原反应的动力学条件较好，所以球团矿中的 Fe_2O_3 迅速被还原为 Fe_3O_4，但是球团矿的显微结构并没有发生明显的变化。

高炉炉身上部，温度大约在 300~500℃处的球团矿的显微照片如图 3-60（a）所示。从图 3-60（a）中可明显看到赤铁矿还原为磁铁矿时出现晶体碎化现象，赤铁矿还原为磁铁矿，此转变从赤铁矿的边缘开始，一直延伸到内部，磁铁矿的产生导致大块赤铁矿破碎。

图 3-60（b）所示是赤铁矿基本上已还原为磁铁矿，只能在磁铁矿中心见到少量未被还原的赤铁矿。

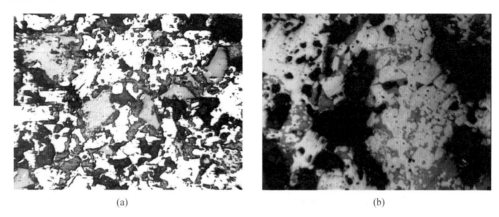

(a)　　　　　　　　　　　　　(b)

图 3-60　炉内球团矿显微照片（反光，312×）
白色—赤铁矿；灰白色—磁铁矿；灰色—黏结相；黑色—孔洞

高炉炉身中部，温度大约 700~800℃ 处的球团矿显微照片如图 3-61 所示。浮氏体逐渐出现增多，部分浮氏体首先以针状或纤维状从磁铁矿内部或边缘出现，然后形成大块的粒状或块状，浮氏体在高温下与脉石中的 SiO_2 迅速反应，形成液态渣相，从而导致渣相增多。

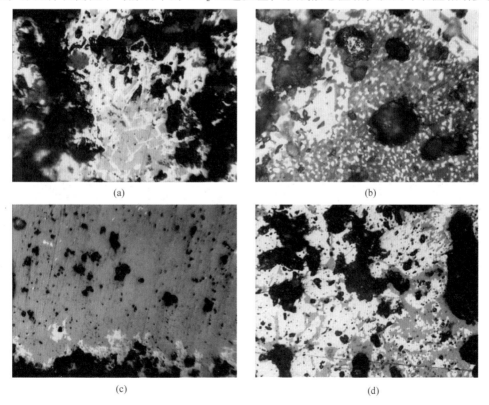

(a)　　　　　　　　　　　　　(b)

(c)　　　　　　　　　　　　　(d)

图 3-61　炉内球团矿显微照片（反光，312×）
白色—浮氏体；灰白色—磁铁矿；灰色—黏结相；黑色—孔洞

高炉炉身下部边缘与中心之间的部位，温度大约在 800～1000℃，有极少金属铁析出，矿石仍以浮氏体为主。经还原的金属铁呈分散的纤维状或分散的细粒状，分布在浮氏体之中，但金属铁只在球团矿的外圈出现，内部没有发现金属铁。球团矿内主要是浮氏体和渣相，只有少量的金属铁被还原出来，如图 3-62 所示。

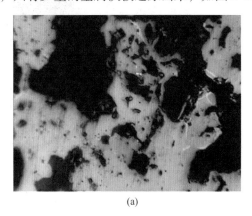 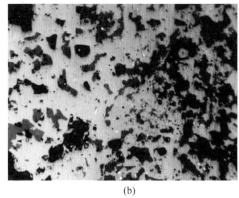

(a)　　　　　　　　　　　　　　　　(b)

图 3-62　炉内球团矿显微照片（反光，312×）

亮白色—金属铁；灰白色—浮氏体；浅灰色—黏结相；黑色—孔洞

B　软熔带球团矿矿相组成及分析

第一层软熔层为蘑菇头状的大帽子，其中球团矿居多。球团矿内部较为疏松，多孔洞（图 3-63～图 3-65），其矿物组成主要为 FeO 和渣相，FeO 颗粒很不规则，还保持着原始颗粒的轮廓，渣相填充在 FeO 颗粒之间，起到黏结作用。在渣相中有零星的金属铁被还原出来（图 3-65），说明渣相中含有 FeO 微小颗粒。

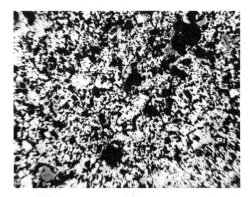 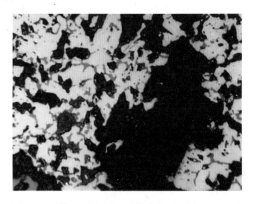

图 3-63　软一球团矿显微照片（反光，50×）　　　图 3-64　软一球团矿显微照片（反光，312×）

白色—金属铁；灰色—FeO；深灰色—渣相；黑色—孔洞　　　　　灰色—FeO；深灰色—渣相；黑色—孔洞

第二层中的球团矿和第一层中的球团矿差别不大，主要是渣和 FeO 交织在一起，只有少量的金属铁被还原出来。第三层外侧情况也是如此。图 3-67 为第三层内侧球团矿边缘显微照片，图 3-68 为第三层内侧球团矿中心显微照片。可以看出，球团矿边缘较为致密，孔洞较少，球团矿中心较为疏松，孔洞较多。在 312 倍下（图 3-66）可以看到大部分金属铁已被还原出来，呈粒状或其他形状分布，与渣相交织在一起，还有少量 FeO 存在，零星地分布在金属铁的周围。在整个横断面内金属铁大部分都已被还原，只是中心孔洞较多而显疏松，边缘孔洞少而显致密。

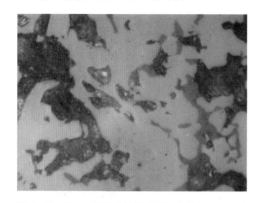

图 3-65　软一球团矿显微照片（反光，500×）
白色—金属铁；灰色—FeO；深灰色—渣相；黑色—孔洞

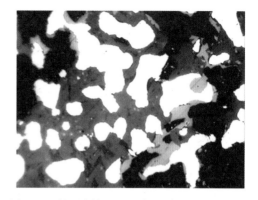

图 3-66　软三内球团矿显微照片（反光，312×）
白色—金属铁；灰色—FeO；深灰色—渣相；黑色—孔洞

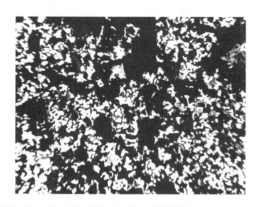

图 3-67　软三内球团矿边缘显微照片（反光，50×）

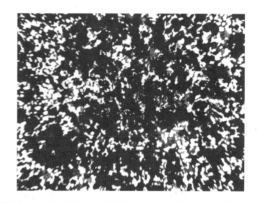

图 3-68　软三内球团矿中心显微照片（反光，50×）

　　第五层软熔带外侧球团矿与第一层软熔带中球团矿并无明显差异（图 3-69），FeO 和渣相交织在一起，FeO 还保持着原始颗粒的轮廓，但有少部分颗粒的棱角已消失。在显微条件下观察可以看到少量的金属铁被还原出来（图 3-70）。

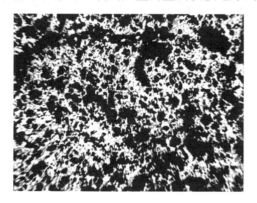

图 3-69　软五外球团矿显微结构（反光，50×）
白色—金属铁；灰色—FeO；深灰色—渣相；黑色—孔洞

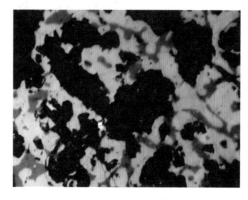

图 3-70　软五外球团矿显微结构（反光，312×）
白色—金属铁；灰色—FeO；深灰色—渣相；黑色—孔洞

　　第五层软熔带内侧球团矿经抛光后用肉眼可以观察到球团矿的横截面上中心和边缘的颜色不同，中心颜色为黑色，外侧为 1~2mm 厚的圆环，颜色为灰色（图 3-71）。通过矿相显微镜观察发现外侧金属铁和渣相交织在一起，较为致密（图 3-72），金属铁呈粒状或其他形状，大多已连接在一起，有极少量的 FeO 尚未被还原为金属铁（图 3-73）。中心主要是 FeO，呈颗粒状，已看不见原始颗粒的轮廓，由渣相黏结在一起，孔洞较多，结构疏松（图 3-74、图 3-75），放大观察倍数可以看到在球团矿中心有点状的金属铁在渣相与 FeO 颗粒的交界处被还原出来，但含量极少，只有在高倍下才能发现（图 3-76）。中心和边缘之间没有明显的过渡带，在 50 倍下观察可以看到中心和边缘交界的地方只是孔洞较大（图3-75），这是因为打水冷却时中心的收缩率大于边缘的收缩率所致。

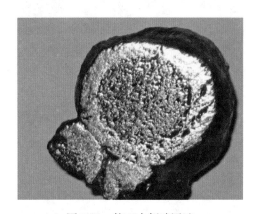

图 3-71　软五内侧球团矿

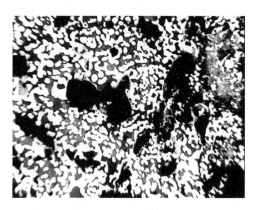

图 3-72　软五内球团矿显微结构（反光，50×）
亮白色—金属铁；灰色—渣相；黑色—孔洞

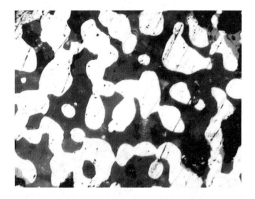

图 3-73　软五内球团矿显微结构（反光，312×）
白色—金属铁；灰色—FeO；深灰色—渣相；黑色—孔洞

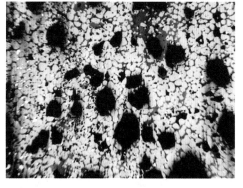

图 3-74　软五内球团矿显微结构（反光，50×）
灰色—FeO；深灰色—渣相；黑色—孔洞

　　对比第五层软熔带内外侧球团矿显微照片（图 3-69 与图 3-74、图 3-70 与图 3-71）可以发现，软熔带外侧球团矿中的 FeO 颗粒棱角分明，形状不规则，保持着原始颗粒的形状，而在软熔带内侧球团矿中的 FeO 颗粒状或其他形状，棱角已经消失，并且其颗粒的面积也大于软熔带外侧球团矿中的 FeO 颗粒的面积。这种现象说明随着球团矿还原温度的升高，FeO 颗粒不断地聚集在一起，慢慢长大，它的棱角也会不断地被熔融的渣相侵蚀，由原来的不规则形状逐渐变成没有棱角的颗粒状或其他形状，最后被还原成金属铁。

图 3-75　软五内球团矿显微结构（反光，50×）
亮白色—金属铁；灰色—FeO；黑色—孔洞；深灰色—渣相

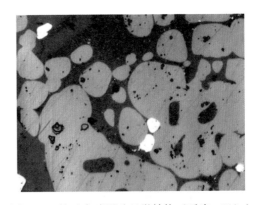

图 3-76　软五内球团矿显微结构（反光，312×）
白色—金属铁；灰色—FeO；深灰色—渣相；黑色—孔洞

在第五层软熔带内侧发现一球团矿，制成光片过程中中心是一空腔，只剩下一个球壳，抛光后抛光表面发出金属光泽，球团矿只剩下一铁壳（图 3-77），在矿相显微镜下观察金属铁形成完整的基体，很致密，渣相已经消失，有少量细小孔洞（图 3-78）。

图 3-77　软五内侧球团矿

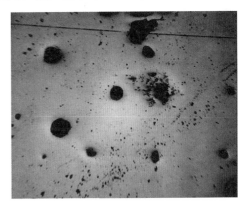

图 3-78　软五内球团矿显微结构（反光，50×）
基体—金属铁；深黑色—孔洞

第七层、第九层软熔带外侧球团矿显微结构（图 3-79 ~ 图 3-82）与其他层外侧球团矿显微结构相差不大，主要是 FeO 和渣相交织在一起，FeO 还保持着原始颗粒的形状，中心孔洞较多，结构疏松，边缘较为致密，只有极少量的金属铁被还原出来（图 3-79 为球团矿边缘，图 3-80 为球团矿中心）。

第七层、第九层软熔带内侧球团矿显微结构（图 3-83 ~ 图 3-86）与其他层软熔带内侧球团矿显微结构差异不大，球团矿呈明显的分层结构，中心主要是 FeO 和渣相交织在一起，有少量还原出来的金属铁，孔洞较多，结构疏松。边缘主要是金属铁和渣相交织在一起，只有少量未被还原的 FeO，孔洞较少，结构致密。

通过以上分析，得出如下结论：

（1）矿相分析表明在软熔带球团矿中铁主要以 FeO 和金属铁存在。

（2）矿相分析表明球团矿在还原过程中存在分层现象，中心主要是较为疏松的 FeO，呈颗粒状分布；边缘主要是较为致密的金属铁，呈粒状或其他形状分布，大都连接到一起。

图 3-79　软七外球团矿边缘
显微结构（反光，50×）

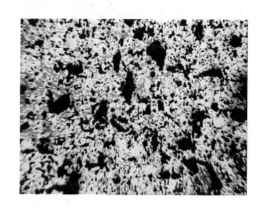

图 3-80　软七外球团矿中心
显微结构（反光，50×）

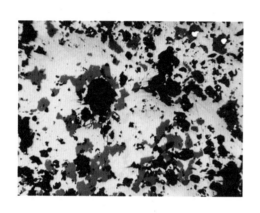

图 3-81　软九外球团矿显微结构（反光，120×）
亮白色—金属铁；灰色—FeO；
深灰色—渣相；黑色—孔洞

图 3-82　软九外球团矿显微结构（反光，120×）
亮白色—金属铁；灰色—FeO；
深灰色—渣相；黑色—孔洞

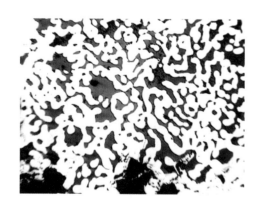

图 3-83　软七内球团矿边缘显微结构（反光，50×）
亮白色—金属铁；灰色—FeO；
深灰色—渣相；黑色—孔洞

图 3-84　软七内球团矿中心显微结构
亮白色—金属铁；灰色—FeO；
深灰色—渣相；黑色—孔洞

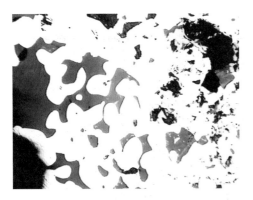

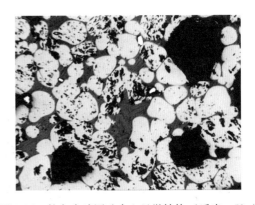

图 3-85 软九内球团矿边缘显微结构（反光，50×） 图 3-86 软九内球团矿中心显微结构（反光，50×）

白色—金属铁；深灰色—渣相 亮白—金属铁；灰色—FeO；

深灰色—渣相；黑色—孔洞

（3）软熔带自上而下显微结构差异不大，外侧球团矿主要矿相是 FeO，还保持着原始颗粒的轮廓，内侧球团矿出现分层现象，球团矿中心主要是 FeO 和渣相，边缘主要是金属铁和渣相，从软熔带顶部一直到根部都是如此。

（4）软熔带同一层（软一、软二除外）由外向里显微结构差异显著，外侧球团矿主要矿相是 FeO，只有少量的金属铁被还原出来，逐渐向内出现球团矿的分层现象，中心主要是 FeO 和渣相，边缘主要是金属铁和渣相，最后出现一个致密的金属铁壳。

3.3.3.2 烧结矿矿相分析

A 块状带烧结矿矿相组成及分析

入炉烧结矿的显微照片如图 3-87 所示。烧结矿以赤铁矿、磁铁矿、玻璃相为主，而玻璃相以铁酸钙为主，铁酸钙主要为针状，少数为片状。烧结矿主要呈现出交织熔蚀结构，部分呈 $CaO \cdot Fe_2O_3$ 与 Fe_3O_4 的共晶结构，玻璃相起辅助黏结作用。

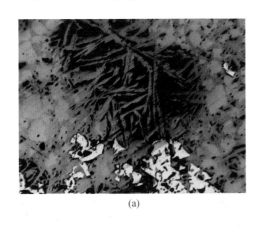

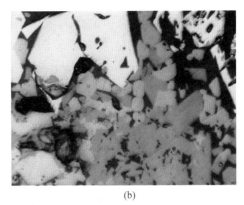

(a) (b)

图 3-87 入炉前烧结矿显微照片（反光，120×）

白色—赤铁矿；灰白色—磁铁矿；黑色—孔洞；浅灰色—铁酸钙；黑灰色—玻璃相

在 300~500℃范围内，铁矿物以 Fe_3O_4 为主，Fe_2O_3 多集中于烧结矿的边缘和孔洞周围，呈粒状或条状，如图 3-88 所示。Fe_2O_3 还原为 Fe_3O_4，微孔分布在新生成的 Fe_3O_4 晶面上，而铁酸钙也部分还原为 Fe_3O_4，但保持原有外形不变。

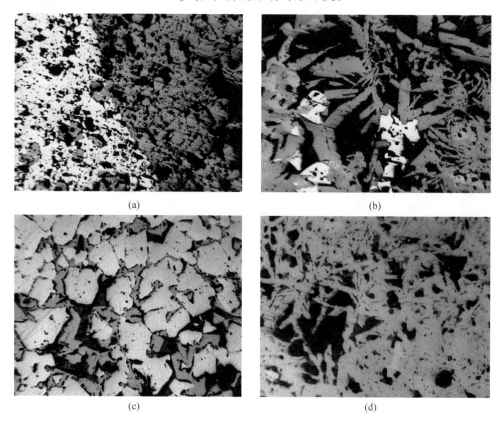

图 3-88　烧结矿显微照片（反光，120×）

灰白色—磁铁矿；黑色—孔洞；浅灰色—铁酸钙；黑灰色—玻璃相

在 500~600℃ 范围内，烧结矿表面原有的大裂纹无明显变化，如图 3-89 所示。而细微裂纹随着温度升高而发展，形成碎裂带，可能会导致烧结矿发生整体性的粉碎，但通过显微观察，裂纹并没有明显增多。700℃ 以上时，裂纹变短，数量减少。

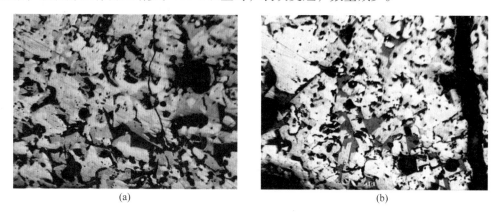

图 3-89　烧结矿显微照片（反光，120×）

白色—浮氏体；灰白色—磁铁矿；黑色—孔洞；浅灰色—铁酸钙；黑灰色—玻璃相

在约 700~800℃左右范围内，磁铁矿还原为浮氏体，铁酸钙也已基本还原成 Fe_3O_4，如图 3-90 所示。到 900℃时，部分矿石黏结在了一起，致使粉化率降低。

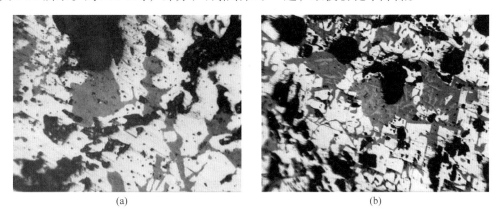

图 3-90　烧结矿显微照片（反光，312×）

白色—浮氏体；灰白色—磁铁矿；黑色—孔洞；浅灰色—铁酸钙；黑灰色—玻璃相

在约 800~1000℃范围内，烧结矿基本上由浮氏体、金属铁和渣相组成。绝大多数金属铁从 FeO 还原出来。金属铁首先出现在 FeO 晶粒周边和微孔区，数量很少，微孔区是 Fe_2O_3 或 $CaO \cdot Fe_2O_3$ 还原后形成的，如图 3-91 所示。

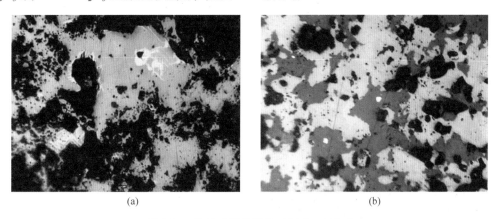

图 3-91　烧结矿显微照片（反光，312×）

亮白色—金属；白色—FeO；灰色—渣相

从图 3-92（a）和（b）可以很明显地看到从浮氏体边缘析出金属铁的过程。金属铁析出后连接，在浮氏体边缘形成线状或丝状结构，随着温度的升高，金属铁粒渐渐发展壮大，形成连晶。

在硅酸盐玻璃相可看到有细小星点状的 FeO 和金属铁出现，这说明在硅酸盐玻璃相中有部分 FeO 分解出来，并被还原为金属铁，如图 3-93 所示。

B　软熔带烧结矿矿相组成及分析

第一层软熔带呈蘑菇头状，主要是球团矿，只有少量烧结矿。其矿物组成主要为 FeO 和渣相，只有少量的金属铁被还原出来（图 3-94~图 3-96），FeO 与渣相交织在一起，孔洞较多。

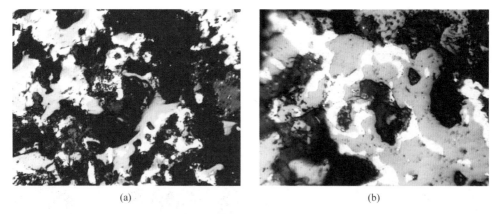

(a)
(b)

图 3-92　烧结矿显微照片（反光，120×）
亮白色—金属；白色—FeO；灰色—渣相

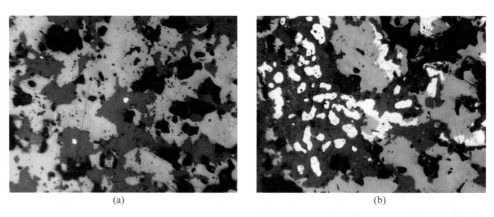

(a)
(b)

图 3-93　烧结矿显微照片（反光，312×）
亮白色—金属；白色—FeO；灰色—渣相

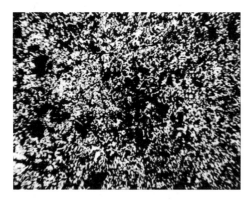
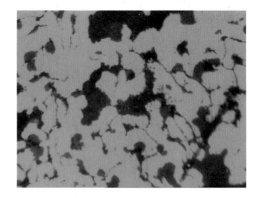

图 3-94　软一烧结矿显微结构（反光，50×）　　　　图 3-95　软一烧结矿显微结构（反光，312×）
灰色—FeO；深灰色—渣相

　　第二层软熔带也是块状，其矿物组成与第一层软熔带类似。从第三层软熔带开始以下各层软熔带都是圆环状。第三层软熔带外层烧结矿矿物组成与前两层类似，FeO 和渣相交织在一起，只有零星的金属铁被还原出来，只有在较高倍数下才能观察到（图3-97、图3-98）。

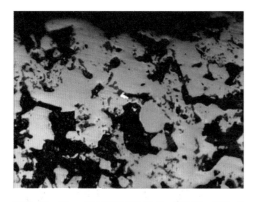

图 3-96　软一烧结矿显微结构（反光，312×）

白色—金属铁；灰色—FeO；深灰色—渣相；黑色—空洞

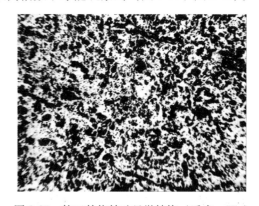

图 3-97　软三外烧结矿显微结构（反光，50×）

白色—金属铁；灰色—FeO；深灰色—渣相；黑色—空洞

第三层软熔带内侧烧结矿有较多的金属铁被还原出来，金属铁呈蠕虫状，与 FeO 和渣相交织在一起（图3-99）。烧结矿中金属铁还原很不均匀（图3-100、图3-101）。这与烧结矿的透气性有关。

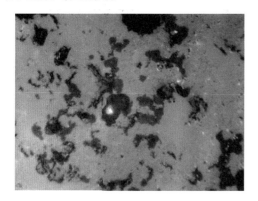

图 3-98　软三外烧结矿显微结构（反光，312×）

白色—金属铁；灰色—FeO；深灰色—渣相；黑色—孔洞

图 3-99　软三内烧结矿显微结构（反光，312×）

白色—金属铁；灰色—FeO；深灰色—渣相

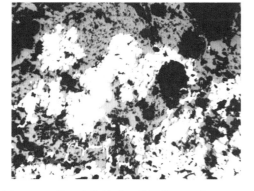

图 3-100　软三内烧结矿显微结构（反光，120×）

白色—金属铁；灰色—FeO

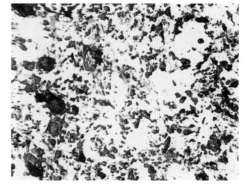

图 3-101　软三内烧结矿显微结构（反光，120×）

灰色—FeO；深灰色—渣相；黑色—空洞

第五层软熔带为圆环结构，外侧烧结矿主要矿物组成是 FeO（图 3-102~图 3-105），FeO 与渣相交织在一起，只有少量的金属铁被还原出来。FeO 形状很不规则，还保持着原始颗粒的形貌，从图 3-102 可以看到由针状铁酸钙还原出来的 FeO。

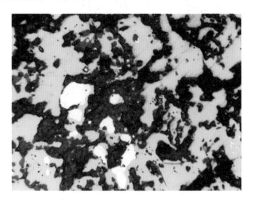

图 3-102 软五外烧结矿显微结构（反光，50×）
白色—金属铁；灰色—FeO；
深灰色—渣相；黑色—孔洞

图 3-103 软五外烧结矿显微结构（反光，312×）
白色—金属铁；灰色—FeO；
深灰色—渣相；黑色—孔洞

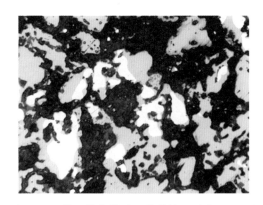

图 3-104 软五外烧结矿显微结构（反光，120×）
白色—金属铁；灰色—FeO

图 3-105 软五外烧结矿显微结构（反光，312×）
白色—金属铁；灰色—FeO；
深灰色—渣相；黑色—孔洞

第五层软熔带内侧烧结矿通过矿相分析可以发现有大量的金属铁被还原出来（图 3-106~图 3-109）。金属铁连接成网状（图 3-106），在高倍显微镜下观察有些金属铁颗粒连在一起，形成一体，还有部分 FeO 没有被还原，被渣相包裹。从图 3-109 可以看到还原出的金属铁将未被还原的 FeO 包围起来，阻碍了中心 FeO 的进一步还原。

第八层软熔带为圆环结构，外侧烧结矿的显微结构、矿相组成（图 3-110~图 3-113）与第五层软熔带外侧烧结矿的显微结构、矿相组成相差不大，主要是 FeO 和渣相交织在一起，有少量的金属铁还原出来。第八层软熔带内侧烧结矿有熔融状渣铁块，渣铁开始分离（图 3-110），金属铁主要以蠕虫状、浑圆状存在，在金属铁密集的地方金属铁连接成片。还有少量 FeO 没有被还原，以小块存在，被渣相和金属铁包围（图 3-112）。在渣相聚集地区域可以观察到渣相中有板条状的 $2CaO \cdot SiO_2$ 析出（图 3-113），而 $2CaO \cdot SiO_2$ 的形成温度为 1464℃，说明软熔带内侧温度可能接近 1500℃。

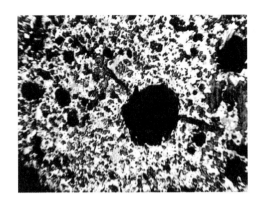

图 3-106　软五内烧结矿显微结构（反光，50×）
白色—金属铁；灰色—FeO；
深灰色—渣相；黑色—孔洞

图 3-107　软五内烧结矿显微结构（反光，312×）
白色—金属铁；灰色—FeO；
深灰色—渣相；黑色—孔洞

图 3-108　软五内烧结矿显微结构（反光，500×）
白色—金属铁；灰色—FeO；
深灰色—渣相；黑色—孔洞

图 3-109　软五内烧结矿显微结构（反光，800×）
白色—金属铁；灰色—FeO；
深灰色—渣相；黑色—孔洞

图 3-110　软八内烧结矿显微结构（反光，50×）
白色—金属铁；灰色—渣相

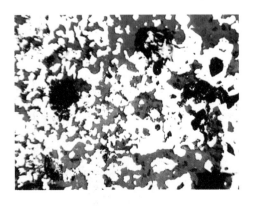

图 3-111　软八内烧结矿显微结构（反光，120×）
白色—金属铁；灰色—渣相

图 3-112   软八内烧结矿显微结构（反光，120×）
白色—金属铁；灰色—FeO；深灰色—渣相；黑色—孔洞；
深灰色条状—2CaO·SiO₂；深灰色—渣相

图 3-113   软八内烧结矿显微结构（反光，120×）
白色—金属铁；灰色—FeO；深灰色—渣相；黑色—孔洞；
深灰色条状—2CaO·SiO₂；深灰色—渣相

通过以上分析，得出的结论如下：

（1）矿相分析表明在软熔带烧结矿中铁主要以 FeO 和金属铁存在。

（2）软熔带烧结矿自上而下显微结构变化不大，外侧主要是 FeO 和渣相交织在一起，只有少量的金属铁；内侧金属铁较多，和渣相交织在一起，还存在未被还原的 FeO。

（3）软熔带烧结矿由外向内显微结构变化较大，主要是金属铁增多，FeO 减少。

（4）软熔带内侧烧结矿渣相中有 2CaO·SiO₂ 析出，说明软熔带内侧温度接近 1500℃左右。

3.3.3.3   软熔带内侧黏结物矿相分析

在软熔带的最内侧球团矿和烧结矿已经熔融，黏结在一起，失去其原始形貌，不能鉴别是烧结矿还是球团矿，只能取黏结物进行观察。

软熔带内侧黏结物磨平抛光后肉眼观察就可以看到渣铁能够分清，金属铁连成一片或聚集在一起（图 3-114、图 3-115）。在矿相显微镜下观察可以发现（图 3-116～图 3-119），金属铁中包含着少量的圆形渣粒，有些区域的金属铁包含有较多的形状不规则的小气孔，渣铁基本可以分清，渣相中也包含着零星的小颗粒金属铁和微小气孔。无论是渣相还是金属铁中都没有发现 FeO。

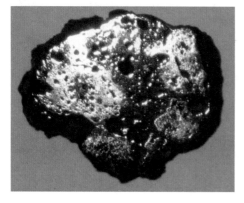

图 3-114   第九层软熔带内侧黏结物

图 3-115   第四层软熔带内侧黏结物

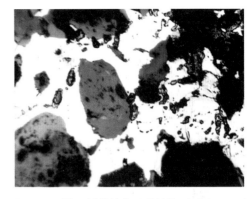

图 3-116 第四层黏结物显微结构（反光，50×）
白色—金属铁；灰色—渣相；黑色—孔洞

图 3-117 第四层黏结物显微结构（反光，50×）
白色—金属铁；灰色—渣相；黑色—孔洞

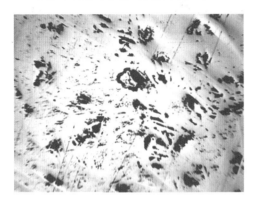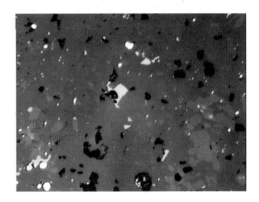

图 3-118 第九层黏结物显微结构（反光，50×）
灰色基体—金属铁；黑色—孔洞

图 3-119 第九层黏结物显微结构（反光，120×）
白色—金属铁；灰色—渣相；黑色—孔洞

温度继续升高，软熔带内侧烧结矿和球团矿熔融滴落，在滴落带焦炭的空隙中流动，打水冷却过程中冷却凝固，最终呈"冰凌"状渣铁混合物（图 3-120、图 3-121）。

图 3-120 软熔带内侧"冰凌"

图 3-121 单个"冰凌"

大部分"冰凌"都是空心结构（图 3-122），外壁较薄，带有小渣粒，锈蚀严重，不能制成粉末进行化学分析，也不能制成光片用矿相显微镜观察。有少数"冰凌"较为粗大，内部并不是空心的，而是填充着一些渣铁，孔洞较大，可以制成光片进行观察。

从"冰凌"的矿相照片可以看出（图 3-123～图 3-127），金属铁和渣相交织在一起，金属铁呈粒状或其他形状分布，有些连接成片，渣相中有星点状金属铁析出，有少量的 FeO 存在，呈粒状、串珠状、块状。在金属铁颗粒周围有一圈连续或不连续的 FeO 存在。

图 3-122 "冰凌"横截面

白色—金属铁；深灰色—渣相；黑色—孔洞

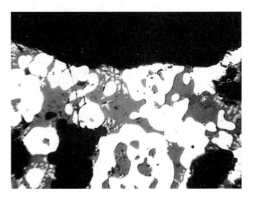

图 3-123 "冰凌"显微结构（反光，50×）

白色—金属铁；深灰色—渣相；黑色—孔洞

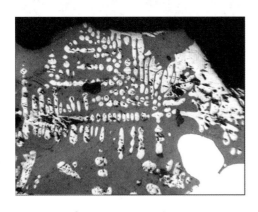

图 3-124 "冰凌"显微结构（反光，120×）

白色—金属铁；灰色—FeO；深灰色—渣相；黑色—孔洞

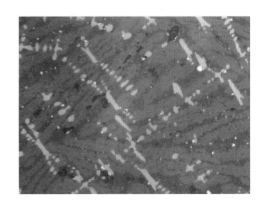

图 3-125 "冰凌"显微结构（反光，312×）

灰色珠状—FeO；深灰色—渣相

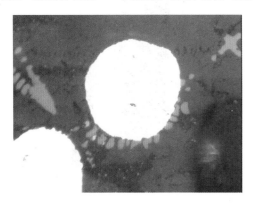

图 3-126 "冰凌"显微结构（反光，312×）

白色—金属铁；灰色—FeO；深灰色—渣相；黑色—孔洞

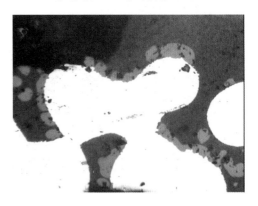

图 3-127 "冰凌"显微结构（反光，312×）

白色—金属铁；灰色—FeO；深灰色—渣相；黑色—孔洞

通过以上分析，得出的结论如下：

（1）软熔带内侧黏结物中 FeO 大部分被还原，局部渣铁基本分离，只有零星的金属铁存在渣中，金属铁中也包含有零星的渣粒。

（2）滴下冰凌中仍然存在 FeO，呈串珠状分布在渣相中，有些 FeO 颗粒被还原出来的金属铁包围。金属铁呈颗粒状或其他形状分布，没有明显的棱角，分布不均匀。

3.3.3.4 风口回旋区渣铁矿相分析

渣铁在滴落带中已完全分离为两个聚集体，对风口回旋区附近的渣铁进行显微分析，风口回旋区渣中可见少量白亮的金属铁细粒，如图 3-128 和图 3-129 所示。

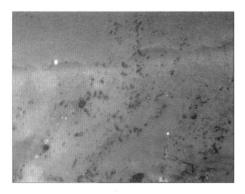 

图 3-128　风口渣（反光，120×）

白色—金属铁；灰黑色—渣

图 3-129　风口回旋区铁滴（反光，120×）

黑色—碳素；灰色—金属铁

碳素在金属铁中的分布是不均匀的，滴落带铁滴中碳素是以板条状与条状或局部聚集的形式存在的，分布形式如图 3-129 所示。

3.3.4 含铁原料电镜分析

为了研究还原后烧结矿和球团矿的微观结构，对矿相显微镜观察后样品进行了扫描电镜观察和 X 射线能谱分析。利用二次电子图像观察烧结矿和球团矿的微观形貌，进行 X 射线能谱分析可以确定各相的元素组成。

3.3.4.1 球团矿电镜分析

球团矿扫描电镜发现的情况与矿相显微镜发现的情况类似，在软熔带外侧金属铁被还原出来的量很少，特别是上部三层软熔带金属铁含量极少，在扫描电镜下不易被发现，铁主要以 FeO 状态存在，没有发现 Fe_3O_4 和 Fe_2O_3。在软熔带下部还原出的金属铁多一些。在软熔带的内侧球团矿出现球团矿脱壳现象，在球团矿边缘可以看到被大量还原的金属铁，连接在一起呈网状结构，渣相较少夹杂在金属铁中，如图 3-130 所示。在球团矿内部主要是圆形或其他形状的 FeO 颗粒，有少量的金属铁颗粒被还原出来，如图 3-131 所示。

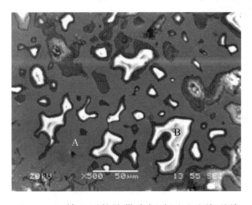 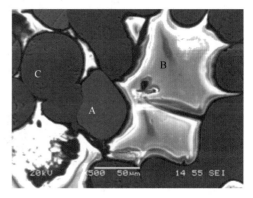

图 3-130 第六层软熔带内侧球团矿边缘形貌 　　　图 3-131 第六层软熔带内侧球团矿中心形貌
白色—金属铁；深灰色—渣相；灰色—FeO 　　　白色—金属铁；深灰色—渣相；灰色—FeO

通过 X 射线能谱分析发现球团矿的空隙中沉积有大量的碳，与 O、Si、Ca、Al、Mg 等元素混合在一起。有些是在 FeO 颗粒的周围，有些是在金属铁颗粒的周围，碳含量一般在 30%~60%左右，有些区域高达 84.15%，如图 3-132 所示。

这些碳的来源有两种：一是来自煤气中的未燃煤粉和焦粉。未燃煤粉和焦粉随煤气流上升，在高炉软熔带以上，球团矿没有软化熔融之前，有很多的孔隙，携带着未燃煤粉和焦粉的煤气流进入这些曲折复杂的孔隙，流速降低，煤气中的灰分、未燃煤粉和焦粉沉积下来。二是由于高炉内的析碳化学反应：$2CO = CO_2 + C$，此反应在 400~600℃ 即可发生，进行的时间较长，高炉内低温下产生的新相、金属铁、催化能力稍差的 FeO 和煤气中的 H_2 等会催化此反应，致使碳在球团矿的孔隙中沉积。

碳在炉料的孔隙中沉积无疑是不利的，一方面因为沉积的碳堵塞了孔隙，使炉料的透气性变差，不利于高炉上部间接还原的发展；另一方面沉积的碳会降低球团矿的强度，使炉料破碎，产生粉末降低料柱的透气性。无论是在软熔带内侧还是外侧，金属铁中均存在一定量的碳，碳含量很不均匀，没有明显的规律，在有些地方形成 Fe_3C，如图 3-133 所

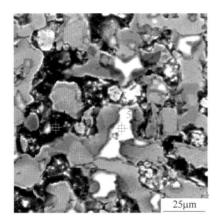

元素	C	Al	Si	S	Fe
质量分数/%	84.15	0.21	0.67	0.51	10.59

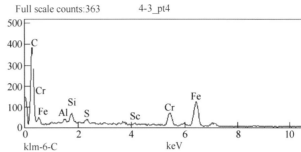

图 3-132　第三层软熔带内侧球团矿扫描电镜结果

示。因为球团矿孔隙中含碳量不均匀，所以造成金属铁中的渗碳量不等，如图 3-134 所示。有些金属铁中还含有少量的 Si、S 等元素。

元素	C	FeO
质量分数/%	6.72	93.28

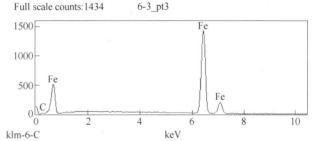

图 3-133　第五层软熔带内侧球壳扫描电镜结果

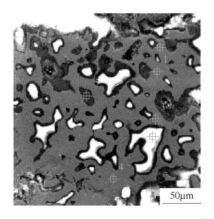

位置	1	2	3	4
碳含量/%	3.24	2.21	4.04	4.26

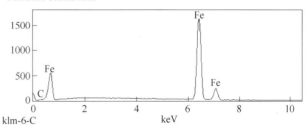

图 3-134　第六层软熔带内侧球团矿扫描电镜结果

渣相的组成元素较为复杂，主要组成元素有 O、Fe、Si 等元素，可能形成硅酸铁

（FeO·SiO₂）、铁橄榄石（(FeO)₂·SiO₂）等低熔点化合物，还含有少量的 Ca、Mg、Al、S 等元素和碱金属元素，渣相中含有一定量的碳，这可能会减弱碳的还原作用。X 射线能谱分析如图 3-135~图 3-137 所示。

pt1	C	O	Mg	Al	Si	S	Ca	Fe
质量分数/%	6.82	41.79	3.33	0.33	9.27	3.48	9.25	25.74

图 3-135　第一层软熔带球团矿扫描电镜结果

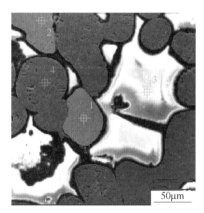

pt3	C	O	Na	Al	Si	S	K	Ca	Fe
质量分数/%	4.99	48.33	8.00	3.23	15.53	1.21	6.31	5.17	7.21

图 3-136　第六层软熔带内侧球团矿中心扫描电镜结果

pt4	C	O	Mg	Si	S	Ca	Fe
质量分数/%	39.48	19.04	1.03	0.80	1.00	2.65	36.00

图 3-137　第八层软熔带内侧球团矿边缘扫描电镜结果

3.3.4.2 烧结矿电镜分析

烧结矿扫描电镜发现的情况与矿相显微镜发现的情况类似，在软熔带外侧烧结矿中还原出来的金属铁较少，主要是 FeO 和渣相交织在一起，同一块烧结矿的还原就很不均匀，在局部就还原出较多的金属铁，如图 3-138 所示。在软熔带内侧大量的金属铁被还原出来，金属铁连接成片，有些地方金属铁和渣相开始分离，如图 3-139 所示。

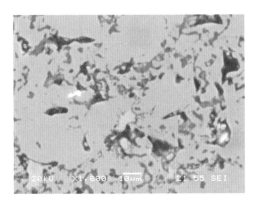

图 3-138 第五层软熔带外侧

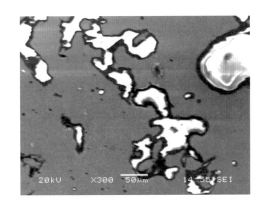

图 3-139 第六层软熔带内侧

通过 X 射线能谱分析发现球团矿的空隙中沉积有大量的碳，与 O、Si、Ca、Al、Mg 等元素混合在一起。有些是在 FeO 颗粒的周围，有些是在金属铁颗粒的周围，碳含量一般在 30%~60%左右，有些区域高达 86.71%，如图 3-140 所示。

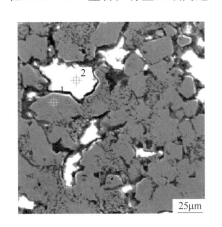

pt2	C	Mg	Si	S	Ca	Fe
质量分数 /%	86.71	0.17	0.39	0.78	1.10	9.70

Full scale counts:485   12-3_pt2

图 3-140 第五层软熔带外侧烧结矿扫描电镜结果

烧结矿中的碳的来源和球团矿中的碳的来源一样，一是来自煤气流中的未燃煤粉和焦粉，二是来自析碳化学反应的碳沉积。无论是软熔带的内侧还是外侧，烧结矿中还原出来的金属铁均含有一定量的碳，如图 3-141 所示。金属铁中碳含量很不均匀，无明显的规律，金属铁中的渗碳量可能受孔隙中沉积的碳影响较大。

渣相中的主要元素是 O、Si、Ca、Fe 等元素，含有少量的 Ca、Mg、Al、S 等元素和碱金属元素，这些元素构成的化合物生成低熔点的渣相，如图 3-142~图 3-144 所示。

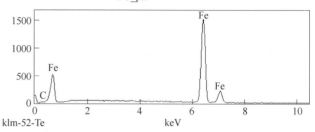

位置	1	2
碳含量 /%	4.43	2.77

图 3-141   第一层软熔带外侧烧结矿扫描电镜结果

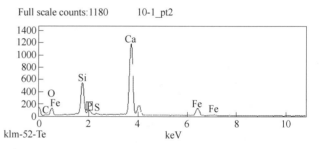

pt2	C	O	Si	Ca	Fe
质量分数 /%	5.73	31.41	10.32	40.62	10.09

图 3-142   第三层软熔带外侧烧结矿扫描电镜结果

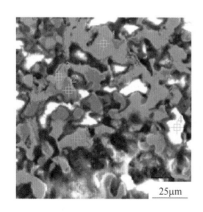

pt4	C	O	Mg	Al	Si	Ca	Fe
质量分数 /%	33.61	24.40	0.34	7.34	7.27	18.23	7.80

图 3-143   第三层软熔带内侧烧结矿扫描电镜结果

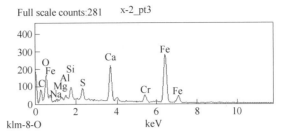

Pt3	C	O	Na	Mg	Si	S	Ca	Fe
质量分数 /%	32.85	24.36	0.54	0.52	1.55	2.13	7.59	27.49

图 3-144　第七层软熔带内侧烧结矿扫描电镜结果

3.4　小结

（1）从料面的炉料分布情况分析，含铁炉料主要集中在中心区域，以球团矿为主；边缘主要为焦炭，含有少量含铁炉料。料面的形状及其炉料分布状况主要取决于装料制度和球团矿的滚动特性。

（2）整体而言，块状带炉料保持层状分布，球团矿层较明显，烧结矿层和焦炭层有混料现象，炉墙附近炉料以焦炭为主，填充少量烧结矿，极少有球团矿，且粉末含量较多。软熔带呈现不规则的倒"V"形，从炉身 2/3 处开始出现，共分为 10 层。软熔带顶部两层为实体球状，其余几层为圆环状。

（3）回旋区呈现上翘的气囊状，回旋区内部焦炭粒度较小，焦炭中铁粒较多，焦炭之间被炉渣黏结、接触紧密；两回旋区之间存在"死区"，焦炭粒度较大，被炉渣黏结，结构较松散。渣层上表面平坦，渣层厚度约 900mm；渣层内部镶嵌焦炭，焦炭占渣层体积的 70% 左右。渣层中有铁滴存在，铁滴均呈球状。铁层被焦炭填充，铁层中焦炭与渣层中焦炭形成一体，焦炭体下表面平坦；铁层从表观上分为 5 层，各层金属光泽、结晶形态不尽相同。

（4）沿高炉高度方向炉料中小于 5mm 粉末含量逐渐增加，高炉中心样点变化趋势较小，边缘样点增加较为明显；炉墙处粉末含量明显多于中心。但莱钢高炉炉料中粉末含量远小于其他解剖高炉，这主要是由于近些年来高炉炉料结构的改善、入炉原料中粉料比例的减小和入炉原料性能的改善，特别是烧结矿低温还原粉化性能的改善。

（5）在软熔带外侧金属铁被还原出来的量很少，特别是上部三层软熔带金属铁含量极少，铁主要以 FeO 状态存在，没有发现 Fe_3O_4 和 Fe_2O_3。在软熔带下部还原出的金属铁多一些。在软熔带的内侧球团矿出现球团矿脱壳现象，在球团矿边缘可以看到被大量还原的金属铁，连接在一起呈网状结构，渣相较少夹杂在金属铁中。在球团矿内部主要是圆形或其他形状的 FeO 颗粒，且有少量的金属铁颗粒被还原出来。

4 解剖高炉内焦炭和煤粉行为研究

高炉喷吹燃料是降低焦比的主要方式。其目的是以其他形式的廉价燃料代替宝贵的冶金焦，从而减少炼焦的生产负担，节省焦炉基建投资，节约过程能耗，减轻环境污染。通过实验人们发现，喷吹燃料能大幅度地降低焦比，其降低焦比的作用主要表现在：（1）燃料中的炭喷入高炉后，燃烧发热，生成还原性气体 CO，参加化学反应，代替了焦炭中的炭，起热源和还原剂的作用；（2）有利于提高焦炭负荷，促进焦比降低。因此各钢铁工业较发达的国家都先后采用了风口喷吹技术。进入高炉的未燃煤粉在高炉中如何分布，有哪些消耗途径，其存在对高炉有哪些影响，随着高炉喷煤量的提高日益成为人们关心的问题。

对此，我们依据莱钢 3 号 125m³高炉解剖情况，按照统一的选点取样方法取出试验高炉各部位焦炭样，进行理化性能分析、强度检测、显微结构分析等，研究焦炭在高炉内的性能形状行为以及焦炭在高炉不同部位的劣化机理，为入炉焦炭质量控制提供一些参考和借鉴。

采用高炉冷却打水的方式，逐层取样。对高炉内的粉末进行研究，粉末中包含未燃焦粉、矿粉、焦粉等，逐层取样进行分析，微观研究高炉内未燃煤粉的反应情况。

4.1 高炉各部位焦炭形貌

4.1.1 高炉料面分布及料柱分布

4.1.1.1 高炉料面分布
图 4-1 所示为高炉料面形状及炉料分布示意图。由图可知，高炉料面以堆尖为分界

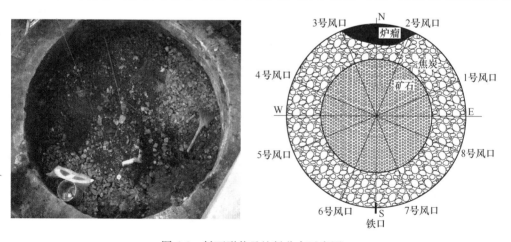

图 4-1 料面形状及炉料分布示意图

线,高炉边缘焦炭多、中心球团矿较多。形成的主要原因:此高炉为钟式布料,粒度相对较大的焦炭较易滚向边缘和中心,而粒度较小的矿石较易集中在堆尖附近,由于最后一次入炉矿石为球团矿,其相对粒度更小,而且滚动性大,因此它向中心滚落,造成中心区域球团矿较集中。

根据高炉解剖现场测量数据,绘制高炉料面形状,如图4-2和图4-3所示。从图中可以看出:除了2号风口一侧由于炉瘤原因导致料面倾斜没有出现堆尖外,其他方向的料面均呈"双峰"型,两峰尖均靠近炉墙。

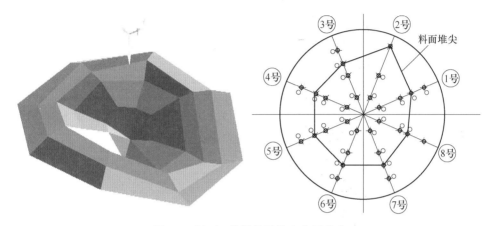

图4-2　料面三维结构及堆尖位置分布

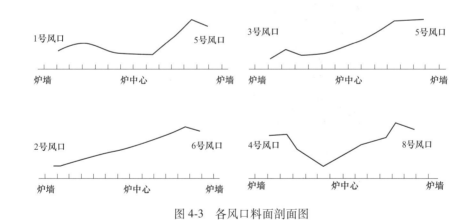

图4-3　各风口料面剖面图

4.1.1.2　高炉料柱分布

莱钢125m³高炉采用钟式布料,布料形成的料面形状如前所述,随着高炉冶炼的进行,炉料不断下降,在下降过程中,炉料受到气流的浮力、炉料与炉料之间及炉料与炉墙之间的摩擦力,以及炉料粒度变化的影响,会使炉料之间产生相对移动,使得料层分布发生一些变化。芯管中炉料分布如图4-4所示。从图可看出,球团矿层相对明显,只夹杂有少量焦炭,而烧结矿层中夹杂焦炭较多,焦炭层中则混入有很多小颗粒的烧结矿和球团矿。这主要是由于烧结矿粉化后,烧结矿和球团矿的粒度都很小,炉身上部焦炭的粒度较大,两者之间的粒级差较大,烧结矿和球团矿很容易漏入焦炭缝隙中形成混料。这种混料造成块状带纯焦炭层较薄，下部软熔带焦窗较窄，透气性恶化，影响炉料顺行，严重者还可能造成炉况不顺和悬料。

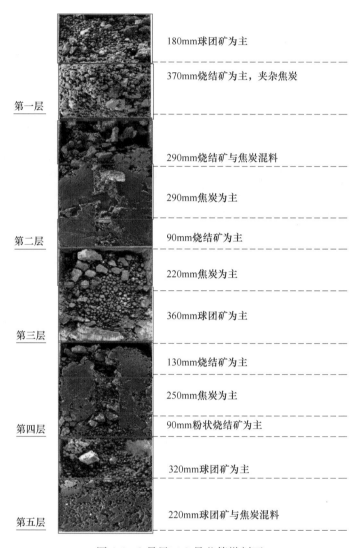

图 4-4　8 号风口 2 号芯管纵剖面

通过对解剖高炉中料层分布，特别是对软熔带、滴落带和风口区的参数进行详细测量，最终绘制了其炉料分布图（图 4-5），由图可知，料柱结构主要呈现如下特征：

（1）软熔带呈现不规则的倒"V"形，从炉身 2/3 处开始出现，共分为 10 层。软熔带顶部两层为实体球状，其余几层为圆环状，软熔带根部与回旋区顶部距离 500mm，与炉墙之间距离 300mm。

（2）回旋区呈现上翘的气囊状，4 号风口回旋区尺寸为 700mm×600mm×400mm（长×高×宽）。从未填充耐火材料的回旋区可见，回旋区内部焦炭粒度较小，焦炭中铁粒较多，焦炭之间接触紧密被炉渣黏结；两回旋区之间存在"死区"，焦炭粒度较大，被炉渣黏结，较松散。

（3）渣层上表面距离渣口中心线约350mm，表面平坦，渣层厚度约900mm；渣层内部镶嵌焦炭，焦炭占渣层体积的70%左右。渣层中有铁滴存在，均呈球状。

（4）铁层厚度为1300mm，其中上部700mm被焦炭填充，填充部分的下表面平坦；铁层从表观上分为5层，各层的金属光泽、结晶形态不尽相同。

4.1.2 块状带焦炭形貌

图4-6和图4-7所示分别为块状带上部和下部焦炭的形貌。块状带焦炭与入炉焦炭形貌几乎相同，表面棱角鲜明，未呈现严重的磨损痕迹。在块状带中，焦炭大部分与含铁炉料分层排布，部分球团矿落入焦炭层中，产生混合现象，块状带下部的焦炭挖掘出时，部分已呈现铁锈色，这是由于块状带下部含铁炉料已部分还原为浮氏体或金属铁，在打水过程中表面发生氧化，形成铁锈黏附于焦炭表面所致。

4.1.3 软熔带和滴落带焦炭形貌

图4-8所示为软熔带焦炭形貌。软熔带焦炭表面大部分呈现铁锈色，图4-8（a）为第一层

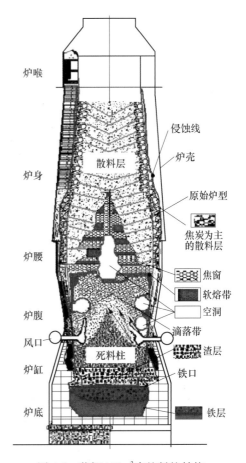

图4-5 莱钢125m³高炉料柱结构

软熔带焦炭的形貌，为高200mm、径向300mm的椭球体，主要是由以球团矿为主的含铁炉料与焦炭进行黏结而成。软熔带中的焦炭表面较为圆滑，无明显棱角，少部分与含铁炉料进行黏结，大部分处于含铁炉料形成的软熔层之间，形成"焦窗"。

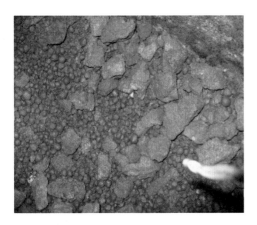

图4-6 块状带上部焦炭形貌

图 4-7　块状带下部焦炭形貌

(a) (b)

图 4-8　软熔带焦炭形貌

图 4-9 所示为滴落带焦炭形貌。由图可知，液态渣铁渗入焦炭空隙之间，含铁炉料形成许多空壳结构，经化验分析主要为金属铁。由于炉渣熔点较低，在滴落过程中先行滴

图 4-9　滴落带焦炭形貌

下，此部分还未达到金属铁的熔点，经打水冷却形成空壳，滴落带焦炭是高炉内煤气流和渣铁液的主要通道，起到"透气性"和"透液性"的作用。

4.1.4 风口回旋区和死料柱焦炭形貌

图 4-10 所示为风口区焦炭形貌。回旋区内部焦炭粒度较小，呈球体或椭球体，回旋区边缘处焦炭粒度稍大；图 4-10（b）为两风口之间"死区"焦炭形貌图，由于此区域是热风流动的死角，焦炭的烧损较小，且未随热风回旋运动，故粒度明显大于回旋区，与其相邻的炉墙上及靠近炉墙的焦炭表面黏附一层白色物质，经化验分析后，其主要成分为 Zn 及 Zn 的化合物。

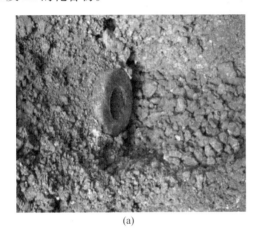 

(a)   (b)

图 4-10　风口区焦炭形貌

图 4-11 所示为死料柱中焦炭的形貌。其所在水平高度与风口回旋区高度相当，死料柱焦炭的粒度大于回旋区中焦炭粒度，其内部夹杂大量的渣铁液，是渣焦反应、渣铁反应的主要区域。

图 4-11　中心死料柱焦炭形貌

4.1.5 渣铁层焦炭形貌

图 4-12 所示为渣层中焦炭形貌。焦炭填充于渣层内部，打水冷却固化后形成镶嵌结

构，此区域焦炭粒度与死料柱粒度相差无几。图 4-12（b）为放大后的焦渣结构，图中白色部分为渣、黑色部分为焦炭，焦炭表面有明显灰化的痕迹，说明渣层也是焦渣剧烈反应的区域，渣中的 FeO、SiO_2 等被与其接触的焦炭还原，最终进入铁水，而失碳后的焦炭灰分聚集于表面，进而形成渣体。

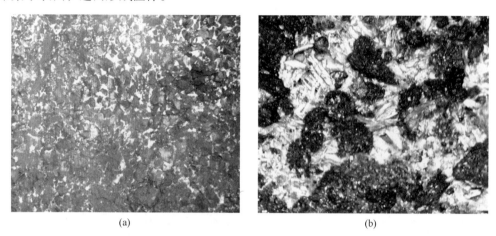

(a) (b)

图 4-12 渣层焦炭形貌

图 4-13 所示为死铁层中的焦炭形貌。图 4-13（a）为死铁层整体形貌，由图可知，死铁层全高 1300mm，其中上部 600mm 被焦炭填充，下部形成"无焦空间"。由此可知，整个高炉料柱在生产时是浮于死铁层中的，而铁层中近炉墙处焦炭粒度要明显小于中心焦炭，说明近炉墙处的铁水流动大于中心，即存在"铁水环流"现象。

(a) (b)

图 4-13 死铁层焦炭形貌

4.2 高炉内焦炭性能变化研究

4.2.1 焦炭强度的变化

原料中焦炭的强度与高炉生产关系密切，高炉使用强度差的焦炭将产生不良后果：在块状带内，将导致焦粉增多，炉尘损失提高，阻力增大；在软熔带将导致焦窗内粉焦增多及不均匀的分布，影响煤气再分布；在滴落带内，粉焦使气流阻力增加，使通过该区的煤气减少，从而导致较多的煤气通过其下的焦炭层流向炉墙，使边缘气流得到发展，同时也使该区内滞留的熔融物增多。

在风口区，使回旋区深度减小，高度增加，边缘气流增多。从而导致气流难于到达中心。焦炭柱的渗透性变差，使铁水、熔渣淤积，易烧坏风口或灌渣。

在炉缸区使气流不能透达中心，炉缸温度降低，铁渣成分变差，流动不良，出铁、放渣不正常，形成炉缸堆积。

整体影响是上部气流分布紊乱，下部风压升高，高炉顺行被破坏。

由于高炉各个部位可取的焦炭量少，试样数量有限，所以很难用标准方法测定焦炭的机械强度，为了相对比较炉内焦炭的机械强度，采用 JIS $*+*$ 型转鼓，规定取 20mm 左右的焦块 300g，进行转鼓试验 500 转，25 转/min，以小于 10mm 的焦样所占比例作为耐磨强度，此值越大说明耐磨强度越差；以大于 15mm 的质量百分数作为焦炭转鼓强度，此值越大说明转鼓强度越好。

耐磨强度 $M_{10}(\%)$ 按式（4-1）计算：

$$M_{10} = \frac{m_2}{m} \times 100\% \tag{4-1}$$

转鼓强度 $\Delta P(\%)$ 按式（4-2）计算：

$$\Delta P = \frac{m_1}{m} \times 100\% \tag{4-2}$$

式中　m——入鼓焦炭质量，kg；

m_1——出鼓后大于 15mm 的焦炭质量，kg；

m_2——出鼓后小于 10mm 的焦炭质量，kg。

根据实验数据绘制各取样点耐磨强度和转鼓强度变化，分别如图 4-14 和图 4-15 所示。

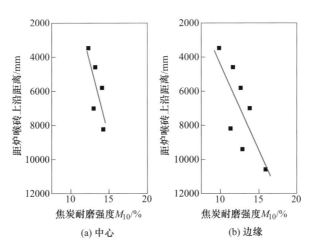

图 4-14　焦炭（1 号样点和 4 号样点）耐磨强度对比

由以上分析可以看出：

（1）从总体变化趋势上看，中心焦炭的转鼓强度略有下降。高炉炉身上部焦炭试样的

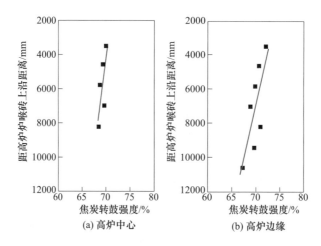

图 4-15 焦炭转鼓强度

转鼓强度为 70.13%，临近软熔带的焦炭试样转鼓强度为 68.53%，其降低不超过 2%。

（2）边缘焦炭的转鼓强度总体趋势也是降低。高炉炉身上部焦炭样的转鼓强度为 72.13%，紧挨软熔带的焦炭试样转鼓强度为 67.27%，其变化率不超过 5%。

（3）由上可得出高炉边缘焦炭比高炉中心焦炭转鼓强度变化程度大的结论。

（4）结合耐磨强度分析，可见耐磨强度和转鼓强度的变化趋势正好相反。耐磨强度高，则转鼓强度低。

4.2.2 焦炭热态性能的变化

焦炭反应性及反应后强度测定结果如图 4-16 和图 4-17 所示。

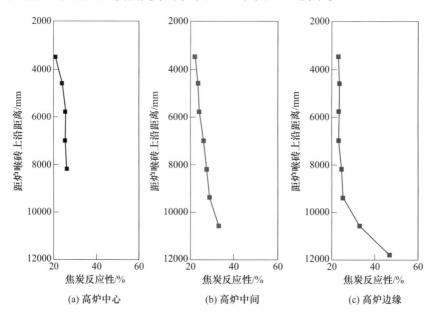

图 4-16 高炉块状带焦炭反应性的变化

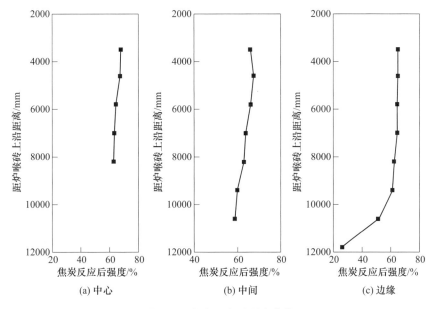

图 4-17 焦炭反应后强度曲线

从图 4-16 可以看出，高炉边缘与中心样点的焦炭反应性变化情况有明显差异：

（1）总体趋势是随着炉料下降，焦炭的反应性越来越高。

（2）高炉边缘，即靠近炉墙的焦炭反应性变化程度大，并且高炉边缘的焦炭反应性高于高炉中心及中间处的焦炭反应性。

（3）随着高炉内温度逐渐提升，在高炉块状带下部炉内温度达到了 $1000 \sim 1100℃$，导致焦炭反应性迅速增大。

（4）结合高炉内温度分布及煤气流分布情况，可得出造成边缘焦炭反应性大的原因是：1）解剖高炉的煤气分布特点是以中心煤气流为主，边缘煤气流有一定的发展，与焦炭接触的煤气量增加，碳素溶损反应加剧；2）近炉墙处炉料中碱金属含量较高，煤气流发展，煤气中携带的钾、钠更易吸附在温度较低的焦炭及矿石表面，碱金属对焦炭溶损反应有促进作用，故边缘区域焦炭的反应性升高。

由图 4-17 可以得出以下结论：

（1）总体趋势是随着炉料下降，焦炭的反应后强度降低。

（2）高炉边缘，即靠近炉墙的焦炭反应后强度变化程度大，并且高炉边缘的焦炭反应后强度低于高炉中心及中间处的焦炭反应后强度。

（3）高炉中心部位的焦炭反应后强度下降不明显，从料面到靠近软熔带部位，焦炭反应后强度仅下降了 5.43%。

（4）从料面到靠近软熔带部位，靠近炉墙部位焦炭反应后强度下降了约 38.89%，其中在高炉炉身上部及中部，焦炭反应后强度变化都不是很大，但是到了炉身下部开始剧烈降低，尤其是到块状带下部焦炭反应后强度下降至 26.11%，造成这一现象的原因可能是随着高炉内温度逐渐升高，在高炉块状带下部炉内温度达到了 $1000 \sim 1100℃$，溶碳反应急速增大，导致焦炭反应后强度急剧下降。

将炉内焦炭的反应性和反应后强度数据作图 4-18，并进行拟合分析，得如下拟合方程：

$$y = 90.78579 - 1.04307x$$

可见高炉内焦炭的反应性（x）和反应后强度（y）之间有很好的相关性，相关系数为 $R = 0.99254$。

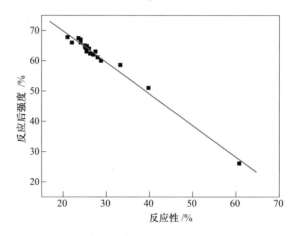

图 4-18　焦炭反应性和反应后强度对应关系

4.2.3　焦炭气孔率的变化

焦炭是高温干馏的固体产物，主要成分是碳，具有裂纹和不规则的孔孢结构体（或孔孢多孔体）。裂纹的多少直接影响焦炭的力度和抗碎强度，其指标一般以裂纹度（指单位体积焦炭内的裂纹长度的多少）来衡量。衡量孔孢结构的指标主要用气孔率（焦炭气孔体积占总体积的百分数）来表示，它影响焦炭的反应性和强度[1,2]。根据孔径的大小，焦炭的气孔分为大气孔、细孔和微孔。大气孔的直径一般在 $10\mu m$ 以上，主要是二氧化碳反应的内表面，也是对气孔壁侵蚀的主要部位；细孔的直径约在 $0.1 \sim 10\mu m$，既是二氧化碳的反应区域，也是二氧化碳向焦炭内部扩散的通道；微孔孔径小于 $0.1\mu m$，虽然孔径小，但其表面积占焦炭全部表面积的 90% 以上，是二氧化碳的主要反应区域。焦炭与二氧化碳反应时，引起死孔活化、微孔发展、新孔生成，从而焦炭的比表面积增大到极限。随着反应的继续进行，相邻气孔合并，又导致比表面积下降。以上这些变化均使焦炭结构松散，强度下降。这样，焦炭到达高炉下部高温区时，迅速粉化，使高炉透气性变差，甚至危及高炉生产。不同用途的焦炭，对气孔率指标要求不同，一般冶金焦气孔率要求在 40% ~ 75%，铸造焦要求 35%~70%，出口焦要求在 50% 左右。因此，焦炭的气孔率对高炉炼铁的过程有着重要意义，对焦炭气孔率的研究有助于提高高炉的冶炼水平。以下是不同层的气孔率照片（放大倍数为 100 倍）。

图 4-19 所示为莱钢高炉入炉焦炭显微结构。由图可见，焦炭气孔壁较厚、气孔较圆滑。图 4-20~图 4-26 所示分别为解剖高炉块状带上部、中部、下部、中心死料柱、风口回旋区、渣层及铁层焦炭的显微结构。

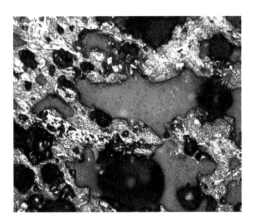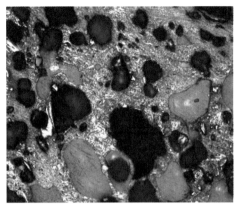

图 4-19　入炉焦的气孔结构图（100×）

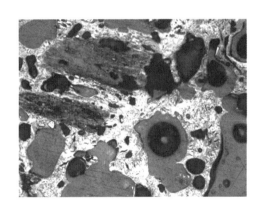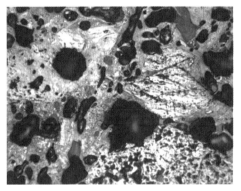

图 4-20　高炉块状带上部焦炭的气孔结构（100×）

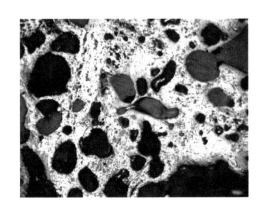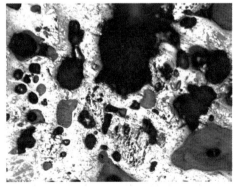

图 4-21　高炉块状带中部焦炭的气孔结构（100×）

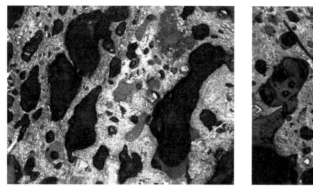
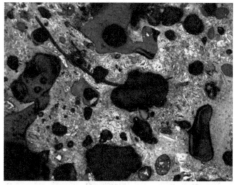

图 4-22 块状带下部焦炭的气孔结构（100×）

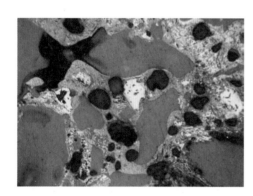
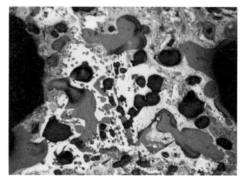

图 4-23 中心死料柱焦炭气孔形貌（100×）

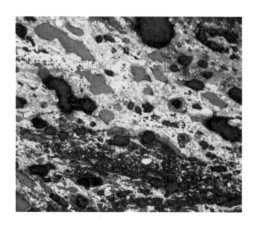
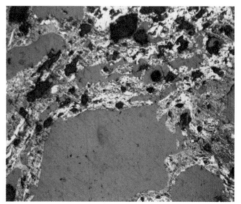

图 4-24 风口回旋区焦炭的气孔结构（100×）

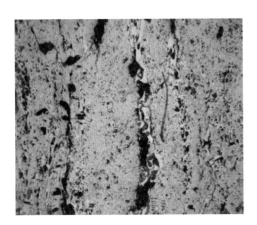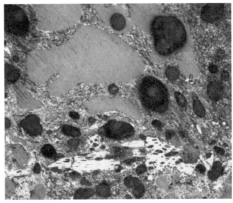

图 4-25　渣层焦炭的气孔结构（100×）

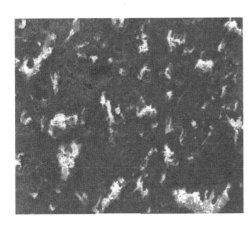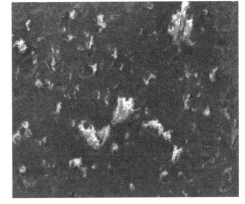

图 4-26　铁层焦炭的显微结构（100×）

由图可见，随着焦炭在炉内的下降，气孔壁逐渐变薄，原本的气孔壁开始出现微裂纹和微气孔，这将导致焦炭的强度下降。

通过块状带不同部位气孔率变化图（图 4-27）可以看出，不论是在高炉边缘、中间还

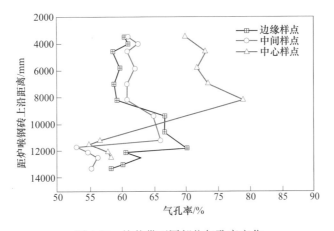

图 4-27　块状带不同部位气孔率变化

是中心，块状带焦炭的气孔率，都随着高炉深度的加深呈先增大后减小的趋势。气孔率变化的先后顺序为：中心>边缘>中间。

在高炉炉身中上部，焦炭结构变化不明显，气孔基本保持原来的形貌，只有微弱的增大和变形。炉身上部温度为 300~900℃，在此温度下焦炭的碳素溶损反应、渗碳反应等都未满足良好的条件，故没有明显的碳素损失。随着温度的升高，焦炭与二氧化碳反应时引起死孔活化、微孔发展、新孔生成，从而使焦炭的比表面积增大。随着高炉高度降低，温度也随之升高，而高炉中心部位比边缘部位温度高，为煤气中的 CO_2 与焦炭反应创造了有利条件，加速焦炭内部原有气孔的扩大和微气孔的产生。块状带高炉边缘的平均气孔率为 61.914%，中间的平均气孔率为 60.239%，中心的平均气孔率为 66.250%。焦炭平均气孔率大小顺序为中心>边缘>中间，由此可推断高炉块状带气流发展趋势为中心气流最为发展，有一定的边缘气流。

与高炉上部和中部相比，炉身下部气孔率增加明显，孔壁急速变薄，在块状带底部，边缘的焦炭气孔率约在 70% 左右，而中心焦炭的气孔率已高达约 80%。这主要是由于炉身下部温度已达 800~1000℃，中心区域甚至达到 1000℃ 以上，烧结矿还原平均为 20% 左右，CO_2 在煤气中的含量约为 10% 左右，所以，从热力学和动力学方面讲，焦炭溶损反应发生的条件已经具备。

由图 4-20~图 4-26 可知，焦炭通过软熔带进入死料柱、风口回旋区后，其微观形貌发生重大变化，气孔壁变形严重，呈现出流态化，气孔呈长条状，平均气孔率降低，超大型显气孔增多，进一步加剧了焦炭的劣化。由渣铁层显微结构可见，焦炭气孔率减小明显，焦炭气孔处有灰分及渣铁类物质填充。

自软熔带到铁层，不同部位焦炭气孔率的减小量为 10%~25% 不等，其中，中心样点的气孔率减小幅度较大，边缘样点的减小幅度较小，分析主要有以下原因：（1）进入此区域后，渣铁开始分离并滴落，液态渣铁滴落到焦炭表面，阻塞焦炭气孔，并与焦炭发生反应，沿着气孔通道进一步深入焦炭内部，使气孔率降低。（2）喷吹煤粉产生的未燃煤粉，粒度较细，极易进入焦炭气孔中，阻塞气孔。由于此高炉中心气流较为发展，故大部分未燃煤粉随中心气流上升，中心死料柱中焦炭受未燃煤粉吸附影响较大，气孔率降低幅度大。（3）焦炭在风口回旋区剧烈燃烧产生大量灰分，部分灰分随煤气流上升，进入焦炭气孔中，造成焦炭气孔率降低。

4.3 高炉内未燃煤粉行为研究

4.3.1 高炉内未燃煤粉的生成

在高炉条件下，煤粉进入高炉喷吹管后，首先通过辐射和对流传热受到急剧加热，随后发生煤粉的脱气，其次是煤粉和分解出来的挥发分点燃，最后是残炭的燃烧。随着喷吹量的不断增加，所喷的煤粉不可能在极其短的时间内在直吹管内和风口前狭小的回旋区内完全燃烧。随着喷吹率的提高，燃烧率更是急剧下降[3]，当喷吹量增加时，回旋区尽头处煤粉燃烧率下降很快。

未能完全燃烧的煤粉颗粒离开回旋区的氧化性气氛后，随煤气流进入炉内，形成高炉内的未燃煤粉，对高炉的冶炼产生一定影响。

为了很好地探讨未燃煤粉（UPC）对高炉生产的影响，就必须搞清楚喷入高炉内的煤粉的行为。根据煤粉在高炉中发生变化的不同，可以将入炉煤粉在高炉内的行为做如下划分，如图 4-28 所示。

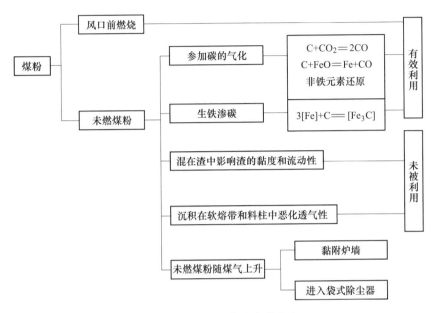

图 4-28　煤粉在高炉内的去向

由图 4-28 可见，未燃煤粉对高炉操作有以下几方面的影响[4~6]：

（1）未燃煤粉过多会堵塞煤气通道，使压差变高，造成悬料，从而使高炉不能顺行。

（2）混在渣中的未燃煤粉使渣的黏度上升，流动性变差，使渣铁滴落及出渣困难，并有可能烧坏风口。

（3）未燃煤粉的粒度小，比表面积大，反应性比焦炭好，气化反应速率大于焦炭，1100℃条件下约是焦炭的 10 倍，可以替代焦炭参加化学反应，减小焦炭的损耗，增加焦炭的强度，从另一方面改善料柱的透气性。

4.3.2　焦炭与未燃煤粉的区别

在高炉进行喷吹煤粉之前除尘灰中的含碳物质为焦粉，高炉喷吹煤粉后，除尘灰中的含碳物质由焦粉和未燃煤粉组成。通过除尘灰中的未燃煤粉的量来判定高炉内煤粉的燃烧情况，煤粉替代焦炭的情况，需要对煤粉和焦粉进行区分，主要根据煤岩显微组分分析确定。

4.3.2.1　焦炭显微结构的命名与分类

焦炭显微结构的命名和分类一般是根据镜下焦炭抛光表面结构单元的大小、消光现象和形态来划分的。到目前为止，焦炭显微结构的命名和分类并不一致，冶金焦炭显微结构的命名和划分主要有帕特里克、杉村秀彦、迈什三种方案[7]。其中，杉村秀彦方案较具代表性，为我们实验采用，具体命名划分方案见表 4-1。焦炭内碳的形态介于无定形碳和石墨碳之间，无定形碳的结构排列没有规则、各向同性；而石墨碳则呈层状结构、各向异性。焦炭的石墨化程度越高，碳的结构排列越有规则，即各向异性程度越高。

表 4-1 杉村秀彦对冶金焦显微结构的命名和划分方案

煤的显微组分	焦炭显微结构名称
活性显微组分	各向同性
	微粒镶嵌
	粗粒镶嵌
	不完全纤维（流动）状
	完全纤维（流动）状
	叶片状
惰性显微组分	破片状
	类丝炭状
	矿物质

4.3.2.2 煤岩显微组分和焦炭显微结构之间的关系

低变质程度煤的镜质组形成各向同性的焦炭显微结构，随着变质程度提高，镜质组都形成各向异性的焦炭显微结构，并且按其固化时中间相所处的发展阶段形成各种类型的、大小不同的光学结构单元的焦炭显微结构[8]。高变质程度煤的镜质组虽没有中间相的变化过程，但仍保持加热前镜质组的各向异性光学效应[9,10]。

半镜质组成焦后基本上是各向同性的，颗粒的轮廓有所变化。

稳定组在炼焦煤中一般含量较少，而在低、中变质阶段含挥发分却很高，因此，炭化后，残留在焦炭中的数量很少。同时，由于量少而分散，对其进行深入研究受到一定的限制。其在加热过程中光学性质发展的行径，不像镜质组的光学性质发展有丰富的实验基础。稳定组在炭化过程中软化和分解温度都比其共生的镜质组低，流动性大、固化温度低。在炼焦煤阶段，稳定组是熔融成分。稳定组对其共生的镜质组起软化剂作用，对其共生的丝质组不起软化剂作用，成焦后往往按其原来形状形成气孔。实际上，在焦炭中观察不到明确的稳定组的对应焦炭显微结构[11]。

丝炭和半丝炭在焦炭中都是各向同性的[12]。焦炭中的类丝质炭的形态完全相同。按塔洛的定义，焦炭中类半丝炭的反射率比其共生的炭化镜质组高 0.1%～0.2%。加热过程中其共生镜质组生成各向同性结构的亮度，且没有突起。微粒体和粗粒体在变焦中仍可找到如煤中的形态，在高温焦中则找不到其踪迹，因此，估计煤中这类物质在 600～950℃ 之间进行分解。在高温焦炭中所出现的没有一定形态的各向同性的破片结构，可能是由这类物质分解而成。菌类体的结焦性能迄今没有查明，和微粒体一样，在半焦中尚可找到，而在高温焦中则未能发现，估计也在 600～950℃ 分解。假镜煤一般有结构，塔洛认为，假镜煤在反射率比镜煤高 0.2% 以上时，完全是惰性的。

煤中矿物质在高温焦炭中也有变化。例如，黏土在高温焦炭中改变了原来的形状；高岭土在植物的结构中通常仍保存其结构；菱铁矿 900℃ 分解，900～950℃ 还原为金属铁；方解石 900℃ 分解；铁白云石 900℃ 分解变成灰褐色各向同性物质；石英没有变化；黄铁矿到 1000℃ 以上还原为金属铁，故在高温焦炭仍能观察到。在这些颗粒的周围，有时熔融焦炭的光学各向异性减弱，这可能是由于硫进入组成中导致的[13,14]。

此外，尚有煤的分解产物积集在煤料中经炭化而成的焦炭。这部分焦炭多数沿着焦炭的孔壁，通常是各向异性的，多呈流动状显微结构。

炼焦煤和沥青混合后炭化，单独颗粒之间的界限形成过渡带，煤的胶质体化程度越高，形成的过渡带越宽，煤粒之间的界面反应也越强。惰性成分或外加的惰性物质，如半焦，与沥青混合后炭化，则没有过渡带。强黏结性煤，如枣庄和峰三煤，与其他炼焦煤种配合，有时也能发现过渡带，但过渡带很狭窄，过渡带一般总是呈细粒镶嵌结构。

马沙耳把活性显微组分的反射率与焦炭显微结构之间的对应关系列于表4-2。

表 4-2　煤岩显微组分与焦炭显微结构之间的对应关系

焦炭显微结构		相应的煤岩显微组成	
炭化后的焦炭显微结构	各向同性	活性显微组分	镜质组（反射率<0.75%）
	镶嵌结构		镜质组（反射率0.75%~1.5%）
	粒状流动结构		镜质组（反射率1.1%~1.6%）和角质体
	片状结构		镜质组（反射率1.4%~2.0%）
	基础各向异性		镜质组反射率（>2.0%）
惰性组分	有机惰性物	惰性组分	类半丝质体
	矿物质		类丝质体
	其他		碎片体矿物质
	沉积炭		

4.3.2.3　含碳粉末中各种组分的计算

焦炭的显微组分主要分为三大类：各向同性组分、惰性组分和各向异性组分。残炭颗粒是典型的各向同性组分；惰性组分主要由灰渣组成；各向异性组分又分为粒状镶嵌结构、片状结构、流动结构和类丝炭。煤炭中的碳是碳元素的非晶态物质，经过高炉风口的快速燃烧后，碳元素的非晶态物质特性并没有得到改变，未燃煤粉中的碳仍然是碳元素的非晶态物质，也就是说，未燃煤粉中没有各向异性组分（包括粒状镶嵌结构、片状结构、流动结构和类丝炭）。因此，高炉粉末中的各向异性组分（包括粒状镶嵌结构、片状结构、流动结构和类丝炭）主要来源于焦炭。

煤粉在高炉风口回旋区内的燃烧状况和一般燃烧炉中的燃烧状况有所不同，因为煤粉在回旋区停留时间极短，为5~20ms，导致高炉风口中煤粉的加热速度非常快。当煤粉进入高温区快速升温时，煤粉表面立即熔融软化，煤粉中挥发分的逸出遇到的阻力变大，挥发分的逸出将滞后或平行于半焦的燃烧，挥发分对煤粉燃烧的促进作用减弱，挥发分逸出后在镜质组基体上将会留下许多圆形的孔洞，燃烧将在外表面和内壁同时进行，此时的半焦将呈现为蜂窝多孔的烧蚀有机质残炭颗粒。微变原煤和未变形颗粒是由于短时间内喷煤量增大且一部分煤粉呈团块状喷入，内部煤粉来不及燃烧造成的。但是此时的煤粒与未喷入的煤粒仍有所不同，煤粒表面已经出现了裂痕，边缘已经变成了锯齿状，煤体也变成了解离状；挥发分的挥发导致煤体产生一部分气孔，形成热变原煤。焦炭是经过长时间（十几个小时）高温炼制而成的，各种物理化学反应都进行得比较彻底，焦炭中基本上没有烧蚀有机质残炭结构、微变原煤和热变原煤。因此，微变原煤颗粒、未变形颗粒、热变原煤主要来源于未燃煤粉。

由以上分析可得如下三个公式：

$$粉末中的焦粉=破片结构+流动结构+各相异性+片状结构+微粒镶嵌结构+$$

$$中粒镶嵌结构+粗粒镶嵌结构 \tag{4-3}$$

$$粉末中的未燃煤粉=微变煤颗粒+热变煤颗粒+残炭颗粒 \tag{4-4}$$

$$粉末中的矿物及杂质=灰渣结构+铁质结构+半透明矿渣 \tag{4-5}$$

岩相显微分析得到的是矿物表面积比，高炉粉末中含碳物质的颗粒可以近似看作大小相等的球状颗粒，它们的面积比可近似为体积比。同时由于粉末中含碳物质的密度相差不大，可以认为未消耗的煤粉和焦炭的密度相等，所以根据含碳物质的表面积比可以确定质量比。利用化学分析方法测定高炉除尘灰中碳元素质量百分比，利用式（4-3）~式（4-5）可算出解剖高炉粉末中来源于焦炭和未燃煤粉的碳元素比例。

4.3.3 高炉内含碳粉末分布规律

通过高炉解剖取样筛分不同粒级样品做出含碳粉末的判断，含碳粉末包括未燃煤粉和焦粉，未燃煤粉是在风口回旋区没有完全燃烧的喷吹煤粉，他们随着煤气流向上运动，遇到阻力沉积在炉内的不同部位，对煤气流的分布、炉内铁矿石的还原、渣铁的性能都会产生影响。高炉内的焦粉主要是由焦炭在下降过程中的机械磨损及熔损反应造成的，煤粉和焦粉都是含碳粉末，并且由于粒度较细、比表面积大、反应活性高，对高炉中起到骨架作用的焦炭具有很强的保护能力。此外，高炉粉末的分布也与高炉气流有关。众所周知，气流是在最薄弱的地方分布较广，因此高炉气流很容易在高炉边缘形成管道现象。含碳粉末的分布对现代高炉解剖的意义不言而喻，对高炉实际生产也有着不可低估的重要作用。高炉节约成本的关键就是煤粉大喷吹技术，但是随着高炉喷煤的煤源越来越紧张，煤的质量下降，煤粉的燃烧率相应降低，未燃煤粉也就尤为重要了。煤粉的喷吹是在近50年从兴起走向高峰，并且随着企业的节约成本，煤粉的喷吹将更加受到重视。20世纪国外进行了大量的高炉解剖，但由于当时技术条件的限制，未喷吹煤粉，所以对高炉内煤粉的行为未见报道，国内解剖的首钢 $23m^3$ 试验高炉，只在停炉前喷吹少量煤粉，停炉前 45min 加大喷吹量到 52.5kg/tHM，并未对高炉冶炼产生实质性影响[15]。莱钢 $125m^3$ 高炉在利用系数 $3.5t/(d \cdot m^3)$ 以上的情况下，长期喷吹煤粉，煤比在 70kg/tHM 左右，所以对其未燃煤粉的研究对实际高炉生产具有指导作用。

湿法磁选使用的设备有磁铁、烧杯、过滤纸、漏斗、锥形瓶、玻璃棒、烘箱、精度 0.00001g 的天平。取 < 100 目的粉末 10g，在这 10g 粉末中有焦粉、未燃煤粉和矿粉，把 100g 粉末放在烧杯中，倒入蒸馏水，使用玻璃棒搅拌，搅拌后把烧杯放在磁铁上，5s 后把烧杯和磁铁一起拿起来，保持磁铁与烧杯底部不要分开，并且把水溶液倒入放在锥形瓶上方带有滤纸的漏斗中，注意滤纸中的水面不得高过滤纸上边缘。如此反复过滤，直至烧杯中不停倒入的蒸馏水清澈些为止，认为矿粉与含碳粉末基本可达到分离的程度。取下滤纸放在烘箱内烘干水分，取下滤纸上粉末称量，得出含碳粉末百分比。1 号取样点实验结果见表 4-3。

表 4-3　1 号取样点含碳粉末磁选结果

试样编号	烧杯编号	烧杯质量/g	试样质量/g	试样质量+烧杯质量/g	磁选后试样质量/g	百分含量/%
1 号-1	7 号	144.7903	10.0003	154.2756	9.4853	5.1498
1 号-2	1 号	144.1302	10.0004	153.3907	9.2605	7.3987
1 号-3	1 号	144.1302	10.0006	153.7023	9.5721	4.2847
1 号-4	3 号	108.9253	10.0012	118.5486	9.6233	3.7785
1 号-6	3 号	108.9253	10.0008	117.6722	8.7469	12.5380
1 号-8	4 号	108.4885	10.0003	117.6395	9.151	8.4927
1 号-10	6 号	114.5536	10.0003	123.5537	9.0001	10.0017
1 号-11	7 号	144.7903	10.0006	154.1545	9.3642	6.3636
1 号-12	5 号	142.0202	10.0008	150.4395	8.4193	15.8137
1 号-13	2 号	148.0614	10.0002	156.2732	8.2118	17.8836
1 号-14	6 号	114.5536	10.0009	122.7198	8.1662	18.3453

图 4-29 所示为高炉解剖 1 号取样点各层的含碳粉末百分含量。由图可知，1 号取样点上部含碳粉末含量较少，只有 5%左右，随着炉料的下降粉末含量开始增多，自炉腰部位粉末含量增加明显，到达软熔带上沿时已高达 18.35%。

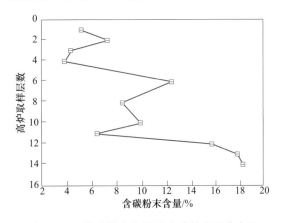

图 4-29　1 号取样点各层的含碳粉末百分含量

4 号取样点实验结果见表 4-4。从图 4-30 可以看出，4 号取样点顶层含碳粉末较多，这主要是由于炉顶拆除上升管过程中炉尘落入炉料中所致，总体来看炉身中上部粉末含量较少，只有 2%~4%左右。炉身下部炉料含碳粉末量开始增多，接近软熔带顶端时已达到 8.38%。与边缘样点相比，炉身上部中心样点的粉末含量较少，可见高炉炉身上部炉墙与炉料的磨损作用对粉末的产生起到主要作用。在软熔带顶端出现的水平面上，中心和边缘样点的粉末含量基本相同，都在 8%左右。

表 4-4　4 号取样点含碳粉末磁选结果

试样编号	烧杯编号	烧杯质量/g	试样质量/g	试样质量+烧杯质量/g	磁选后试样质量/g	百分含量/%
4 号-2	3 号	108.9253	10.0005	117.8346	8.9093	10.9115
4 号-3	4 号	108.4885	10.0006	118.2428	9.7543	2.4629
4 号-6	1 号	144.1302	10.0008	153.8794	9.7492	2.5158
4 号-8	5 号	142.0202	10.0004	151.6525	9.6323	3.6809
4 号-9	2 号	148.0614	10.0007	157.2239	9.1625	8.3814

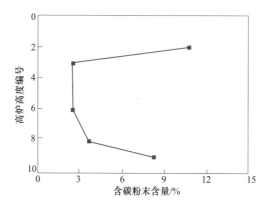

图 4-30　4 号取样点各层的含碳粉末百分含量

　　7 号取样点实验结果见表 4-5。从图 4-31 可以看出，7 号样点在十二层之后，含碳粉末陡增。第十四层含碳粉末高达 13.61%。

　　由图 4-29~图 4-31 可以看出含碳粉末和气流的关系。该 125m³ 高炉中心气流过重，有可能出现通路的现象，5 号风口的气流过盛，1 号风口气流正常。总体来说高炉中的含碳粉末呈现出先降低而后升高的趋势，含碳粉末在高炉中的分布规律可用一元二次函数 $Y = aX^2 + bX + c$ 来描述。从炉身中下部第八层左右分开，该曲线为 $a > 0$，抛物线的方向向上，$|a|$ 较小，抛物线的开口较小，在八层以下，该曲线为 $a < 0$，抛物线的方向向下，$|a|$ 较大，抛物线的开口较大，而这两个抛物线的焦点恰好就是蘑菇头。呈现这种规律的原因，从试验分析不难看出，中心的含碳粉末较少，由于气流的原因，带来的未燃煤粉

表 4-5　7 号取样点含碳粉末磁选原始数据

试样编号	烧杯编号	烧杯质量/g	试样质量/g	试样质量+烧杯质量/g	磁选后试样质量/g	百分含量/%
7 号-2	1 号	144.1302	10.0007	153.4265	9.2963	7.0435
7 号-3	5 号	142.0202	10.0009	151.4636	9.4434	5.5745
7 号-5	6 号	114.5536	10.0016	124.0588	9.5052	4.9632
7 号-8	4 号	108.4885	10.0001	118.4173	9.9288	0.7130
7 号-9	4 号	108.4885	10.0008	117.7041	9.2156	7.8514
7 号-10	7 号	144.7903	10.0009	153.8685	9.0782	9.2262
7 号-12	7 号	144.7903	10.0008	154.0743	9.284	7.1674
7 号-14	5 号	142.0202	10.002	150.6608	8.6406	13.6113

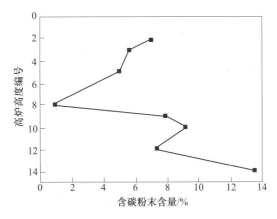

图 4-31　7 号取样点各层的含碳粉末百分含量

较少，但是在八层以后的蘑菇头上方气流猛然增加，说明中心气流不盛，并且基本没有焦炭的磨损。在高炉的下部由于风口喷煤的原因，未燃煤粉的积压导致煤粉量必然要有一个急速的增加，而通过下部气流的上升、上部物料的下降，煤粉随煤气流上升的过程中，气流又带着煤粉从最容易通过的方向流出，即炉墙边缘及中心位置。这从侧面反映出该座高炉的间接还原能力，煤粉的堆积可以说明气流的好坏，下部的堆积是因为喷煤的缘故。中部煤粉较少，顶部又较多，说明气流在高炉内流动过快，煤气在高炉内部是小流但是非常快地通过炉料，在上部是大流但是很慢，这种趋势使得间接还原不理想。理想高炉内间接还原越高越好，气流在高炉内应该是越慢越好，与该高炉正好相反。

4.3.4　高炉内部焦粉与未燃煤粉分布

试验用试样为解剖高炉中不同部位炉料中的粉末经细磨后制得，实验采用 LEITZ MPV-3 型显微镜（放大倍数 500 倍，实验温度 18℃），利用煤岩学的方法，测定解剖高炉不同部位粉末中显微组分的表面积百分比。不同层的试样中几种典型的煤岩组织分析图片如图 4-32~图 4-53 所示。

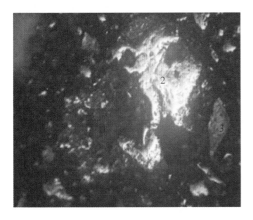

图 4-32　2 层 1 号（铁质灰渣）显微结构
1—灰渣；2—铁质；3—焦炭

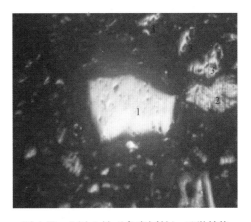

图 4-33　3 层 4 号（各向同性）显微结构
1—焦炭（各向同性）；2—焦炭（粒状）；3—铁质

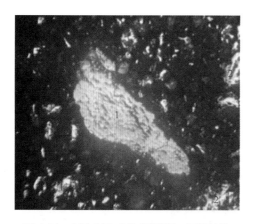

图 4-34   3 层 4 号（热变原煤）显微结构
1—煤粉（微变煤颗粒）；2—铁质；3—灰渣

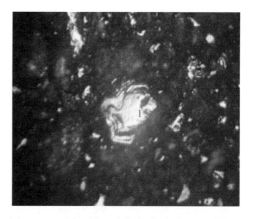

图 4-35   3 层 4 号（中间部分流动）显微结构
1—焦炭（流动结构）；2—焦炭（残碳）

图 4-36   5 层 7 号（中间微变原煤颗粒）显微结构
1—未燃煤粉（微变原煤颗粒）；2—焦炭；
3—铁质；4—灰渣

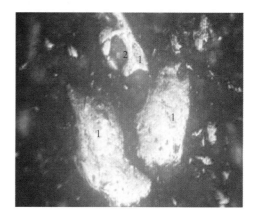

图 4-37   6 层 4 号（焦炭颗粒）显微结构
1—焦炭（粒状镶嵌结构）；2—气孔

图 4-38   9 层 4 号（焦炭微粒镶嵌）显微结构
1—焦炭（微粒镶嵌）；2—铁质；
3—灰渣；4—外部气孔；5—残碳

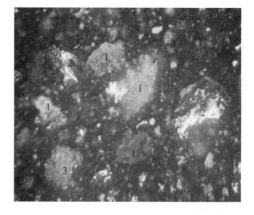

图 4-39   10 层 7 号（纯灰渣）显微结构
1—纯灰渣；2—铁质；3—半灰渣（煤变灰渣过程）

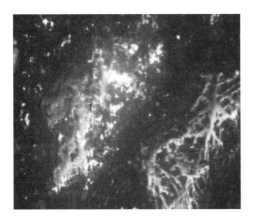

图 4-40 11 层 1 号（铁质）显微结构
1—铁质

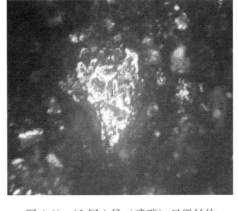

图 4-41 13 层 1 号（残碳）显微结构
1—残碳结构；2—灰渣

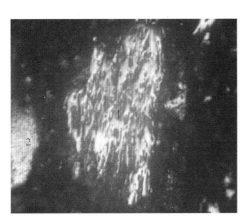

图 4-42 13 层 1 号（原煤变部分烧蚀）显微结构
1—未燃煤粉（烧蚀结构）；2—焦炭（微粒镶嵌结构）

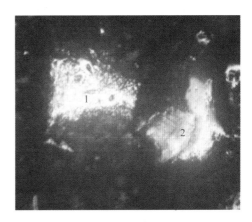

图 4-43 13 层 1 号（粒状）显微结构
1—焦炭（粒状）；2—焦炭（各向同性）

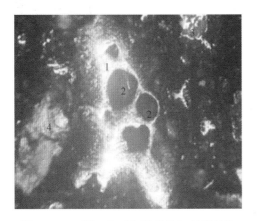

图 4-44 13 层 7 号（气孔粒状）显微结构
1—焦炭；2—气孔；3—铁质；4—灰渣

图 4-45 13 层 7 号（残碳灰渣）显微结构
1—灰渣；2—焦炭（微粒镶嵌结构）；3—残碳结构

图 4-46 14 层 1 号（原煤变残碳）显微结构
1—未燃煤粉（原煤变残碳）；2—灰渣

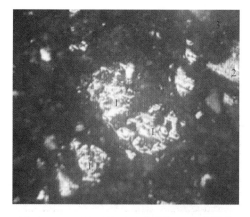

图 4-47 14 层 1 号（残碳颗粒）显微结构
1—残碳结构；2—焦炭（微粒镶嵌结构）

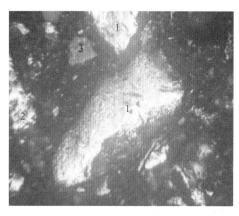

图 4-48 14 层 7 号（粒状镶嵌）显微结构
1—焦炭（粒状镶嵌结构）；
2—焦炭（残碳结构）；3—灰渣

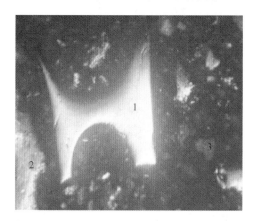

图 4-49 14 层 7 号（各向同性）显微结构
1—焦炭（各向同性）；
2—焦炭（微粒镶嵌结构）；3—灰渣

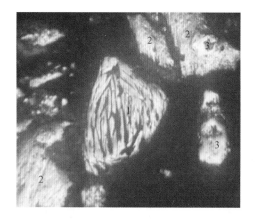

图 4-50 重力灰（原煤间隙结构）显微结构
1—未燃煤粉（间隙结构）；
2—焦炭（微粒镶嵌结构）；3—焦炭（粗粒镶嵌结构）

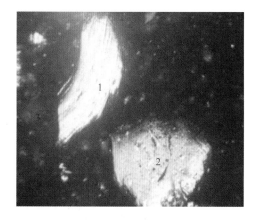

图 4-51 重力灰（粒状镶嵌、流状结构）显微结构
1—焦炭（流动结构）；
2—焦炭（粒状镶嵌结构）；3—灰渣

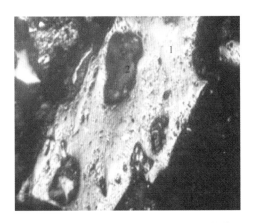

图 4-52 重力灰（焦炭上气孔）显微结构
1—焦炭（粗粒镶嵌结构）；2—气孔

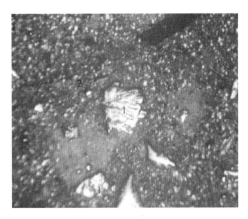

图 4-53 布袋灰（原煤变裂隙结构）显微结构
1—未燃煤粉（原煤变裂隙结构）；2—灰渣

根据照片上煤岩组织分析计算面积得到各样点显微结构的比例，见表 4-6。

表 4-6 高炉粉末岩相分析矿物表面积百分比 （%）

序号	试样编号	焦 炭								未消耗煤粉			矿物及杂质			
		类丝碳	破片结构	各向异性	流动结构	片状结构	微粒镶嵌结构	中粒镶嵌结构	粗粒镶嵌结构	微变煤颗粒	变形颗粒	残碳颗粒	灰渣	铁质	灰色硅质	半透明矿渣
1	2-1 号		2.69		0.30		5.67	3.58	0.60	0	4.46	3.88	52.84	22.99		2.985
2	2-4 号		3.50		1.57		7.23	4.09	2.20		2.2	3.77	57.86	16.04		1.57
3	2-7 号		1.0		0.66		1.32	1.98	3.31		4.97	2.32	62.58	13.25		8.61
4	3-1 号		0.99		0.66		1.98	2.64	1.62		1.98	3.3	67.33	16.83		4.29
5	3-4 号		7.12		0.64		2.60	10.03	0.33		0.65	15.21	39.16	18.12		4.85
6	4-1 号		1.66		0.99		1.33	4.31			2.65	1.99	62.58	15.23		8.94
7	5-7 号		3.24		0.64		5.18	4.85			0.97	1.62	61.17	15.21		7.12
8	6-4 号		1.61				4.82	3.86			0.64	0.32	50.48	33.76		4.50
9	8-4 号		1.60		0.64		4.41	0.32			0.321	3.21	74.68	12.16		2.56
10	8-7 号		0.32		0.32		6.65					2.66	88.37	0.33		1.32
11	9-4 号		1.64		0.66		4.61	0.32			0.32	1.31	83.22	3.62		4.28
12	9-7 号		0.62				2.15					1.54	81.85	3.69		10.15
13	10-7 号				0.32		3.88				1.29	1.29	81.88	7.77		3.56
14	11-1 号				0.33		0.67	0.33			0.33	1.33	80.33	14.67		2.0

续表 4-6

序号	试样编号	焦炭								未消耗煤粉			矿物及杂质			
		类丝碳	破片结构	各向异性	流动结构	片状结构	微粒镶嵌结构	中粒镶嵌结构	粗粒镶嵌结构	微变形煤颗粒	变形颗粒	残碳颗粒	灰渣	铁质	灰色硅质	半透明矿渣
15	12-7 号						2.25	0.64	0.96		0.64	2.57	85.21	5.47		2.25
16	13-1 号	0	3.0	1.0	1.0		4.67	1.0	1.67		0.67	2.67	80.33	2.33		1.67
17	13-7 号		1.70		0.42		3.81	0.42				1.70	84.75	5.51		1.70
18	14-1 号		1.25				10.28	1.87		0.31		0.93	73.82	8.1		3.43
19	14-7 号		3.31	1.66	0.99		8.28	3.97	1.33	0.33		4.31	61.92	6.95		6.95
20	污泥		1.49		0.50		4.50		0.50				91.58	1.485		
22	重力灰	1.64	11.8	2.95	2.62		17.7	9.84	7.87	3.93	0.66	0.33	34.43	1.97		4.26

根据以上计算方法，得到各样点焦炭和未燃煤粉的比例，见表 4-7~表 4-9。

表 4-7　1 号样点粉末中碳元素来源质量百分比　　　　　　　　　　（%）

试样编号	含碳总量	来源于焦炭的含碳物质		来源于未燃煤粉的含碳物质	
		相对值	绝对值	相对值	绝对值
2-1 号	21.18	60.62	12.84	39.38	8.34
3-1 号	11.55	54.29	6.27	45.71	5.28
4-1 号	13.256	65.00	8.616	35.00	4.64
5-1 号	16.5	84.30	13.91	15.70	2.59
8-1 号	9.95	73.27	7.29	26.73	2.66
9-1 号	4.31	64.27	2.77	35.73	1.54
11-1 号	3.99	58.40	2.33	41.60	1.66
13-1 号	15.68	78.70	12.34	21.30	3.34
14-1 号	14.64	91.53	13.4	8.47	1.24

表 4-8　4 号样点粉末中碳元素来源质量百分比　　　　　　　　　　（%）

试样编号	含碳总量	来源于焦炭的含碳物质		来源于未燃煤粉的含碳物质	
		相对值	绝对值	相对值	绝对值
2-4 号	24.56	75.69	18.59	24.31	5.97
3-4 号	37.87	58.12	22.01	41.88	15.86
5-4 号	11.25	91.47	10.29	8.53	0.96
8-4 号	10.501	66.37	6.97	33.63	3.531
9-4 号	8.86	81.60	7.23	18.40	1.63

表 4-9　7 号样点粉末中碳元素来源质量百分比　　　　　　　　（%）

试样编号	含碳总量	来源于焦炭的含碳物质		来源于未燃煤粉的含碳物质	
		相对值	绝对值	相对值	绝对值
2-7 号	15.56	53.15	8.27	46.85	7.29
5-7 号	16.5	84.30	13.91	15.70	2.59
8-7 号	9.95	73.27	7.29	26.73	2.66
9-7 号	4.31	64.27	2.77	35.73	1.54
10-7 号	6.78	61.95	4.2	38.05	2.58
12-7 号	7.06	54.53	3.85	45.47	3.21
13-7 号	8.05	78.88	6.35	21.12	1.7
14-7 号	24.18	80.81	19.54	19.19	4.64

　　无论是高炉边缘的 1 号、7 号样点，还是中心的 4 号样点，其粉末中碳物质来源于焦炭的含碳物质比例明显高于来源于未燃煤粉的含碳物质比例。来源于未燃煤粉的碳物质含量占 10%~40%，来源于焦炭的碳物质含量占 60%~90%，与国内钢厂除尘灰比较，莱钢解剖高炉粉末中未燃煤粉含碳量所占比例较高。

　　由各样点粉末含碳物质比例可见，沿高炉半径方向含碳物质中焦粉和未燃煤粉的分布比例不均匀。以第二、十四层为例，在第二层中，1 号、4 号、7 号样点的未燃煤粉含碳量占总碳量的比例分别为 39.38%、24.31%、46.85%；在第十四层中 1 号、7 号样点的未燃煤粉含碳量占总碳量的比例分别为 8.43%、19.19%。

　　通过以上分析可知，莱钢解剖高炉粉末中的碳元素主要来源于焦炭。改善焦炭质量，包括焦炭的入炉粒度、反应性、反应后强度等性能，也就是说要降低焦炭的反应性、提高焦炭的反应后强度。同时提高高炉料层的透气性，减少焦炭在高炉内的溶损和滞留时间。这就要求进一步改善烧结矿的低温还原粉化性能，尽量筛除原料中的粉末，从而为进一步提高喷煤量创造条件。

　　各样点碳含量变化如图 4-54 所示。

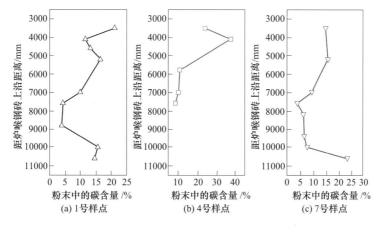

图 4-54　各样点碳含量沿高度变化

　　炉料粉末的主要来源有两部分：一部分是炉料在下降过程中由于磨损和粉化产生的焦粉、铁质及部分杂质；另一部分是风口喷吹的煤粉未完全燃烧产生的未燃煤粉，随着煤气流的上升而部分分布于炉料中。由图4-54可见，高炉粉末中含碳量的变化规律为，在炉身上部到炉腰部位，随着高炉高度的降低粉末中含碳量逐渐减小；自炉腹到风口回旋区，粉末中碳含量剧烈增加。形成这种趋势的主要原因是高炉中含碳粉末是由两部分构成的，即焦粉和未燃煤粉。随着高炉高度的降低，炉料中粉末含量逐渐增加，粉末中含碳量逐渐降低；进入炉腰后粉末中的未燃煤粉含量逐渐增加，造成含碳量增加。各样点未燃煤粉含量变化如图4-55所示。

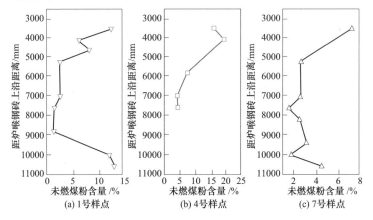

图4-55 各样点未燃煤粉含量沿高度变化

在炉身部位，随着高炉高度的降低，粉末中碳含量逐渐减小；在炉腰到炉腹上部之间，高炉粉末中碳含量基本保持不变；从炉腹到风口回旋区，高炉粉末中碳含量剧烈增加。主要原因是粉末的来源之一——未燃煤粉自风口进入高炉，在回旋区周围含量最高，未燃煤粉随着煤气流向上运动，由于未燃煤粉的反应活性很高，它优先于焦炭被气化参加间接还原或直接与含铁炉料接触进行直接还原，在上升过程中得到消耗，当温度低于1100℃后，由于热力学不能满足碳素的气化，未燃煤粉的还原行为得到抑制，粉末中未燃煤粉含量变化不大；继续向上当达到第五取样层以上后未燃煤粉含量逐渐增加，主要是由于此处温度为500℃左右时为烧结矿严重粉化区，此区域上部粉末总量较下部低，故未燃煤粉所占比例增加。

由图4-56~图4-62可见，粉末中矿物及杂质含量变化与碳含量变化规律相反，残炭颗粒及半透明矿物含量变化规律较不明显。

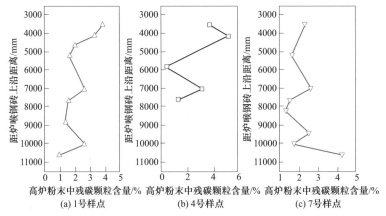

图4-56 沿高度方向粉末中残碳颗粒的含量变化

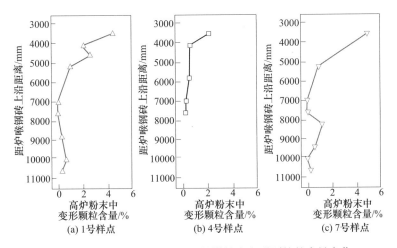

图 4-57 沿高度方向粉末中未燃煤粉中变形颗粒的含量变化

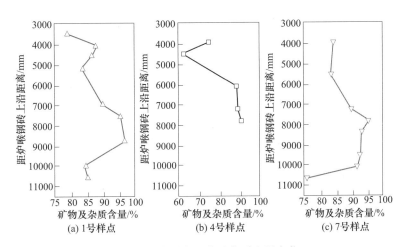

图 4-58 各样点矿物及杂质含量变化

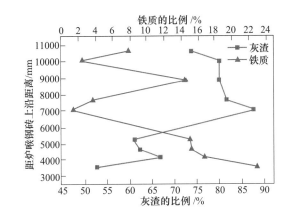

图 4-59 1号样点粉末中铁质和灰渣质量变化

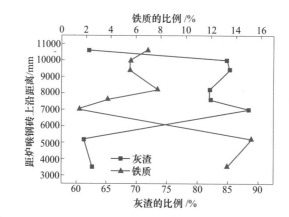

图 4-60　7 号样点粉末中铁质和灰渣质量变化

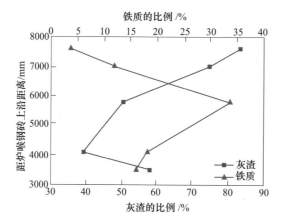

图 4-61　4 号样点粉末中铁质和灰渣质量变化

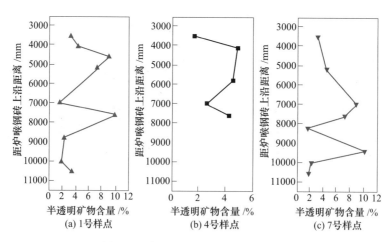

图 4-62　粉末中半透明矿物含量变化

4.3.5 除尘灰和灰泥中未燃煤粉分布

4.3.5.1 除尘灰显微分析

除尘灰中含有煤粉、矿粉、焦粉等物质，除尘灰在偏光显微镜下的照片如图4-63~图4-65所示。利用显微镜下物质的反色率可以判断除尘灰中的煤粉、焦粉及矿粉的相应含量。120倍下可以发现，粉尘在镜中的含量相对较少；300倍下，镜中粉末含量更少。从图4-63可以看出，煤粉的形态比较明显；图4-64为焦粉，可以明显看出图4-65中镜下物质是煤粉烧成的焦炭。

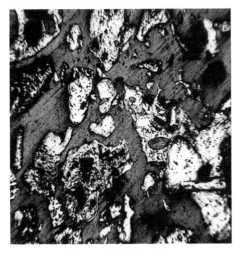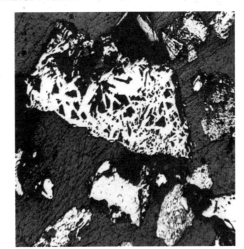

(a) 矿粉　　　　　　　　　　　　(b) 焦粉

图4-63　除尘灰在偏光显微镜下的照片1（50×）

(a) 焦粉　　　　　　　　　　　　(b) 焦粉

图4-64　除尘灰在偏光显微镜下的照片4（120×）

4.3.5.2 污泥显微分析

图4-66~图4-69所示为污泥在偏光显微镜下的照片。污泥的情况与除尘灰的性质基本相

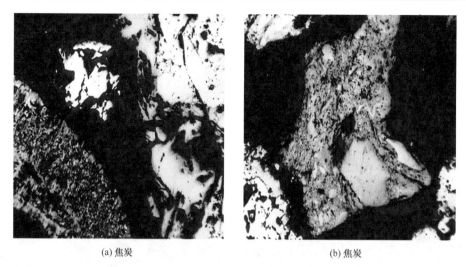

(a) 焦炭   (b) 焦炭

图 4-65   除尘灰在偏光显微镜下的照片 7（300×）

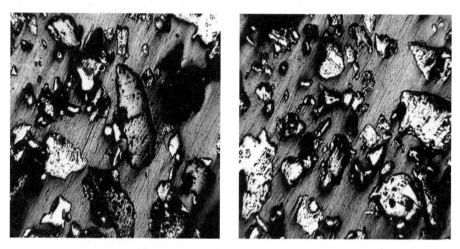

图 4-66   污泥在偏光显微镜下的照片 1（50×）

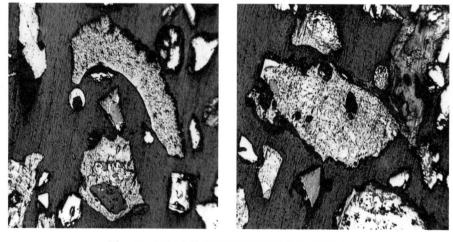

图 4-67   污泥在偏光显微镜下的照片 3（120×）

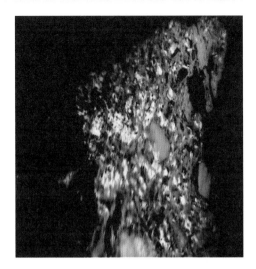

图 4-68　污泥在偏光显微镜下的照片 5（500×）

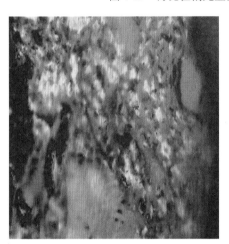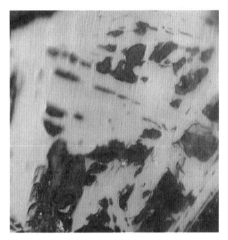

图 4-69　污泥在偏光显微镜下的照片 7（800×）

同，在高倍显微镜下不能看出污泥中粉末的成分，实验中使用的方法主要是每个样品在 50 倍偏光显微镜下 20 次取其平均值，来确定未燃煤粉的含量。

从表 4-10 中可以看出，未燃煤粉表面积占 4.92%，焦炭粉末表面积占 54.42%。因为焦炭和煤粉比重相差不多，因此可以认为除尘灰中未燃煤粉和焦末之间的质量比大概为

表 4-10　除尘灰和污泥中岩相分析矿物表面积百分比　　　　　　　（%）

| 序号 | 试样名称 | 焦炭 | | | | | | | | 未消耗煤粉 | | | 矿物及杂质 | | |
		类丝碳	破片结构	各向异性	流动结构	片状结构	微粒镶嵌结构	中粒镶嵌结构	粗粒镶嵌结构	微变形煤颗粒	变形颗粒	残碳颗粒	灰渣	铁质	灰色硅质	半透明矿渣
1	污泥		1.49		0.50		4.50		0.50				91.58	1.485		
2	除尘灰	1.64	11.8	2.95	2.62		17.7	9.84	7.87	3.93	0.66	0.33	34.43	1.97		4.26

1/11。可以看出，在喷煤量约为 70kg/tHM 条件下，除尘灰中未燃煤粉所占比例比较小，证明煤粉在高炉利用较好。至于在污泥中没有检测到未燃煤粉，主要是因为细小的煤粉颗粒活性较高，燃烧迅速，在炉内消耗掉；而颗粒稍大的未燃煤粉则落在除尘灰中。

4.3.6 未燃煤粉对炉渣性能的影响

未燃煤粉进入炉渣，会对炉渣性能产生影响。在实验室条件下，对未燃煤粉对高炉炉渣黏度及熔化性温度进行了实验研究，实验采用 RTW-04 型熔体物性综合测定仪进行炉渣黏度测定。高温炉为 $\phi_{内} = 55mm$ 二硅化钼电阻炉，炉管为高铝管，其尺寸为 $\phi65mm \times \phi55mm \times 700mm$，高温区恒温带宽 60mm，用计算机进行程序控温，盛渣料的石墨坩埚的尺寸为：$\phi52mm \times \phi40mm \times 80mm$，PtRh30-PtRh6 热电偶测温，测温范围：$0 \sim 1600℃$；温度变送器精度：$\pm0.5\%$；控温方式：由 A/D 板输入、输出；熔体测定仪精度：$\pm0.001Pa \cdot s$。

炉渣黏度的测定从 1500℃ 开始进行，炉渣黏度测定时的降温速度由计算机自动控制为 2℃/min，得出炉渣的黏度（η）-温度（t）曲线。对于曲线拐点不明显的炉渣则将炉渣黏度为 2Pa·s 的温度定义为炉渣的熔化性温度（T_s）。炉渣黏度的测定结果分别以 $\eta_{1340℃}$、$\eta_{1360℃}$、$\eta_{1380℃}$、$\eta_{1400℃}$、$\eta_{1420℃}$、$\eta_{1440℃}$、$\eta_{1460℃}$、$\eta_{1480℃}$ 和 $\eta_{1500℃}$ 来表示，炉渣熔化性温度用 T_s 表示。

假设莱钢高炉吨铁渣量为 300kg，在不同的喷煤量条件下，按未燃煤粉 60% 进入炉渣计算，未燃煤粉与炉渣的配比可以由计算得出，见表 4-11。根据不同的配比，确定试样中未燃煤粉与渣量的重量。炉渣黏度和熔化性温度试验所用炉渣均由纯化学试剂配制而成，基准渣成分见表 4-12。

表 4-11　炉渣中的配煤量

试验编号	S0	S1	S2	S3
喷煤量/kJ·tHM^{-1}	0	100	150	200
燃烧率/%	0	80	70	60
UPC 数量/kJ·tHM^{-1}	0	20	45	80
配比/%	0	4.02	9.00	16.02

表 4-12　基准渣成分 （%）

SiO$_2$	CaO	MgO	Al$_2$O$_3$	R (−)
34.33	41.56	7.60	14.42	1.20

4.3.6.1 未燃煤粉对炉渣流动性能的影响

未燃煤粉对炉渣黏度的影响如表 4-13、图 4-70 ~ 图 4-73 所示。

表 4-13　未燃煤粉对炉渣黏度影响试验结果 （Pa·s）

序号	UPC/%	$\eta_{1360℃}$	$\eta_{1380℃}$	$\eta_{1400℃}$	$\eta_{1420℃}$	$\eta_{1440℃}$	$\eta_{1460℃}$	$\eta_{1480℃}$	$\eta_{1500℃}$
S$_0$	0	3.254	1.056	0.786	0.673	0.594	0.488	0.422	0.378
S$_1$	4.02	1.889	1.573	1.333	1.12	0.96	0.825	0.717	0.64
S$_2$	9.00	2.312	1.869	1.578	1.341	1.161	1.011	0.904	0.817
S$_3$	16.02	3.985	2.903	2.542	2.133	1.833	1.633	1.397	1.239

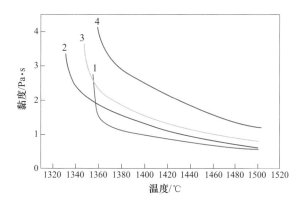

图 4-70 未燃煤粉对高炉炉渣黏度的影响
1—UPC = 0；2—UPC = 4.02%；3—UPC = 9.00%；4—UPC = 16.02%

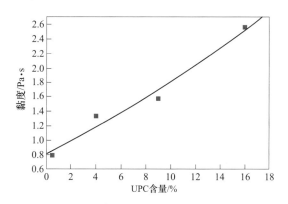

图 4-71 1400℃时未燃煤粉含量对炉渣黏度的影响

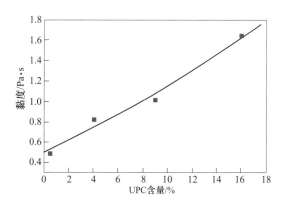

图 4-72 1450℃时未燃煤粉含量对炉渣黏度的影响

　　随着炉渣中所加未燃煤粉量的增多，炉渣的黏度有较大提高。因为未燃煤粉作为液态渣中悬浮的固体质点，强烈地影响了熔体的黏度。根据研究可知炉渣黏度升高主要是由悬浮在炉渣表面的未燃煤粉造成的，因此采用高风温富氧喷煤技术可提高煤粉的燃烧率，减少未燃煤粉对炉渣黏度的影响。

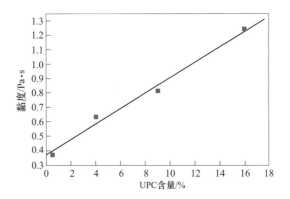

图 4-73　1500℃时未燃煤粉含量对炉渣黏度的影响

4.3.6.2　未燃煤粉对炉渣熔化性温度的影响

未燃煤粉对炉渣熔化性温度的影响如表 4-14 和图 4-74 所示。

表 4-14　未燃煤粉对炉渣熔化性温度影响的试验结果　　　　　　　（Pa·s）

序号	UPC/%	T_s/℃	$\eta_{1360℃}$	$\eta_{1380℃}$	$\eta_{1400℃}$	$\eta_{1420℃}$	$\eta_{1440℃}$	$\eta_{1460℃}$	$\eta_{1480℃}$	$\eta_{1500℃}$
S_0	0	1358	3.254	1.056	0.786	0.673	0.594	0.488	0.422	0.378
S_1	4.02	1353	1.889	1.573	1.333	1.12	0.96	0.825	0.717	0.64
S_2	9.00	1371	2.312	1.869	1.578	1.341	1.161	1.011	0.904	0.817
S_3	16.02	1428	3.985	2.903	2.542	2.133	1.833	1.633	1.397	1.239

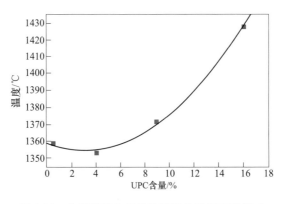

图 4-74　未燃煤粉含量对炉渣熔化性温度的影响

　　由图中可以看出，当炉渣中未燃煤粉数量较少时，随着炉渣中未燃煤粉数量的增加熔化性温度稍有降低，但当炉渣中未燃煤粉数量较多时，炉渣熔化性温度会逐渐升高。这是因为当炉渣中未燃煤粉数量较少时可以对炉渣产生稀释作用，使炉渣的熔化性温度降低，但当未燃煤粉数量较多时使炉渣的黏度和熔化性温度急剧升高。因此，必须严格控制高炉中未燃煤粉的数量。要实现高炉大喷煤，提高煤粉燃烧率是关键，这样才能更好地降低高炉中未燃煤粉的数量。

4.4　小结

本章对解剖高炉中各部分焦炭形貌、焦炭性能变化和高炉内未燃煤粉的行为进行了系统的研究。研究发现，块状带焦炭与入炉焦炭形貌几乎相同，表面棱角鲜明，未呈现严重的磨损痕迹；软熔带中的焦炭表面较为圆滑，无明显棱角，少部分与含铁炉料进行黏结，大部分处于含铁炉料形成的软熔层之间，形成"焦窗"；滴落带焦炭是高炉内煤气流和渣铁液的主要通道，起到"透气性"和"透液性"的作用；回旋区内部焦炭粒度较小，呈球体或椭球体，回旋区边缘处焦炭粒度稍大；死料柱焦炭的粒度大于回旋区中焦炭的粒度，其内部夹杂大量的渣铁液，是渣焦反应、渣铁反应的主要区域。高炉边缘焦炭比高炉中心焦炭耐磨强度、反应性变化程度大；不论是在高炉边缘、中间，还是中心，块状带焦炭的气孔率都随着高炉高度的降低而变大。未能完全燃烧的煤粉颗粒离开了回旋区的氧化性气氛后，随煤气流运动，形成高炉内的未燃煤粉，通过对高炉内取样分析，得到高炉内含碳粉末的分布规律，利用除尘灰的岩相分析，可以了解高炉喷吹煤粉的利用状况。

参 考 文 献

[1] Feng B, Bhatia S K. Variation of the pore structure of coal chars during gasification [J]. Carbon, 2003, 41 (3)：507.

[2] 李应海，刘爽. 冶金焦气孔率和气孔结构与热性能关系的研究 [J]. 煤化工，2009 (4)：31.

[3] Iwanaga Y J. Investigation on behavior of unburnt pulverized coal in blast furnace [J]. ISIJ International, 1991, 31 (5)：494-499.

[4] Khairil K, Kamihashira D, Naruse I. Interaction between molten coal ash and coke in raceway of blast furnace [J]. Proceedings of the Combustion Institute, 2002, 29 (1)：805-810.

[5] 郁庆瑶，曹进，沈峰满. 未燃煤粉对炉内焦炭反应性能影响的实验研究 [J]. 宝钢技术，2006 (增刊)：31-34.

[6] Iwanaga Y J. Gasification rate analysis of unburnt pulverized coal in blast furnace [J]. ISIJ International, 1991, 31 (5)：500-504.

[7] Da Cunha A L, Zhou J P, Do M N. The nonsubsampled contourlet transform：theory, design, and applications [J]. IEEE Transactions on Image Processing, 2006, 15 (10)：3089-3101.

[8] 陈爱国，周淑仪. 煤岩显微组分与焦炭显微结构组成之间关系的研究 [J]. 煤化工，1995 (4)：38-41.

[9] 项茹，薛改凤，陈鹏，等. 炼焦煤镜质组反射率分布对焦炭显微结构和热性能的影响 [J]. 煤化工，2007 (5)：47-52.

[10] 梁尚国，史世庄，常红兵，等. 武钢干、湿法熄焦焦炭性能对比研究 [J]. 钢铁，2007，42 (2)：15-16.

[11] 林立成，许传智，陈维栋. 武钢煤焦图册 [M]. 武汉：中国地质大学出版，1990.

[12] 虞继舜. 煤化学 [M]. 北京：冶金工业出版社，2008：173.

[13] 杨俊和，李依丽，冯安祖. 煤中矿物质对焦炭光学显微组分的作用 [J]. 煤炭转化，1999，(22)：43-48.

[14] 杨俊和，钱湛芬，杜鹤桂. 矿物质对焦炭显微结构作用研究 [J]. 上海应用技术学院学报，2001，1 (1)：7-13.

[15] 高润芝，朱景康. 首钢实验高炉的解剖 [J]. 钢铁，1982，17 (11)：9-17.

5 解剖高炉内渣铁形成过程研究

本章主要对高炉内渣铁形成过程进行研究。其中，成渣从矿石软熔开始，明确高炉内含铁原料还原度、金属化率以及成渣过程中氧化物的变化规律，有利于进一步理解高炉的造渣过程。然后对回旋区的渣铁成分进行分析，最后对高炉初渣、中间渣和终渣的冶金性能进行研究。

5.1 渣铁形成过程研究

5.1.1 含铁原料中铁的演变历程

5.1.1.1 还原度

图 5-1 所示为软熔带中烧结矿和球团矿的还原度随炉内所处高度的变化情况。由图 5-1 可以看出，随着在软熔带中所处高度的降低，烧结矿和球团矿的还原度均呈增加的趋势。在外侧球团矿和烧结矿的还原度不同，外侧烧结矿的还原度约为 40% ~ 70%，球团矿的还原度约为 40% ~ 50%，烧结矿的还原性要好于球团矿的还原性。这是因为：（1）烧结矿孔洞较多，与高炉煤气反应的动力学条件较好；（2）酸性球团矿中含有的 SiO_2 较多，它的高温性能差。

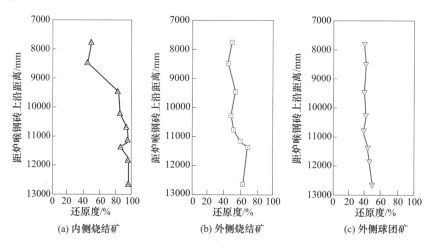

图 5-1 软熔带还原度

在软熔带内侧的烧结矿还原度基本都大于 80%，最高的已接近 95%；在软熔带内侧取到的球团矿较少，仅在第三层内侧和第五层 5 号风口方向取到球团矿样品。这可能是因为球团矿容易软化熔融，和烧结矿混在一起后不容易区分所致。第三层球团矿的还原度为70%，第五层球团矿的还原度为 67%。

在横向上由软熔带外侧向内侧的变化过程中，烧结矿的还原度增加了 20% ~ 45%，球团矿的还原度增加了 30%~40%，而软熔带中上部的厚度不过 1m，在如此短的距离内还原度和金属化率增加如此之多，说明铁矿石在软熔带的外部还原反应激烈。

图 5-2 所示为高炉不同取样点烧结矿的还原度在高炉高度方向上的变化。由图 5-2 可以看出，在高炉上部块状带烧结矿还原度随着高炉高度的下降有所增加，但变化不大；在高炉边缘 8m 的高度内才增加到 34%，但是到了软熔带外侧，虽然只下降了 200mm，还原度却增加了 26%，还原反应在与软熔带毗邻的块状带进行得非常激烈。

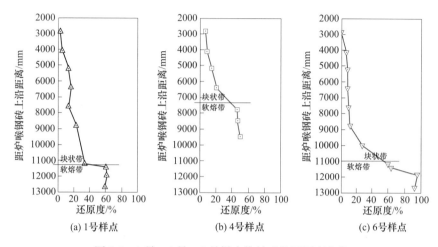

图 5-2　1 号、4 号、6 号样点烧结矿的还原度变化

综上所述，铁氧化物的还原主要在软熔带外侧和与软熔带毗邻的块状带中进行。这是因为这一区域的含铁炉料只是部分软化黏结，煤气流能够通过炉料中的空隙处，温度在 1000℃ 左右，铁氧化物与煤气流中 CO 反应的动力学和热力学条件较好，主要进行的是间接还原反应。在软熔带的内侧，含铁炉料为熔融状态，炉料的透气性很差，煤气流几乎不能透过，间接还原反应进行的很少。

5.1.1.2　金属化率

软熔带中铁矿石的金属化率变化如图 5-3 和图 5-4 所示。金属化率定义如下：

$$金属化率(\eta) = \frac{MFe}{TFe} \times 100\%$$

式中　MFe，TFe——铁矿石试样中金属铁和全铁含量。

金属化率的变化与还原度的变化基本一致，如图 5-3 所示。随高炉高度的下降，软熔带中烧结矿与球团矿的金属化率自上而下都有升高的趋势。外侧烧结矿的金属化率约为 20%~45%，球团矿的金属化率为 10%~20%，外侧球团矿的金属化率低于烧结矿的金属化率。

在软熔带内侧，烧结矿的金属化率为 70%~95%，可以认为在软熔带根部烧结矿中铁的还原至此基本结束。球团矿的金属化率约为 50%~70%，低于烧结矿的金属化率，说明烧结矿的还原性要好于球团矿的还原性。

在横向上由软熔带外侧向内侧的变化过程中，烧结矿的金属化率增加了 50% 左右，球团矿的金属化率增加了 40%~50%，说明在软熔带主要进行的是亚铁到金属铁的还原（FeO→Fe）。

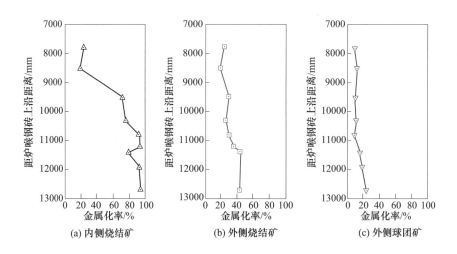

图 5-3   软熔带金属化率

图 5-4 所示为高炉不同取样点烧结矿的金属化率在高炉高度方向上的变化。从图 5-4 可以看出，在块状带烧结矿中只有少量的金属铁被还原出来，下降到炉腰边缘有 18% 的金属铁被还原出来，而软熔带边缘的金属化率达到了 36%。

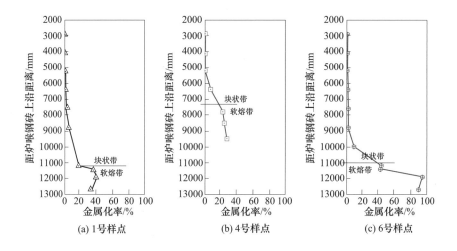

图 5-4   1 号、4 号、6 号样点烧结矿的金属化率变化

5.1.2   含铁原料中渣的演变历程

5.1.2.1 SiO_2 含量变化

加入高炉的焦炭、烧结矿、球团矿，从风口喷入高炉的煤粉中都含有不等量的硅的化合物。莱钢 125m^3 高炉所用的焦炭中平均含 SiO_2 为 5.6%，烧结矿中平均含 SiO_2 为 4.98%，球团矿中平均含 SiO_2 为 4.89%，喷吹煤粉中平均含 SiO_2 为 5.87%。高炉入炉原燃料中的硅并不是以 SiO_2 的形式存在，而是随着炉料的下降，炉料中的硅酸盐分解为 SiO_2。

由图 5-5 可以看出，随高炉高度的降低，软熔带中烧结矿与球团矿中的 SiO_2 含量出现增加的趋势，在软熔带顶部烧结矿中 SiO_2 的平均含量为 8.59%，在软熔带根部、外侧烧结矿中 SiO_2 的平均含量为 12.78%，内侧烧结矿中 SiO_2 的平均含量为 12.38%。

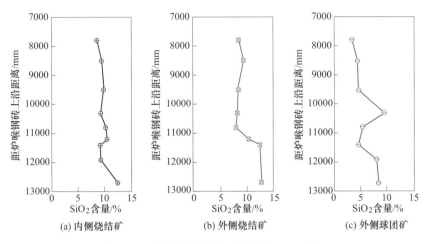

图 5-5　软熔带烧结矿与球团矿中 SiO_2 变化

原始烧结矿中 SiO_2 的平均含量为 4.88%，烧结矿在高炉中逐渐下降，受到煤气中 CO 的还原失氧，到达软熔带时假设烧结矿中与铁结合的氧全部失去，烧结矿中 SiO_2 含量为 6.37%。对比软熔带烧结矿 SiO_2 含量，软熔带顶部烧结矿中 SiO_2 含量比假设烧结矿中铁氧化物失去全部氧后的 SiO_2 含量高出 2.22%，而在软熔带根部两者相差更大，将近高出 1 倍。

原始球团矿中 SiO_2 的平均含量为 4.98%，假设球团矿中与铁结合的氧全部失去，球团矿中 SiO_2 含量为 6.81%，软熔带根部的球团矿 SiO_2 含量为 8.44%，最高的地方为 9.48%，分别比前者高出 1.63% 和 2.67%。

在软熔带中烧结矿与球团矿中的铁氧化物不可能被全部还原成金属铁，然而软熔带中烧结矿与球团矿中的 SiO_2 含量比其铁氧化物全部被还原后的 SiO_2 含量还要高，这说明焦炭、煤粉燃烧后灰分中的 SiO_2 随煤气流上升过程中，在软熔带被大量吸收。

图 5-6 所示为在高炉不同部位取样点烧结矿中 SiO_2 含量的变化曲线。从三条曲线可以看出，在块状带烧结矿中 SiO_2 含量变化不大，但是到了软熔带各样点烧结矿中 SiO_2 含量突然增大，并没有出现像硫含量变化曲线在 1 号、4 号样点那样的过渡。

这可能是因为：（1）熔融的渣铁极易吸收煤气流中的硅的化合物；（2）在高温区形成的硅的气态化合物到达软熔带时温度降低，硅的气态化合物冷凝成液态或固态化合物，被软熔带炉料吸附。

图 5-7（c）曲线是块状带烧结矿中的 SiO_2 随高炉高度方向的变化曲线。从图 5-7（c）曲线可以看出，在炉顶处，烧结矿中 SiO_2 的含量为 5.6% 左右，比入炉烧结矿中 SiO_2 平均含量增高了 0.62%，并且在块状带上部变化不大，到块状带下部只是略微增加。

图 5-7（b）曲线是软熔带外侧烧结矿中 SiO_2 含量的变化。可以看出，在软熔带外侧烧结矿中 SiO_2 含量是先略微增加后降低再增加的，在软熔带顶部（即标高 7800mm 位置）

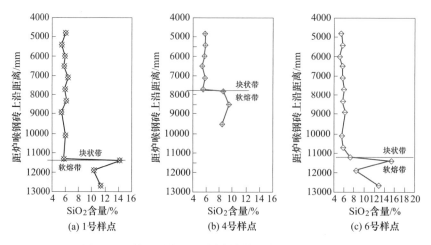

图 5-6 1 号、4 号、6 号样点烧结矿中 SiO$_2$ 含量变化

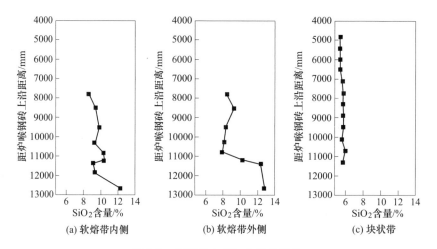

图 5-7 烧结矿中 SiO$_2$ 含量的变化

烧结矿中 SiO$_2$ 含量达到 8.59%，对比同一高度上块状带 SiO$_2$ 含量为 5.87%，增加了 2.72%。这也说明了软熔带在高炉中的透气性不好。

图 5-7（a）曲线是软熔带内侧烧结矿中 SiO$_2$ 含量的变化。对比图 5-7（a）、（b）两条曲线可以发现，在软熔带中部（即标高 10800mm 上下）内侧烧结矿中的 SiO$_2$ 含量比外侧烧结矿中的 SiO$_2$ 含量高，这说明软熔带中部的透气性较差，煤气流上升到软熔带中部，无法顺利地穿过软熔带达到块状带，因此软熔带内侧吸收了较多的煤气流中的硅的化合物，造成了在软熔带中部内外侧烧结矿中 SiO$_2$ 含量的差异。

对比图 5-7（a）~（c）可以发现，过了软熔带顶部，随着高炉高度方向上的降低，软熔带外侧烧结矿中 SiO$_2$ 的含量略微降低，变化不是很明显；但是在软熔带下部 SiO$_2$ 的含量显著升高，这说明在软熔带的根部透气性较好，高炉在生产时边缘气流较为发展。从软熔带第八层投影俯视图也可以看出软熔带并没有和炉墙黏结在一起，煤气流从软熔带边缘运动到块状带，在软熔带外侧温度较低，煤气流中的硅被温度较低炉料吸收。

由图 5-8 可以看出，软熔带各风口方向烧结矿中 SiO_2 含量不同，这与软熔带各风口方向的透气性有关。但与图 5-8 第五层软熔带各风口方向 S 含量比较，可以发现 S 和 SiO_2 含量在各风口的变化趋势并不一致，这说明除了软熔带的透气性造成了各风口方向各元素的不均匀外，还和其他因素有关，如温度、高度等。

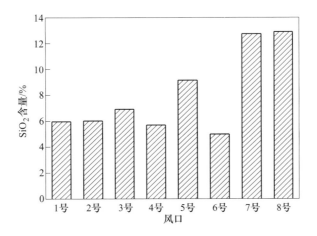

图 5-8 第五层软熔带各风口方向烧结矿中 SiO_2 含量变化

图 5-9（c）是块状带球团矿中 SiO_2 含量的变化。从图中可以看出，块状带球团矿中 SiO_2 含量在高炉高度方向上变化不大，而块状带前两层所取球团矿样品中 SiO_2 含量略高于入炉球团矿中的 SiO_2 含量，但之后几层取得的球团矿中的 SiO_2 含量却一直低于入炉球团矿中的 SiO_2 含量。

图 5-9（b）是软熔带外侧球团矿中 SiO_2 含量的变化。与图 5-9（c）相比在软熔带外侧球团矿中的 SiO_2 含量比块状带球团矿中 SiO_2 含量显著增高，说明煤气流到软熔带外侧温度降低，煤气流中的气态硅化物冷凝变成液态或者固态物质，烧结矿中也存在着同样的现象。

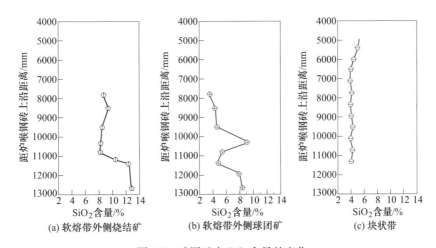

图 5-9 球团矿中 SiO_2 含量的变化

图 5-9（a）是软熔带外侧烧结矿中 SiO_2 含量的变化。对比图 5-9（a）、（b）可以看出，在软熔带外侧，烧结矿中的 SiO_2 含量高于球团矿中的 SiO_2 含量，平均含量相差 3.87%，而在入炉原料中两者平均含量只相差 0.1%。这是因为烧结矿的空隙率要比球团矿的空隙率大，而且相对于球团矿来说烧结矿外形不规则，能够形成更多的缝隙，所以尽管烧结矿的透气性指数高于球团矿，但是烧结矿的比表面积大，能够吸附煤气流中更多的硅。

5.1.2.2 CaO 含量变化

高炉的各种入炉原燃料中都含有不等量的 CaO，其中烧结矿中 CaO 含量较高。莱钢 125m³ 解剖高炉采用高碱度烧结矿配加酸性球团矿的炉料结构，没有其他碱性熔剂入炉。其中烧结矿中的 CaO 的平均含量为 10%，球团矿中的 CaO 的平均含量为 1%，焦炭中的 CaO 的平均含量为 0.44%，喷吹煤粉中的 CaO 的平均含量为 0.49%。

由图 5-10 可以看出，不论是在块状带中心、边缘还是中间部位，烧结矿中的 CaO 含量基本不变，保持在 10% 左右。但是到了软熔带中心部位烧结矿中 CaO 含量只是略微增加，在中间和边缘处烧结矿中的 CaO 含量增加明显。

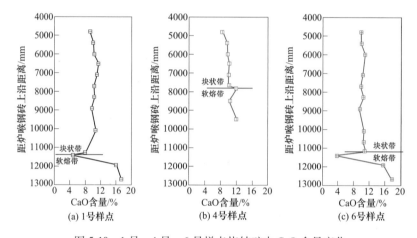

图 5-10 1 号、4 号、6 号样点烧结矿中 CaO 含量变化

图 5-11 所示为高炉高度方向上软熔带内外侧，块状带烧结矿中 CaO 含量的对比。

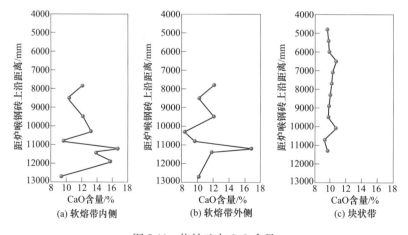

图 5-11 烧结矿中 CaO 含量

从图 5-11（c）可以看出，在块状带烧结矿中的 CaO 含量的变化趋势只是略微有所下降，CaO 平均含量为 9.94%。但在软熔带烧结矿中的 CaO 含量比块状带烧结矿中略有增加，软熔带内侧烧结矿中 CaO 平均含量为 12.51%，外侧为 11.39%，比入炉时的烧结矿 CaO 平均含量（10%）分别增高了 2.51% 和 1.39%。在高炉高度方向上，软熔带烧结矿中 CaO 含量变化并不明显。

由热力学数据可知，CaO 在高炉内不可能被焦炭还原。软熔带烧结矿中 CaO 含量增加可能是因为铁氧化物还原失氧致使 CaO 相对含量增加。

5.1.2.3 渣相碱度变化

莱钢 125m³ 解剖高炉采用高碱度烧结矿配加酸性球团矿的炉料结构，没有其他碱性熔剂入炉，所用烧结矿的平均碱度为 2.05。

图 5-12 所示为烧结矿在高炉中不同部位的碱度变化。由图中三条曲线可以看出，在块状带烧结矿中的碱度比入炉时的碱度要低，这是因为焦炭、煤粉中的灰分随煤气流上升，被块状带烧结矿吸收所致，虽然焦炭、煤粉的灰分中也含有 CaO，但它的量远远不及灰分中的 SiO₂，因此烧结矿的碱度有所下降。在软熔带，烧结矿中的碱度比块状带的有所降低。

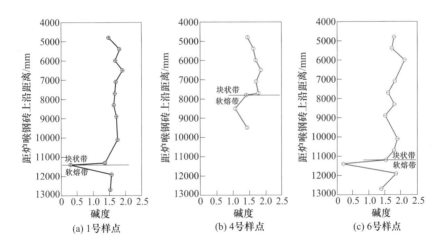

图 5-12 1 号、4 号、6 号样点烧结矿中碱度变化

图 5-13 所示为高炉高度方向上烧结矿的平均碱度的变化。块状带的平均碱度同样低于入炉烧结矿的平均碱度。软熔带烧结矿平均碱度低于块状带烧结矿的平均碱度，这说明焦炭、煤粉中的灰分大部分被软熔带炉料吸收。在软熔带外侧烧结矿碱度呈降低趋势，而在内侧烧结矿碱度变化则不明显。

5.1.2.4 Al₂O₃ 含量变化

高炉的原燃料中都含有一定量的 Al_2O_3。由热力学计算可知 Al_2O_3 在高炉内不可能被还原，其大部分进入炉渣中，小部分随上升的煤气流从高炉中逸出。莱钢 125m³ 解剖高炉所用焦炭中平均含 Al_2O_3 为 4.35%，煤粉中平均含 Al_2O_3 为 4.62%，烧结矿中平均含 Al_2O_3 为 1.93%，球团矿中平均含 Al_2O_3 为 0.76%。

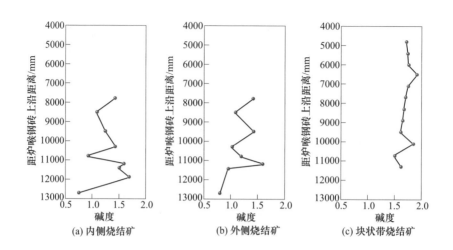

图 5-13 烧结矿平均碱度的变化

图 5-14 所示为高炉不同部位烧结矿中 Al_2O_3 含量在高炉高度方向上的变化。在块状带烧结矿中的 Al_2O_3 含量从上至下基本没有变化，到了软熔带后烧结矿中的 Al_2O_3 含量显著增加。这是焦炭、煤粉灰分中的 Al_2O_3 随煤气流上升过程中，被软熔带所吸收导致。

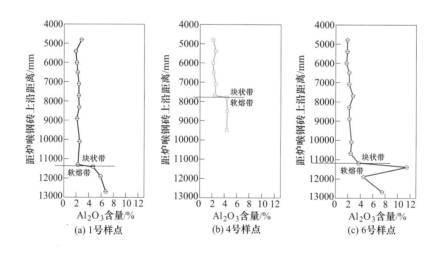

图 5-14 1号、4号、6号样点烧结矿中 Al_2O_3 含量变化

图 5-15 所示为软熔带与块状带各层烧结矿中 Al_2O_3 的平均含量在高炉高度方向上的变化。在块状带，不论是烧结矿还是球团矿中 Al_2O_3 含量均高于入炉原料中的 Al_2O_3 含量，并且在块状带中 Al_2O_3 含量并没有明显变化，只是烧结矿中 Al_2O_3 含量随高炉高度的降低略微升高，这说明 Al_2O_3 并没有完全被软熔带吸收，能够随煤气流上升到炉身上部，并逸出炉外。从图 5-15 的软熔带和块状带 Al_2O_3 含量的对比中可以看出，软熔带中 Al_2O_3 含量明显高于块状带的 Al_2O_3 含量，说明软熔带吸附了较多煤气流中的 Al_2O_3。

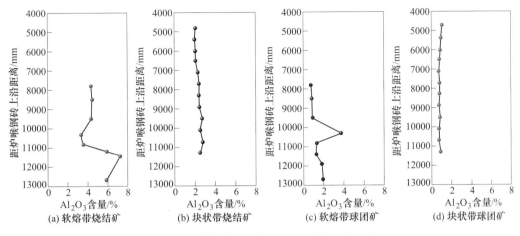

图 5-15　软熔带与块状带 Al_2O_3 平均含量变化

从图 5-16 中可以看出，软熔带内侧烧结矿中 Al_2O_3 含量在高炉高度方向上没有明显变化，外侧烧结矿和球团矿中 Al_2O_3 含量随高炉高度的降低都有增加的趋势。

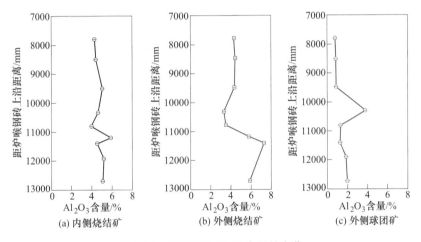

图 5-16　软熔带中 Al_2O_3 含量的变化

5.1.2.5　MgO 含量变化

高炉中，MgO 大部分进入炉渣中，只有一小部分随煤气流上升进入炉尘。莱钢 125m³ 解剖高炉所用的焦炭中 MgO 平均含量为 0.14%，煤粉中 MgO 平均含量为 0.16%，烧结矿中 MgO 平均含量为 1.9%，球团矿中 MgO 平均含量为 0.96%。

图 5-17 所示为高炉不同部位的烧结矿中 MgO 含量在高炉高度方向上的变化。在块状带烧结矿中的 MgO 波动不大，到了软熔带烧结矿中的 MgO 含量明显增加。图 5-18 所示为软熔带与块状带炉料中 MgO 平均含量在高炉高度方向上的变化。可以看出，在块状带中烧结矿和球团矿中的 MgO 含量变化不大，其平均值分别为 2.05% 和 1.26%，比入炉原料中的烧结矿和球团矿分别高出了 0.15% 和 0.3%。

在软熔带外侧上部烧结矿和球团矿中的 MgO 含量略高于块状带 MgO 含量，之后 MgO

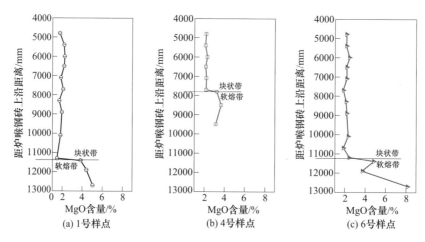

图 5-17   1 号、4 号、6 号样点烧结矿中 MgO 含量变化

含量随高炉高度的降低有所增加。这是因为：（1）含铁炉料中的铁氧化物失氧会使 MgO 的相对含量升高；（2）焦炭、煤粉灰分中的 MgO 随煤气流上升，被软熔带和块状带的炉料吸收。

图 5-18 所示为软熔带中烧结矿和球团矿 MgO 平均含量在高炉高度方向上的变化。从图中可看出，随着高炉高度的降低 MgO 在烧结矿和球团矿中的含量升高。这说明高炉活体时边缘气流有一定的发展，软熔带根部的炉料吸收了较多煤气流中的 MgO，另外随着高炉高度方向上的降低，含铁炉料中铁氧化物的还原度增加，失氧量增加，也会造成随着高炉高度的降低烧结矿和球团矿中 MgO 的含量升高（图 5-19）。

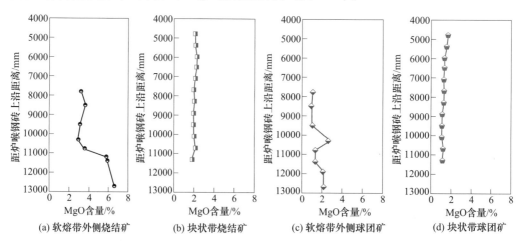

图 5-18   软熔带与块状带 MgO 平均含量变化

5.1.3   含铁原料熔融滴落实验研究

5.1.3.1   荷重还原软化熔滴实验
为了探讨含铁炉料在高炉下降过程中，由黏结到滴下的全过程，在实验室对解剖过程

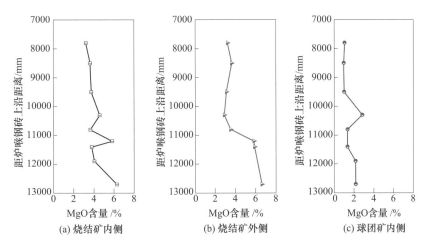

图 5-19 软熔带中 MgO 含量的变化

中取出的含铁炉料和未入炉的含铁炉料做了荷重还原软化熔滴实验。荷重还原软化熔滴实验可以近似模拟含铁炉料在高炉内软化黏结直至滴落的变化过程，所以该实验可以为了解高炉内含铁炉料的变化提供参考。

A 实验方法

目前，对于炉料的软化性能和熔滴性能国内有两种实验方法：一种是软化性能和熔滴性能分开测试，软化实验采用未经还原的炉料，熔滴实验采用经过部分还原的炉料；另一种是软化和熔滴实验一次完成。本次实验采用的是后一种方法。所用实验设备主要有造气炉（图 5-20）和熔滴炉（图 5-21）、气体流量控制和连接设备，以及传感器、计算机和采集软件。

图 5-20 造气炉

图 5-21 高温荷重软化还原熔滴设备

实验时先将经过筛分的一定粒度的炉料放入烘箱中恒温 2h，烘箱温度设定为 100℃。实验所用容器为内径为 50mm、高为 190mm 的石墨坩埚，坩埚底部有数个直径为 5mm 的小孔，以方便渣铁滴落。称取 10g 粒度为 10～12.5mm 焦炭颗粒，平铺在坩埚底部，然后放入烘干的炉料，装料高度大约为 80mm，再取 10g 粒度为 10～12.5mm 焦炭颗粒，平铺在炉料顶部。为了便于渗碳反应的发生，炉料上下部分别铺 10g 焦炭，以模拟高炉焦窗。最后为炉料加上荷重，开始通气升温，在 500℃ 以下，炉料通 N_2 保护，500℃ 以上通还原气体和 N_2，具体的实验标准及过程如下：

试样粒度	10～12.5mm
料柱高度	80mm
气体流量	10L/min
气体组成	30%CO+70%N_2
荷　　重	1kg/cm²
升温制度	>900℃，10℃/min；>900℃，5℃/min；900℃时恒温 30min

利用高温荷重软化熔滴测试装置对炉料的软化性能和熔融滴落性能进行研究，该装置利用计算机及所配制软件可自动实现数据采集、绘图和进行数据处理，减少人为因素的干扰。计算机界面如图 5-22 所示。

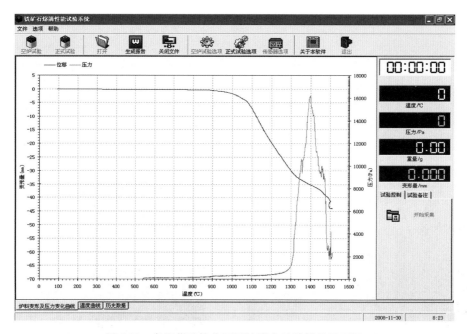

图 5-22　高温荷重软化还原熔滴实验计算机界面图

B　实验结果及分析

由表 5-1 可以看出，单独烧结矿各个温度都高于单独使用球团矿的实验结果，混合料中烧结矿和球团矿的比例为 65∶35，是 125m³ 解剖高炉烧结矿和球团矿的入炉比例，混合料的各个温度介于烧结矿和球团矿之间。因此，烧结矿和球团矿的比例会对软化滴落温度有影响。在解剖过程中从高炉内取出的含铁炉料中，烧结矿和球团矿的比例不同，因此各试样的温度不同，但仍然能够在一定程度上反应含铁炉料在高炉内的变化。

表 5-1 荷重软化熔滴实验结果

编号	收缩4%温度 T_4/℃	收缩10%温度 T_{10}/℃	收缩40%温度 T_{40}/℃	压差陡升温度 T_s/℃	最大压差温度 T_m/℃	滴落温度 T_d/℃
烧结矿	1049	1116	1334	1300	1403	1517
球团矿	988	1047	1319	1236	1326	1340
混合料	1020	1085	1306	1228	1354	1396
软二	913	1009	1352	1203	1373	1409
软三	1009	1088	1418	1308	1468	1454
软五6号外	1007	1136	1391	1324	1401	1401
软五7号外	1067	1153	1394	1299	1397	1402
软六1号外	993	1054	1309	1182	1318	1359
软六6号外	1017	1085	1316	1185	1323	1376
软六5号外	1016	1083	1333	1299	1377	1410
软六7号外	1011	1085	1319	1196	1337	1361
软八7号外	1036	1175	1387	1309	1387	1398
外侧平均	1008	1096	1358	1256	1376	1397
软三内	920	1008	1369	1230	1394	1394
软五5号内	758	1073	1375		1366	1387
软五6号内	1017	1151	1398	1325	1401	1405
软六1号内	1111	1315	1453	1404	1463	1480
软八6号内	1165	1311	1441	1242	1470	1489
内侧平均	994	1172	1407	1300	1419	1431

当试样高度收缩4%时，含铁炉料已经发生轻微黏结，因此把炉料收缩4%时的温度作为软熔带开始黏结的温度。在实验过程中，炉料受热逐渐软熔，当检测到压差开始急剧升高时，说明含铁炉料已经开始熔化，液相量增多，炉料黏结严重，空隙率减小，试样透气性变差。因此，把压差陡升温度（T_s）作为炉料的软熔温度。随着温度的继续升高，出现的液相量更多，渣铁开始分离，液态的铁滴穿过底部的焦炭从坩埚下面的小孔滴落下来，当滴落物一次性滴下的质量大于3g时，此时的温度记录为滴落温度。

根据熔滴的实验结果推断，软熔带外侧含铁炉料开始黏结的温度为900~1000℃，在软熔带内侧软熔温度为1200~1450℃，含铁炉料滴落，软熔带消失的温度约为1450~1490℃。考虑到实验过程中含铁炉料是装在石墨坩埚中，石墨碳的活性高于焦炭中的碳，所以高炉中含铁炉料的软化熔融滴落的温度可能比实验室做出的结果高，特别是高炉中含铁炉料的滴落温度要更高一些。

5.1.3.2 冰凌熔化实验研究

为了进一步确定含铁炉料在软熔带的滴落温度，在实验室测定了"冰凌"的熔化温度。试验是在灰分熔融性测定仪中进行的，灰分熔融性测定仪带有摄像头，每升高5℃拍一张照片，以记录试样形状在加热过程中的变化。实验设备如图5-23所示。

图 5-23　测定灰分熔融性的设备

A　实验过程

（1）将"冰凌"截取 30mm 的小段，一端磨平以便能竖直放置，形状如图 5-24 所示。

图 5-24　冰凌试样

（2）将在解剖过程中从高炉软熔带内侧取出的焦炭上表面磨成平面，以便能够竖直放置冰凌试样；下表面磨成弧形，以能够放入瓷舟中为准。将石墨板制成一定宽度能够放入瓷舟中为准。

（3）将冰凌试样分别放在刚玉灰锥板、石墨板或焦炭上（图 5-25、图 5-26）。打开高温炉炉盖，将刚玉舟徐徐推入炉内、至灰锥位于高温带并紧邻电偶热端（相距 2mm 左右）。

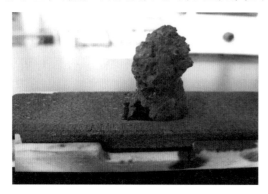

图 5-25　放在石墨板上的冰凌试样　　　　　图 5-26　放在灰锥板上的冰凌试样

关上炉盖，开始加热并控制升温速度为：

900℃以下   15～20℃/min

900℃及以上   (5±1)℃/min

通入 N_2 和 CO 的混合气体，流量为 3.3L/min，考虑到在软熔带下面温度高、焦炭过量，空气中的氧全部与焦炭反应生成了 CO，所以 N_2：CO＝65：35。

随时观察冰凌试样的形态变化，待试样达到熔化温度或炉温升至 1500℃时结束试验（图 5-27）。

图 5-27　加热后的试样

B　实验结果及分析

在加热过程中冰凌试样中的渣首先熔化，能够流到瓷舟中，流动性较好。之后是铁慢慢熔化，并且放在不同材料上的试样熔化温度是不一样的，熔化的铁凝聚在一起，呈小铁珠状。实验结果见表 5-2。

表 5-2　冰凌熔化温度

编　号	熔化温度/℃	放置材料
1	>1500	刚玉灰锥板
2	>1500	刚玉灰锥板
3	>1500	刚玉灰锥板
4	>1500	刚玉灰锥板
5	1485	焦炭
6	1495	焦炭
7	1490	焦炭
8	1485	焦炭
9	1450	石墨板
10	1455	石墨板
11	1445	石墨板
12	1465	石墨板

由表 5-2 中可以看出，放在灰锥板上的冰凌试样的熔化温度大于 1500℃，放在焦炭和石墨板上冰凌试样的熔化温度较低，这是因为冰凌试样中的铁渗碳熔点降低的缘故。放在焦炭上的冰凌的熔化温度普遍高于放在石墨板上冰凌的熔化温度，说明石墨碳的活性要高于焦炭的活性，渗碳速度较快。从这个实验也可以看出焦炭在高炉中的重要作用，没有焦炭，渣铁的滴下会变得很困难，并且金属铁的渗碳主要发生在滴落带。

将冰凌放在从炉内取出的焦炭上，较为符合高炉中的实际情况，因此综合考虑冰凌试样的熔化温度，推断软熔带的中含铁炉料滴落温度可能在 1480~1495℃左右，这时渣铁开始滴落，开始滴落时铁的流动性较差，但是由于焦炭的存在，少量的 FeO 继续被还原，金属铁大量渗碳，铁的熔点降低，流动性变好。

综合考虑荷重还原软化熔滴实验结果和冰凌熔化实验结果，推断软熔带开始黏结的温度在 900~1000℃左右，软熔带内侧软化熔融温度在 1200~1450℃，软熔带滴落消失的温度在 1480~1495℃左右。

5.2 回旋区渣铁成分分析

回旋区部位炉料的取样方法如前所述，回旋区炉料主要以焦炭为主，内部夹杂有少量的铁滴和渣相。将 8 号风口方向近炉墙样点和近中心样点中的渣、铁进行区分，分别对其进行化学分析，并绘制成图。

5.2.1 铁中成分变化

图 5-28~图 5-30 所示为风口回旋区内铁滴中 C、S、Mn 的含量变化曲线。由图可见：

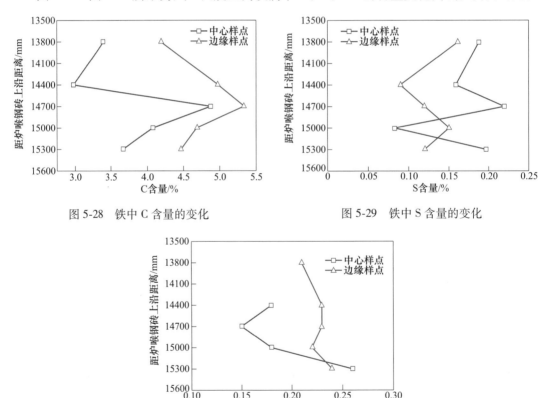

图 5-28　铁中 C 含量的变化　　　　图 5-29　铁中 S 含量的变化

图 5-30　铁中 Mn 含量的变化

（1）随着高炉高度的降低，C 的含量大致呈先增后降趋势。C 含量在 4.19%~5.34% 之间，已经达到生铁的含碳量。说明金属铁的渗碳过程在炉腰和炉腹内基本完成，炉缸部分只进行少量渗碳。因此，软熔带的位置和滴落带的透液性对金属铁的渗碳起着重要作用。铁滴在滴落带内流经的路径越长，在滴落带停留的时间越长，它渗入的碳量越多。

（2）炉腹部位铁滴中含硫量较高，达 0.16% 左右，远远高于生铁含硫量。随高炉高度的降低，温度升高，脱硫不断改善，生铁含硫不断下降。但到炉缸中下部仍很高，约 0.12%。说明渣层是铁滴脱硫的主要区域。

（3）随着高度的增加，1 号样点 Mn 的含量大致成增加趋势，但变化不大，基本维持在 0.23% 左右；3 号样点 Mn 的含量成增加趋势。Mn 的氧化物的还原过程也是按顺序由高级氧化物到低级氧化物逐级进行的（$MnO_2 \rightarrow Mn_2O_3 \rightarrow Mn_3O_4 \rightarrow MnO \rightarrow Mn$）。其中，Mn 的高级氧化物的还原较容易进行，在高炉炉身上部即可全部转化为 MnO。

MnO 的还原很难进行，在 1200℃ 下用 CO 还原 MnO，在平衡气相成分中 $\varphi(CO)/\varphi(CO_2)$ 高达 1.4，因此 MnO 的间接还原是不可能发生的。MnO 的还原只能靠直接还原，成渣后渣中的（MnO）与炽热焦炭反应，或与铁液中的 C 反应，还原出金属锰。因此，MnO 的还原主要在高温区域进行，在高温区，铁水中 Mn 的含量迅速增加。

5.2.2 渣中成分变化

风口回旋区内渣相中 SiO_2、CaO、MgO 及碱金属（$K_2O + Na_2O$）含量变化曲线如图 5-31~图 5-35 所示。

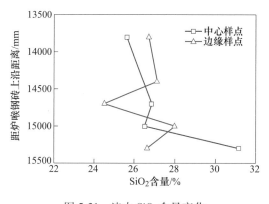

图 5-31 渣中 SiO_2 含量变化

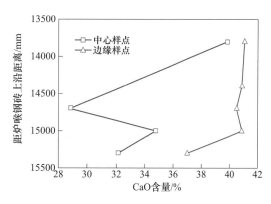

图 5-32 渣中 CaO 含量变化

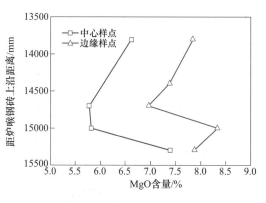

图 5-33 渣中 MgO 含量变化

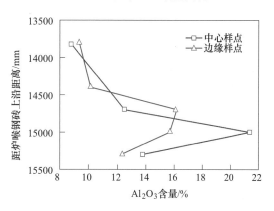

图 5-34 渣中 Al_2O_3 含量变化

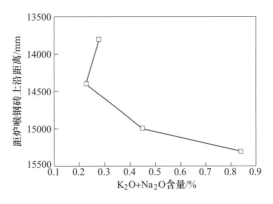

图 5-35 渣中碱金属含量变化

由图可以看出，随着高炉高度的降低，渣中 SiO_2 的含量增加，CaO 的含量降低，Al_2O_3 的含量先增加后降低。主要原因是风口回旋区取样基本为回旋区上方在停炉后落入回旋区内的炉料，因此基本上反映的是回旋区上方炉料沿高度的成分变化。从焦炭和煤粉的灰分分析中可以看出，灰分的组成主要是 SiO_2 和 Al_2O_3，燃烧后产生的灰分在随煤气上升过程中被软熔的炉料吸收，因此下部炉渣的 SiO_2 含量逐渐增大，与此同时造成 CaO 含量有所降低；Al_2O_3 含量在前四层逐渐增大，在第四层中心样点 Al_2O_3 含量高于边缘样点，说明煤气主要是在燃烧带前端离开燃烧带上升，中心样点吸收的煤灰分较多。对于第五层样点 Al_2O_3 含量降低主要是由于取样的位置位于最底层，该部分炉渣可能为融合了其他部分炉渣（其他部位炉渣的 Al_2O_3 含量降低）的结果。MgO 先降低后增加，K_2O+Na_2O 含量增加。

5.3 高炉初渣、中间渣和终渣冶金性能研究

5.3.1 初渣冶金性能研究

一般认为，铁矿石在炉内开始软熔时形成的渣，即为高炉初渣，它主要由矿石的脉石及尚未还原的 FeO、MnO 等组成。初渣在滴落过程中不断与上升的煤气以及周围的焦炭和未燃煤粉反应，FeO、MnO 等物质被还原，与铁粒分离开始滴落，形成中间渣。

从莱钢 $125m^3$ 高炉解剖结果看，球团矿最先软熔，相互黏结，形成第一层软熔层，而烧结矿在这时形状未发生任何变化，球团矿和烧结矿未发生交融反应。随着炉料继续下降，炉内温度升高，在软熔带第三层，球团矿外表面被上升的煤气还原成金属铁，根据未反应核模型，球团矿内部铁氧化物这时被还原成 FeO，FeO 与球团矿中的 SiO_2 反应生成低熔点的硅酸铁，在重力作用下，从外部球团壳中脱落下来，滴落在烧结矿上，再与烧结矿反应，形成复杂化合物，这时可以认为高炉初渣正式形成。图 5-36 所示为第三层球团矿经打磨、抛光后所得。

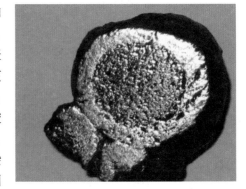

图 5-36 球团矿金属外壳和内部渣相

经电镜点扫描证实，外圈发亮区域主要为金属铁，内层较暗部分为铁与其他元素混合物。

解剖高炉中，初渣与金属铁、熔融状态的烧结矿、球团矿铁壳交织熔融在一起，形成一种坚硬的固体混合物，无法将其一一分开，也就无法对其取样进行化学成分分析，如何对初渣的化学性能进行探究也就成为一个无法回避的难题。针对上述现象，对软熔带第三层以下的熔融物整体取块，用磨样机和抛光机将试样抛光、打平，在利用电子扫描电镜进行点扫描和面扫描，期望根据其中化学元素含量，求出初渣中各成分含量。图 5-37 所示为软熔带第三层中心处熔融物电镜扫描结果图，其余各层各点电镜扫描与图 5-37 类似。本次试验对第三、四、五层软熔带各取 2 点进行电镜扫描，使用电镜点扫描对初渣的化学成分做半定量分析，结果见表 5-3。

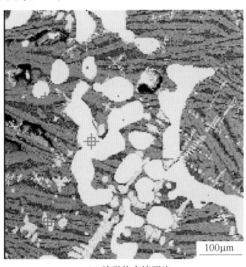

(a) 熔融物电镜照片

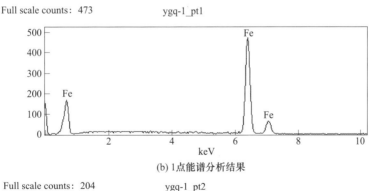

(b) 1点能谱分析结果

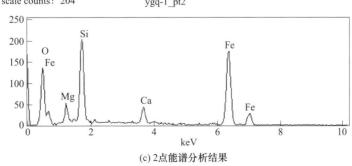

(c) 2点能谱分析结果

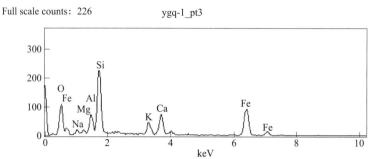

(d) 3点能谱分析结果

(e) 4点能谱分析结果

图 5-37 熔融物电镜扫描结果

表 5-3 第三层中心熔融物不同部位中各元素所占质量百分比 （%）

元素	O	Na	Mg	Al	Si	K	Ca	Fe
1_ pt1								100.00
1_ pt2	34.02		3.72		14.73		3.54	44.00
1_ pt3	39.68	2.16	0.64	4.83	16.81	3.40	6.88	25.58
1_ pt4	22.70							77.30

从图 5-37 中可以看出，照片中发亮部位为纯金属铁，而图中较暗部分则主要由 Mg、Al、Si、K、Ca、Fe、O 等元素组成，可以认为是熔融物中的渣相，单就这一熔融物看，其渣相组成较复杂，同一熔融物不同部位的渣相成分相差很大。对同一熔融物不同部位渣相成分进行平均，得到不同熔融物的渣相成分，见表 5-4。

表 5-4 各层软熔带渣相成分 （%）

位置	O	Mg	Ca	Si	Al	Fe
第三层中心	36.90	2.18	5.21	15.77	2.42	34.79
第三层边缘	28.62	0.8	2.28	8.815	2.125	54.14
第四层中心	28.31	0.35	3.56	8.42	1.48	50.59
第四层边缘	29.77	0.31	1.66	9.13	4.66	43.70
第五层中心	20.71	0.452	4.73	7.48	2.80	55.85
第五层边缘	28.07	0.69	0.43	17.63	0.43	50.45

从表5-4中可以看出：

（1）不同软熔层中，其渣相成分也不相同；同一软熔层中，不同部位熔融物渣相成分相差也很大。

（2）熔融物渣相中主要成分为Fe元素，考虑到软熔带部位的气氛和温度，可以认为不存在Fe_2O_3和Fe_3O_4，只可能是FeO或Fe，但金属铁在电镜照片中发白、发亮（图5-36），而熔融物在电镜照片中的颜色偏暗。因此可以认为，熔融物中的铁元素主要以FeO形式存在。也就是说，熔融物中渣相的主要成分为FeO，其含量从30%~55%不等。

（3）从熔融物中的渣相成分可以看出，Si元素含量要明显高于Ca元素含量，亦即高炉初渣以酸性渣形态存在，即球团矿滴落物形成的渣。

5.3.2 中间渣冶金性能研究

5.3.2.1 中间渣化学成分

中间渣化学成分见表5-5。根据二元碱度$R_2 = (CaO)/(SiO_2)$，三元碱度$R_3 = (CaO + MgO)/(SiO_2)$计算出各渣样的二元碱度和三元碱度。所得的各渣样中的化合物质量百分比及碱度见表5-5。

表5-5 中间渣的化学成分（%）及其碱度

渣样		MgO	Al_2O_3	SiO_2	CaS	CaO	FeO	R_2	R_3
8号风口回旋区炉渣	一层1号	6.36	7.77	21.96	3.07	30.50	11.66	1.39	1.68
	一层3号	4.50	5.28	19.35	3.28	28.72	12.20	1.48	1.72
	三层1号	4.94	6.99	20.28	2.75	28.42	9.84	1.40	1.65
	三层3号	2.86	10.22	20.30	—	23.21	18.43	1.14	1.28
	四层1号	5.58	11.56	19.34	—	28.19	10.64	1.46	1.75
	四层3号	3.50	9.79	22.54	—	22.25	21.32	0.99	1.14
	五层1号	6.12	11.97	24.02	—	31.54	9.67	1.31	1.57
	五层3号	3.09	13.28	20.88	1.86	23.56	7.85	1.13	1.28
	六层1号	5.19	8.74	21.12	1.91	28.72	10.64	1.36	1.61
	六层3号	5.06	9.35	24.70	—	24.41	10.64	0.99	1.19

根据表5-5中的碱度数据，作出图5-38和图5-39。

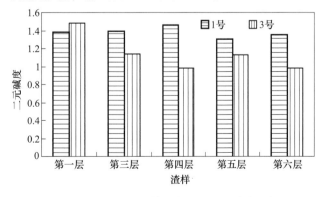

图5-38 8号风口回旋区中间渣二元碱度比较

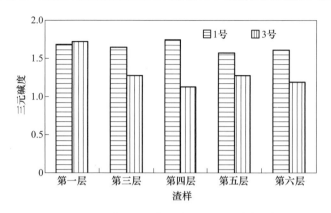

图 5-39　8 号风口回旋区中间渣三元碱度比较

从图 5-38 和图 5-39 可以看出，在风口回旋区第一层，1 号渣和 3 号渣的二元碱度分别为 1.39 和 1.48，考虑到取样造成的误差以及布料偏析，与炉料的入炉碱度相差不大（炉料的入炉碱度在 1.4 左右）。除第一层中间渣外，其他各层 3 号渣的碱度均小于 1 号渣，也就是说，在靠近炉墙的边缘部位炉渣碱度要比炉子中间部位的碱度要高，炉墙部位的炉渣碱度基本与铁矿物入炉碱度相一致，而中间部位炉渣碱度较入炉碱度明显降低。分析出现这种情况的原因是：中心气流发展，煤粉在风口回旋区燃烧以后，大部分随煤气沿高炉中心部分上升，煤气流中的灰分被中西区域滴落的渣铁吸收进入渣层，而边缘气流很小，造成炉渣碱度边缘和中心相差很大。炉渣第一层 3 号中间渣碱度明显比其下各层 3 号位置中间渣碱度高，出现这种情况的原因，是由于煤粉以及焦炭在风口回旋区燃烧产生的灰分，在到达第一层渣样所在位置以前，已基本被下层渣样吸附完毕，从而使上层渣样（第一层渣）碱度高于下部炉渣碱度。

5.3.2.2　中间渣熔化温度的研究

现代高炉冶炼条件下炉内所能达到的温度水平是有限的，如果熔化温度过高，过分难熔，只能呈半熔融、半流动状态，炉料将黏结成煤气很难穿过的糊状物团，不仅使高炉难行，还造成渣铁分离困难，使金属产品质量不合格。

炉料一旦熔融就将滴落，即快速穿过焦炭料柱的空隙流向炉缸。炉缸中集聚的渣层低于风口水平线，而风口产生的高温煤气在高压下只能向压力低的炉顶高速逸出。故炉渣由高温煤气获得热量的唯一途径是高温辐射区。但由于距离较远，中间又有疏松的焦炭阻隔，故传热效率低。所以终渣的温度基本上由滴落至燃烧带水平面时的熔渣温度决定。若炉渣温度过低，必然在固态时受热不足，熔滴时温度过低。因此，在高炉冶炼过程中除了应该保证足够高的燃烧温度外，炉渣应保持适当高的熔化温度。

高炉中间渣的熔化温度决定了炉渣在风口回旋区的状态，而这时的状态也决定了炉渣的最终温度，所以对高炉中间渣熔化温度的研究分析是必不可少的。

A　实验原理及设备

a　试验原理

按照热力学理论，熔点通常是指标准大气压下固-液二相平衡共存时的平衡温度。炉渣是复杂多元系，其平衡温度随固-液二相成分的改变而改变，实际上多元渣的熔化温度是一个温度范围，因此无确定的熔点。在降温过程中液相刚刚析出固相时的温度叫开始凝固温度（升温时称之为完全熔化温度），即相图中液相线（或液相面上）的温度；液相完全变成固相时的温度叫完全凝固温度（或开始熔化温度），这两个温度称为炉渣的熔化区间。开始熔化的温度远比其中任一组分纯净矿物质的熔点低，这些组分在一定温度下还会形成一种共熔体，其在熔化状态时，有熔解炉渣中其他高熔点物质的性能，从而改变了熔体的成分及其熔化温度。由于实际渣系的复杂性，生产中为了粗略地比较炉渣的熔化性质，采用一种半经验的简单方法，即试样变形法来测定炉渣的熔化温度区间。

当在规定条件下加热炉渣试样时，随着温度的升高，炉渣试样会从局部熔融到全部熔融并伴随产生一定的物理状态-变形、软化、呈半球和流动，以这四个特征物理状态相对应的温度来表征炉渣的熔融性。

四种温度的定义如下：

变形温度 DT：三角锥尖端开始变圆或弯曲时的温度；

软化温度 ST：三角锥的锥体弯曲至锥尖触及托板，灰锥开始变成球形的温度；

半球温度 HT：三角锥熔化完全成为半球形的温度；

流动温度 FT：三角锥熔化成液体或展开成高度在 1.5mm 以下的薄层时的温度。

将炉渣制成一定尺寸的三角锥，在一定的气氛介质中，以一定的升温速度加热，观察三角锥在受热过程中的形态变化，观察并记录变形温度、软化温度、半球温度和流动温度4 个特征熔融温度。

b 实验设备

实验所用的是灰分熔融性测定仪，实验设备如图 5-40 所示。它分为高温加热系统（加热元件为硅碳管）、摄像系统、计算机控制系统。试验时，将试样做成三角锥状，放在高铝垫片上，在加热过程中，通过摄像系统观察其形状变化过程，确定其软化熔融特征温度。

图 5-40 测定灰分熔融性的设备

c 实验步骤

（1）炉渣的制备。实验所用炉渣为莱钢 125m³ 解剖高炉的 8 号风口回旋区的一层、二层、三层、四层、五层、六层中的 1 号渣样及 3 号渣样。在实验中所用的炉渣研细至粒度小于 0.074mm。

（2）炉渣三角锥的制备。取 1~2g 炉渣放在瓷板或玻璃板上，用数滴糊精溶液润湿并调成可塑状，然后用小尖刀铲入三角锥模中挤压成型，并推至瓷板或玻璃上，于空气中风干或于 60℃下干燥备用，如图 5-41 所示。

图 5-41   制备完成的炉渣三角锥

（3）用糊精溶液将少量氧化镁调成糊状，用它将三角锥固定在灰锥托板的三角坑内，并使三角锥垂直于底面的侧面与托板表面垂直，将带三角锥的托板置于刚玉舟上。

（4）打开高温炉炉盖，将刚玉舟保持水平徐徐推入炉内，至炉渣三角锥位于高温带并紧邻电偶热端（相距 2mm 左右）。

（5）关上炉盖，用程序温控仪给电炉供电升温。升温速度为：900℃ 以下，15~20℃/min；900℃ 及以上，5±1℃/min。

（6）随时观察三角锥的形态变化，记录三角锥的 4 个熔融特征温度——变形温度、软化温度、半球温度和流动温度。待全部三角锥到达流动温度或炉温升至 1550℃ 时结束试验。

（7）待炉子冷却后，取出刚玉舟，拿下托板，仔细检查其表面，如发现试样与托板发生反应，则另换一种托板重新试验。

（8）为了减小实验误差，保证实验的准确性，每个试样做两次实验。

B   实验结果及分析

实验结果见表 5-6。在对高炉中间渣的熔化温度进行分析时，选其软化温度进行分析。如图 5-42 所示。

表 5-6   中间渣的熔化温度　　　　　　　　　　　　　　　　　（℃）

渣样		变形温度	软化温度	半球温度	流动温度
8 号风口回旋区炉渣	一层 1 号	1240	1275	1285	1300
	一层 3 号	1145	1340	1345	1355
	二层 1 号	1245	1305	1310	1320
	二层 3 号	1245	1260	1280	1305
	三层 1 号	1300	1340	1345	1350
	三层 3 号	1230	1250	1260	1295
	四层 1 号	1325	1340	1345	1355
	四层 3 号	1230	1250	1260	1280
	五层 1 号	1230	1320	1330	1345
	五层 3 号	1235	1250	1275	1315
	六层 1 号	1230	1315	1330	1340
	六层 3 号	1230	1250	1260	1290

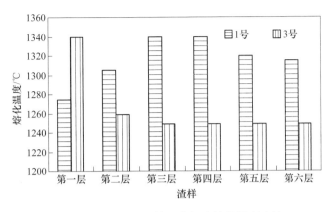

图 5-42　8 号风口回旋区中间渣熔化温度比较

从图 5-42 可以看出，对于 1 号样点，风口回旋区上部的第三、四层中间渣熔点明显要比第五、六层熔点高；第三、四层炉渣熔点基本都在 1340℃ 以上，第五、六层炉渣熔点分别为 1320℃ 和 1315℃；对比 3 号样点炉渣熔化温度，第一层中间渣的熔点最高，为 1340℃，其余各层的熔点明显要比第一层炉渣熔点低，大约在 1250℃；除第一层炉渣外，其余各层炉渣的熔化温度呈现出 1 号样点的熔化温度明显比 3 号样点的熔化温度高的规律。也就是说，在靠近炉墙位置的炉渣熔点比高炉中间部位的炉渣熔点明显要高。

分析产生上述现象的原因，由于中心气流发展，煤粉在风口回旋区燃烧以后，大部分随煤气沿高炉中间部分上升，而边缘气流很小。高炉炉缸煤气在上升过程中携带了大量的焦灰和煤灰，焦灰和煤灰中的酸性物质与下落过程中的炉渣发生渣化反应，形成低熔点化合物，从而使高炉中间渣熔点下降；而边缘气流小，所携带的煤灰也就少，使得边缘部位炉渣熔点降低不明显。

5.3.2.3　中间渣流动性研究

对于中间渣而言，黏度如果过大，容易堵塞炉料间的空隙，使料柱的透气性变差，还容易使炉渣黏结在炉墙上形成炉瘤。而如果黏度过小的话又会导致高炉下部炉衬受到的化学侵蚀和机械冲刷作用加剧，加速炉衬的破坏。

所以高炉的中间渣需要具有合适的黏度。本实验对高炉中间渣的黏度进行了实验分析，以此了解高炉中间渣的行为及其性能变化。

A　炉渣流动性

通过实验可以得到各渣样在不同温度下的黏度，表 5-7 列出各渣样在 1470℃、1420℃、1370℃、1320℃ 和 1270℃ 下的黏度。

表 5-7　中间渣黏度实验结果　　　　　　　　　　（Pa·s）

渣样	1470℃	1420℃	1370℃	1320℃	1270℃
第一层 1 号	0.206	0.285	0.507	0.916	1.941
第一层 3 号	0.127	0.185	0.374	0.658	1.385
第三层 1 号	0.159	0.228	0.335	0.625	2.244
第三层 3 号	0.075	0.058	0.145	0.779	1.624
第五层 1 号	0.287	0.398	0.685	1.261	2.476
第五层 3 号	0.986	1.691	2.610		

图 5-43 和图 5-44 所示为高炉中间渣各渣样的 η-T 示意图。

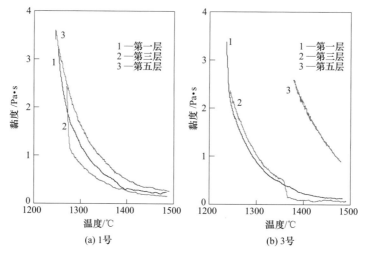

(a) 1号   (b) 3号

图 5-43 中间渣各层 1 号、3 号渣 η-T 比较

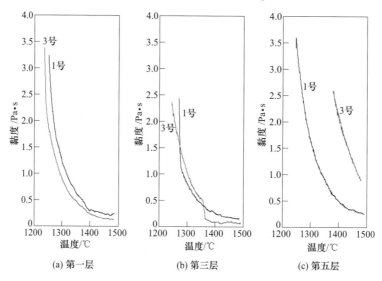

(a) 第一层   (b) 第三层   (c) 第五层

图 5-44 各层中间渣 1 号与 3 号渣黏度比较

从图 5-43、图 5-44 可以看出，除第五层 3 号渣以外，所测其余各个炉渣的黏度都比较小，在 1480℃时，黏度都在 0.3Pa·s 以下；在 1400℃时，炉渣黏度也在 0.5Pa·s 以下，中间渣的流动性远远优于终渣的流动性。从图 5-43 可以看出，对于 1 号渣和 3 号渣来说，均是第五层渣样的黏度值最大，这可能是由于炉渣在下降过程中，其中的 FeO 被炽热的焦炭和上升中的煤气所还原，造成低熔点矿物减少，从而使得炉渣黏度增大；从图 5-44 可以看出，各层中间渣 3 号渣黏度均大于 1 号渣黏度，及外层炉渣黏度大于风口回旋区内侧炉渣黏度，这可能是由于风口回旋区靠近炉墙处炉渣碱度高于风口回旋区中间部位炉渣碱度，渣中存在高熔点矿物（如 2CaO·SiO$_2$）造成的。

B 炉渣熔化性温度

测定的炉渣熔化性温度结果见表 5-8。

表 5-8　炉渣的熔化性温度

渣号	一层 1 号	一层 3 号	三层 1 号	三层 3 号	五层 1 号	五层 3 号
$T_m/℃$	1297	1274	1279	1305	1306	1387

中间渣熔化性温度的比较如图 5-45 所示。

从图 5-45 可以看出，解剖高炉 1 号位置各层中间渣随高炉高度的下降变化不大，炉渣的熔化性温度和炉渣的成分及矿相组成密切相关，从炉渣的矿相组成和化学成分看，1 号位置各层炉渣变化不大，与炉渣熔化性温度试验结果基本相符；而 3 号渣样的熔化性温度一直增大，在五层时熔化性温度已达 1387℃，接近终渣熔化性温度，Al_2O_3 含量逐渐增加，是造成熔化性温度逐

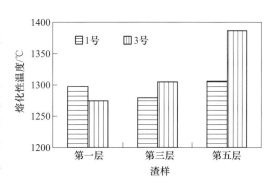

图 5-45　8 号风口回旋区中间渣熔化性温度比较

渐升高的主要原因；靠外侧的 1 号渣样熔化性温度相差不大，即使在 5 层，熔化性温度也不高，但是在内侧的 3 号渣样熔化性温度增加幅度很大，即中间渣的熔化性温度在风口回旋区外侧变化不大，内侧变化则较大。分析其原因，主要是由于风口回旋区中心气流发展，煤粉在风口回旋区燃烧以后，大部分随煤气沿高炉中间部分上升，而边缘气流很小造成的。

5.3.2.4　中间渣矿物组成研究

为弄清高炉中间渣的矿物组成变化，对收集到的炉渣磨碎成粉，进行 X 射线衍射试验。X 射线照射到晶体上，和晶体发生相互作用，产生一定的衍射花样，它可反映出晶体内部的原子分布规律。一个衍射花样的特征是由两个方面组成的，一方面是衍射线在空间的分布规律（称为衍射几何），它是由晶胞的大小、形状和位向决定的；另一方面是衍射线束的强度，它取决于原子在晶胞中的位置。因此，X 射线衍射分析是通过衍射现象来分析晶体内部的结构。

对解剖高炉所取得的 8 号风口回旋区部位第一层 1 号、3 号，第三层 1 号、3 号，第五层 1 号、3 号中间渣进行 XRD，结果如图 5-46~图 5-51 所示。

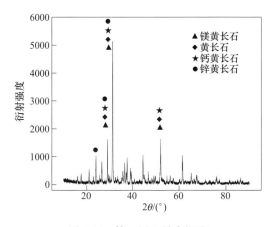

图 5-46　第一层 1 号中间渣

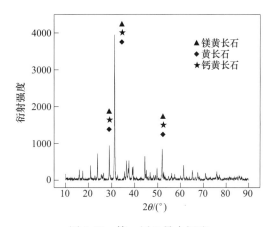

图 5-47　第一层 3 号中间渣

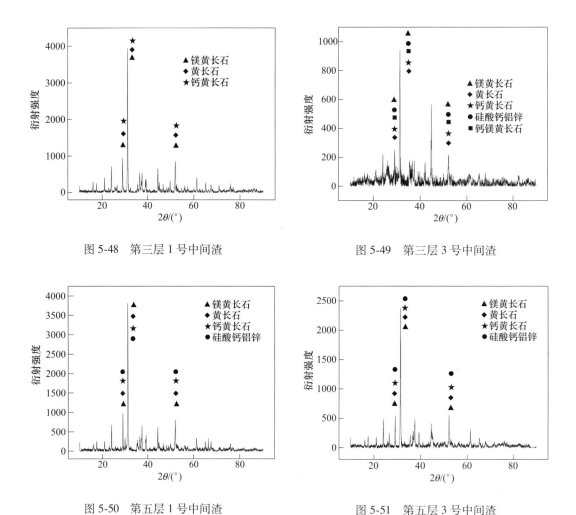

图 5-48   第三层 1 号中间渣   图 5-49   第三层 3 号中间渣

图 5-50   第五层 1 号中间渣   图 5-51   第五层 3 号中间渣

分析可知，莱钢解剖高炉风口回旋区中间渣第一层主要由黄长石类矿物组成，包括镁黄长石、钙黄长石、黄长石，另外还出现了锌黄长石；第三层中间渣矿物组成也是以黄长石类矿物为主，包括黄长石、镁黄长石、钙黄长石、钙镁黄长石，除此之外，XRD 结果显示还有一种硅酸钙锌镁（化学名 Calcium Zinc Aluminum Silicate，分子式为 $[Ca_{0.97}Zn_{0.03}]_2[Al_{0.63}Zn_{0.37}][Si_{0.69}Al_{0.31}]_2O_7$）；第五层中间渣矿物组成与第三层中间渣矿物组成相似，没有特别的矿物出现。

综上对于中间渣的研究表明：（1）在风口回旋区，中间渣的成分发生很大的变化，其中 SiO_2、Al_2O_3 含量呈上升趋势，而 FeO 含量呈减少趋势，这是由于炉料到达风口回旋区后与这里的煤气和焦炭发生反应，同时还吸收了焦炭灰分及煤气中携带的物质，随着温度升高，化学成分和物理性质将不断发生变化；（2）风口回旋区中心气流发展，煤粉在风口回旋区燃烧以后，大部分随煤气沿高炉中间部分上升，而边缘气流很小造成的，这导致各层炉渣 1 号、3 号渣样的碱度、熔点、流动性、熔化性温度均相差较大；（3）在风口回旋区，炉渣的碱度和熔点继续降低，炉渣呈现很好的流动性。

5.3.3 终渣冶金性能研究

中间渣下达风口水平，其成分还要发生一重大变化。风口区、焦炭和喷吹煤粉燃烧后的灰分也会参与造渣，使渣中 Al_2O_3、SiO_2、CaO 和 MgO 等化学成分都发生了重大变化，其性能也发生了很大变化。

终渣的成分对调整生铁成分及控制铁水质量作用显著，而且对炉缸、风口、渣口的维护作用也很大，终渣应是预期的理想炉渣，若有不当，应在实践中通过配料调整，使其达到适宜成分。

实验对莱钢解剖高炉渣层中的现场渣进行了实验分析，以此了解高炉炉渣在到达渣铁层后的成分变化和性能变化，并对其进行分析解释。

5.3.3.1 渣层取样

莱钢 $125m^3$ 解剖高炉的渣层高度为 900mm，渣层表面位于风口平面下 1m 处，下表面距离渣口中心线约 350mm，表面比较平坦，渣口处较深。如图 5-52 所示。

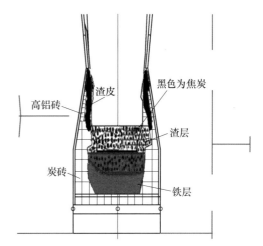

图 5-52　莱钢高炉渣面及渣层示意图

在对渣层进行取样时，从 1 号—5 号风口方向按直径等距离取样 5 个，高度上分为 3 层，每层高 300mm，共 15 个渣样。在实验中选取每层的 1 号、2 号和 4 号渣样进行实验分析。

5.3.3.2 终渣化学成分分析

终渣的化学成分及其碱度见表 5-9。

表 5-9　终渣化学成分（%）及其碱度

渣样	SiO_2	CaO	MgO	Al_2O_3	R_2	R_4
1 层 1 号	29.95	35.87	8.03	21.02	1.20	0.86
1 层 2 号	28.07	41.37	8.44	15.68	1.47	1.14
1 层 4 号	26.39	34.03	7.78	25.3	1.29	0.81
2 层 1 号	30.24	37.54	8.23	18.11	1.24	0.95

渣样	SiO$_2$	CaO	MgO	Al$_2$O$_3$	R_2	R_4
2 层 2 号	29.29	42.26	8.99	16.34	1.44	1.12
2 层 4 号	29.54	42.76	9.18	16.17	1.45	1.14
3 层 1 号	29.44	42.39	8.87	17.23	1.44	1.10
3 层 2 号	29.09	41.96	9.17	16.14	1.44	1.13
3 层 4 号	28.96	42.77	9.34	16.24	1.47	1.15

根据表 5-9 中的终渣的碱度可以得到图 5-53 和图 5-54。

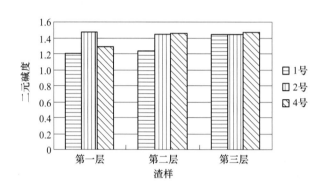

图 5-53　终渣二元碱度比较

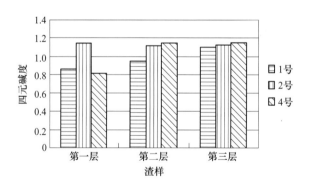

图 5-54　终渣四元碱度比较

从图 5-53 和图 5-54 可以看出，各渣层中的 2 号渣样的碱度很平稳，基本没有发生什么变化；从化学成分上看，其 SiO$_2$ 和 CaO 含量均没发生变化，说明在渣层的 2 号位置炉渣的成分很稳定；各渣层中的 1 号和 4 号炉渣的碱度随高度的下降呈增大的趋势，这是由于 CaO 含量增加而导致的；三层炉渣中 3 个位置渣样的碱度基本一致，说明炉渣下降到最底层渣层时，成分已经基本达到均匀。

5.3.3.3　终渣熔化温度的研究

高炉冶炼时，要想得到出炉温度高的"热"铁，除需保证足够高的燃烧温度外，炉渣有适当高的熔化温度也是必要的。莱钢高炉渣层中炉渣的熔化温度见表 5-11。

从表5-10中软化温度的比较可以看出，渣层里面炉渣的熔化温度基本稳定，并无明显变化，这是因为终渣的成分已基本稳定。

表 5-10 终渣熔化温度 (℃)

渣样	变形温度	软化温度	半球温度	流动温度
一层 1 号	1215	1280	1315	1355
二层 1 号	1285	1295	1305	1325
三层 1 号	1215	1280	1315	1355

5.3.3.4 终渣流动性研究

根据实验得到终渣各渣样的黏度，见表5-11。

表 5-11 终渣黏度实验结果 (Pa·s)

渣样	1470℃	1440℃	1410℃	1380℃	1350℃
一层 1 号	0.771	0.953	1.241	1.632	2.277
一层 2 号	0.485	0.605	0.751	1.003	1.305
一层 4 号	1.044	1.535	1.869	2.521	3.522
二层 1 号	0.612	0.736	0.937	1.211	1.642
二层 2 号	0.372	0.542	0.739	0.939	1.899
二层 4 号	0.375	0.456	0.635	0.801	1.397
三层 1 号	0.554	0.689	0.849	1.501	
三层 2 号	0.539	0.646	0.809	1.102	
三层 4 号	0.474	0.588	0.758	0.984	

图 5-55 和图 5-56 所示为终渣各渣样的黏度比较。

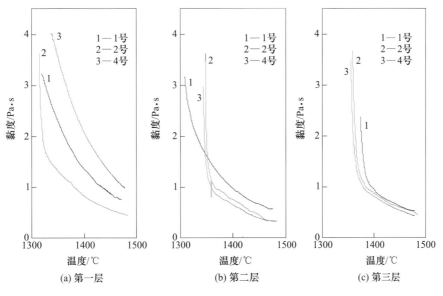

(a) 第一层　　　　(b) 第二层　　　　(c) 第三层

图 5-55 终渣黏度比较

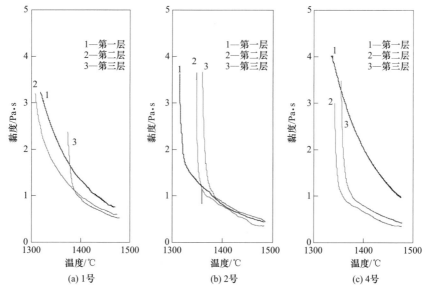

图 5-56　终渣黏度比较

从图 5-55、图 5-56 可以看到，对于终渣流动性，第一层渣样的黏度-温度曲线比较平滑，表现出长渣的特点；第三层渣样的黏度-温度曲线均出现转折点，表现出短渣的特点；第二层渣过渡。这是由于渣层随高度下降 CaO 含量逐渐增多而导致了碱度逐渐增大的原因；从第一层渣到第三层渣，其各个渣样的黏度值相差越来越小，到第三层渣时，1 号、2 号和 4 号渣样的黏度值相差很小，变化趋势基本一致。这是因为随高度下降各渣层中的成分逐渐变得更加均匀；第一层炉渣的黏度大于另外两层炉渣的黏度，第二层和第三层没有明显的规律。根据炉渣黏度的成分分析变化得知，这主要是由于第一层炉渣中 Al_2O_3 含量较多而引起的。

终渣的熔化性温度见表 5-12。

表 5-12　终渣各渣样的熔化性温度

渣样	一层1号	一层2号	一层4号	二层1号	二层2号	二层4号	三层1号	三层2号	三层4号
T_m/℃	1347	1326	1352	1334	1358	1353	1384	1373	1369

终渣的各层的熔化性温度比较如图 5-57 所示。

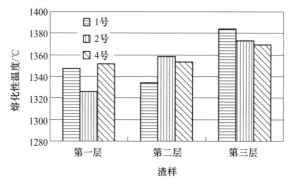

图 5-57　终渣各层熔化性温度比较

从图 5-57 可以看出，终渣第三层的熔化性温度大于第一、二层的熔化性温度；2号、4 号渣样的熔化性温度都呈增大趋势。总体来说，渣层内熔化性温度随高度的降低而升高。

总结以上分析可知，炉渣到达渣铁层后，成分基本稳定，变化不大。其中 CaO、MgO 呈上升趋势，Al_2O_3 呈下降趋势，导致炉渣碱度呈现上升趋势；终渣的熔化温度已经基本恒定，在 1285℃左右；终渣渣层上部炉渣黏度较大，在不同径向位置炉渣性能相差也比较大；随着高度下降，炉渣黏度变小，在同一高度不同径向各点炉渣性能相差变小；与铁层接触位置炉渣黏度最小，并且各径向位置炉渣黏度和熔化性温度基本无差别；终渣在最下面的第三层时，与上面两层时表现出的不同位置之间碱度、流动性以及熔化性温度之间的差异基本消失，此时炉渣表现出的冶金性能基本稳定。

5.4　小结

（1）软熔带中的烧结矿和球团矿的还原度随着高炉高度的降低均呈增加的趋势。其中，烧结矿的还原性要好于球团矿的还原性；金属化率的变化与还原度的变化基本一致。

（2）随着高炉高度的降低，C 的含量大致呈先增后降趋势；炉腹部位铁滴中含硫量较高，达 0.16%左右，远远高于生铁含硫量。随高炉高度的降低，温度升高，脱硫不断改善，生铁含硫不断下降。但到炉缸中后仍很高，约 0.12%；MnO 的还原主要在高温区域进行，高温区铁水中 Mn 的含量迅速增加。随着高度的降低，渣中 SiO_2 的含量增加，CaO 的含量降低，Al_2O_3 的含量先增加后降低，MgO 先降低后增加，K_2O+Na_2O 含量增加。

（3）铁矿石在炉内开始软熔时形成的渣即为高炉初渣，主要由矿石的脉石及尚未还原的 FeO、MnO 等组成。初渣在滴落过程中与不断上升的煤气以及周围的焦炭和未燃煤粉反应，FeO、MnO 等物质被还原，与铁粒分离开始滴落，形成中间渣。终渣中主要组元为 CaO、SiO_2、MgO 和 Al_2O_3，控制其在合理的范围内，对改善终渣的流动性和提高脱硫能力有重要的作用。

参 考 文 献

[1] 邓守强. 高炉内渣铁形成过程 [J]. 钢铁, 1982 (11): 72.

[2] 张芳, 安胜利, 罗果萍, 等. 高炉初渣及中间渣软熔性质的研究 [J]. 钢铁钒钛, 2014, 35 (5): 98.

[3] 傅连春, 毕学工, 冯智慧, 等. 高炉初渣形成过程及其性能优化研究 [J]. 武汉科技大学学报, 2008, 31 (2): 113.

[4] 何环宇, 王庆祥, 曾小宁. MgO 含量对高炉炉渣黏度的影响 [J]. 钢铁研究学报, 2006, 18 (6): 11.

[5] 刘云彩. MgO 对炉渣黏度的影响 [J]. 中国冶金, 2016, 26 (1): 2.

[6] 沈峰满, 郑海燕, 姜鑫, 等. 高炉炼铁工艺中 Al_2O_3 的影响及适宜 $w(MgO)/w(Al_2O_3)$ 的探讨 [J]. 钢铁, 2014, 49 (1): 1.

[7] 孙忠贵. 氧化镁对高铝渣稳定性的影响 [J]. 钢铁, 2014, 49 (4): 18.

[8] 王筱留. 钢铁冶金学: 炼铁部分 (第 2 版) [M]. 北京: 冶金工业出版社, 2000.

［9］ Joo H P, Dong J M, Hyo S. Amphoteric Behavior of Alumina in Viscous Flow and Structure of CaO-SiO$_2$ (-MgO)-Al$_2$O$_3$ Slags ［J］. Metall Mater Trans B, 2004, 42B：269.

［10］ 龙防, 徐方, 赵颖. 高炉高 Al$_2$O$_3$炉渣冶炼综合分析 ［J］. 冶金能源, 2009, 28 (2)：21.

［11］ Hyuk K, Hiroyuki M, Fumitaka T, et al. Effect of Al$_2$O$_3$ and CaO/SiO$_2$ on the viscosity of calcium-silicate-based slags containing 10 mass pct MgO ［J］. Metall Mater Trans B, 2013, 44B：5.

［12］ 邹祥宇, 张伟, 王再义, 等. 碱度和 Al$_2$O$_3$ 含量对高炉渣性能的影响 ［J］. 鞍钢技术, 2009 (4)：20.

6 解剖高炉内有害元素行为研究

高炉中的有害元素主要有钾、钠、锌、铅、硫、磷、砷、氟、锡、铜和钛等，其中部分有害元素如砷、铜等主要是对后续的炼钢过程产生影响。高炉中有害元素含量低，不仅能够冶炼出优质生铁、降低燃料消耗、提高经济效益，而且对延长高炉寿命也意义重大。高炉中的有害元素会对原燃料的冶金性能、耐火材料性能等产生一定的负面影响，甚至使高炉结瘤结厚，造成高炉生产失常等。因此明确高炉中有害元素的冶炼行为，就能从理论角度寻求减轻有害元素对高炉生产的危害程度，取得一定的经济效益，同时延长高炉寿命。然而，高炉作为一个较为复杂的炼铁单元，很难通过试验手段真正掌握有害元素在高炉中的冶炼行为，因此高炉停产后的解剖就成为一种最为直接的研究高炉中有害元素行为的方法。高炉解剖能够获悉有害元素在高炉不同区域以及不同物料中的富集状态和分布情况，进而明确有害元素在高炉中的行为，对原燃料、耐火材料的影响，以及在炉内的循环富集状况。

6.1 碱金属分布及行为研究

6.1.1 碱金属及碱化物的性质

化学元素周期表中第 I$_A$ 族元素中的 Li、Na、K、Rb、Cs、Fr 的氢氧化物均为易溶于水的强碱，故称为碱金属。由于对高炉冶炼有重要影响的碱金属元素主要是钾和钠，故碱金属专指钾、钠或钾、钠的化合物。碱金属单质的性质见表 6-1。

表 6-1 碱金属单质的性质

元素	价电子层结构	熔点/℃	沸点/℃	密度（20℃）/g·cm^{-3}
钾	3s^1	97.83	883	0.97
钠	4s^1	63.25	758	0.82

碱金属和其他金属一样，具有金属光泽，良好的导热性、导电性和延展性。但碱金属密度小，熔点和沸点也很低。碱金属原子的电子结构为 3s^1、4s^2 型，其外层电子极易失去而生成稳定的正离子。所以，在自然界中不存在碱金属的单质，它们常以复杂硅酸盐的形式存在于各种矿石中，如正长石、钠长石、白榴石、正方钾石、芒硝、黑云母、白云母、角闪石、斜长石、铁海泡石、霓石、云母及海绿石等。通常这些复杂化合物在铁矿石中的含量并不多，但通过一般的选矿过程不容易将它们去除掉，常规的烧结和球团矿工艺去除的碱金属也很少，因此很难将矿石中的碱金属含量降低到不危害高炉冶炼过程的程度[1]。

随铁矿石和焦炭进入高炉的碱金属，其含量及矿物种类随来源不同而有很大的差别。我国新疆高炉所用的雅满苏铁矿是一种碱金属含量相当高的矿石，碱金属主要是以硅酸盐形式存在，有相当一部分以芒硝形式存在；而包钢高炉所用的白云鄂博矿是一种特殊的复合矿，含有氟、铌、钾、钠等 72 种元素及 30 多种矿物，其中对高炉冶炼影响最大的是氟和碱金属。在高炉冶炼过程中，碱金属通常以氧化物、碳酸盐、硅酸盐、氰化物的形式存在，因而研究它们的热力学性质，对于分析碱金属在高炉中的行为至关重要。

（1）碱金属氧化物。纯 Na_2O 在 1132℃ 熔化，而 K_2O 的熔点尚未确定。固体 K_2O 约在 881℃ 分解为钾蒸气和氧气。在 101kPa 下，温度高于 815℃ 时，纯 K_2O 会被碳生成为钾蒸气和一氧化碳；同样，Na_2O 被还原温度约为 1000℃。

$$K_2O + CO(g) = 2K(g) + CO_2(g) \tag{6-1}$$

$$Na_2O + CO(g) = 2Na(g) + CO_2(g) \tag{6-2}$$

由反应式（6-1）、反应式（6-2）可以看出，碱金属蒸气的分压取决于 CO/CO_2。沿高炉高度方向上的煤气取样分析结果表明，在 800℃（刚好接近钾的沸点时），CO/CO_2 约为 2.8，钾的平衡蒸气压为 55.6kPa，表明氧化钾在炉身能够迅速被还原。同样，对 Na_2O 的类似计算可以得出在 1000℃ 钠蒸气的分压为 6.06kPa，所以在炉身区域 Na_2O 比 K_2O 稳定。

（2）碱金属碳酸盐。Na_2CO_3 与 K_2CO_3 的熔点分别是 850℃ 和 901℃。在高炉内，碱金属碳酸盐比其氧化物更稳定，纯碱金属碳酸盐在 101kPa 下，温度达到 1200℃ 之前不会被 CO 还原。当碱金属蒸气的分压较低时，还原反应可能在温度低于 1200℃ 时发生。

$$K_2CO_3 + CO(g) = 2K(g) + 2CO_2(g) \tag{6-3}$$

计算结果表明，在 800℃ 钾蒸气的分压为 1kPa，可以认为 K_2CO_3 在 900℃ 以下呈稳定状态。因此，在温度低于 900℃ 的高炉上部区域，碳酸钾和碳酸钠均可由其单质的蒸气形成，反应如下：

$$4K(Na) + 2C + 3O_2 = 2K_2CO_3(Na_2CO_3) \tag{6-4}$$

由于上述固体碱金属碳酸盐直接由气相形成，故其粒度很小，有一部分会被煤气流带走，另一部分则沉积在炉料上随炉料下降，在到达高温区后又重新分解为碱金属蒸气。

（3）碱金属硅酸盐。在 101kPa 下，温度高于 1550℃ 时，碳能还原 K_2SiO_3 生成钾蒸气和二氧化硅（或硅）。反应式如下：

$$K_2SiO_3 + C = 2K(g) + SiO_2 + CO(g) \tag{6-5}$$

$$2K_2SiO_3 + 6C = 4K(g) + 2Si + 6CO(g) \tag{6-6}$$

Na_2SiO_3 相应的还原温度为 1700℃，复杂碱金属硅铝酸盐的还原将更困难。因此，在高炉中碱金属硅酸盐还是比较稳定的，一般很难将其还原。

（4）碱金属氰化物。高炉原燃料中本身并不存在 KCN 或 NaCN 等有毒物质。但在高炉高温区却能够通过下列反应形成碱金属氰化物：

$$2K(g) + 2C + N_2(g) = 2KCN(g) \tag{6-7}$$

$$2K(g) + 2C + N_2(g) = 2KCN(l) \tag{6-8}$$

$$2Na(g) + 2C + N_2(g) = 2NaCN(g) \tag{6-9}$$

$$2Na(g) + 2C + N_2(g) = 2NaCN(l) \tag{6-10}$$

KCN 在 622℃ 熔化，1625℃ 气化；NaCN 在 562℃ 熔化，1530℃ 气化。因此在风口区碱金属氰化物能以气态的形式存在，并随煤气流向上运动，当温度降低后便转变为液态。所以在高炉炉身下部、炉腰、炉腹和炉缸区域，碱金属氰化物完全可能以液体的形式存在。

为明晰上述碱金属及碱化物在高炉内的行为，还应了解它们的相对稳定性。

在氧势图中，由于硅与碱金属氰化物形成碱金属硅酸盐的反应，高炉冶炼温度下均低于 CO 线，因此碱金属氰化物不如碱金属硅酸盐稳定，当有 SiO_2 存在时，会消耗碱金属氰化物生成碱金属硅酸盐。

此外，在较高温度下，碱金属氰化物转变为碱金属氧化物的反应均高于 CO 线，所以碱金属氧化物不如碱金属氰化物稳定；当温度低于 1100℃ 时，能消耗碱金属氰化物生成碱金属碳酸盐；在低温区，碱金属氰化物的氧化是通过 CO_2 进行的，反应如下：

$$2KCN(g) + 4CO_2 === K_2CO_3(g) + N_2 + 5CO \qquad (6-11)$$

由以上讨论可以得出各种碱化物的稳定性顺序依次为：硅酸盐>碳酸盐>氰化物>氧化物[2-8]。

6.1.2　碱金属在高炉内的行为

6.1.2.1　碱金属的危害

随着钢铁工业的发展、高炉冶炼技术的进步，解决了诸多影响高炉正常生产的难题，而碱金属对高炉冶炼的危害逐渐凸显出来。我国大型钢铁公司，如宝钢、武钢、包钢、酒钢，中型钢铁企业，如昆钢、涟钢、新疆八一钢铁公司，都经受过碱金属的危害，部分国外高炉也发现了碱金属的危害[9-11]。碱金属对高炉的危害主要表现在：

（1）提前并加剧 CO_2 对焦炭的气化反应，缩小了间接还原区，扩大了直接还原区，进而引起焦比升高；降低焦炭的粒度和强度，从而降低料柱，特别是软熔带气窗的透气性，引起风口破损。

（2）使烧结矿中温还原粉化率升高；导致球团矿产生异常膨胀（甚至产生灾难性膨胀），使其强度降低，粉化率剧增，给高炉冶炼带来不利的影响。

（3）引起硅铝质耐火材料异常膨胀，热面剥落和严重侵蚀，从而大大缩减高炉内衬寿命，严重时还会胀裂炉缸、炉底钢壳。

（4）在碱金属富集严重的高炉内，矿石的软熔温度降低，焦炭破损严重，气流分布失常或冷却强度过大，从而造成高炉中、上部结瘤。

（5）使高炉料柱透气性恶化，压差梯度升高，引起高炉崩料、悬料。

6.1.2.2　高炉内碱金属的循环富集

由碱金属及碱化物的性质分析可知，在高炉的中上部，以复杂硅酸盐形式进入高炉的碱金属是很稳定的，当进入高温区后，能按式（6-5）和式（6-6）被还原。由于煤气的高速运动，高炉内达不到碱金属的平衡蒸气压，因此只有少部分碱金属硅酸盐参加反应，生成的碱蒸气随着煤气流向上运动。又因为鼓风中的氮含量很高（78%），高炉内的任何高度区域都具有较高的氮势，所以在高温区产生的碱金属蒸气离开风口区以后，可能按式（6-7）~式（6-10）与氮反应生成碱金属氰化物蒸气，并随煤气流向上运动，煤气进入氧化性很强的炉身中上部时，碱金属单质及氰化物蒸气将分别按反应式（6-4）及反应式（6-11）生成更加稳定的 K_2CO_3 和 Na_2CO_3，新产生的 K_2CO_3 和 Na_2CO_3 由于是碱金属蒸气及碱金属氰化物的小液滴形成的，故大部分将以烟尘的形式逸出。

携带着碱金属单质、氰化物和碳酸盐的高炉煤气在自下而上的运动过程中，上述碱金属及碱化物会沉积在内衬和炉料上，而来不及反应和沉积的碱金属及碱化物则随煤气和炉尘从炉顶逸出，大部分未还原的碱金属硅酸盐则随炉渣排出。

沉积在炉衬上的碱金属及碱化物会通过孔隙渗入砖衬，并对其进行侵蚀，沉积在炉料上的碱金属及碱化物到达高炉高温区后又将挥发。挥发的碱金属及碱化物又重新汇入向上运动的煤气流，这个过程不断循环往复，最终导致碱金属及碱化物在高炉内的富集，进而严重危害高炉正常生产过程。

碱金属在高炉内的循环富集已被国内外大量的高炉解剖及高炉取样分析研究所证实。日本通过高炉解剖研究发现，在块状带碱金属富集到入炉前的 2 倍，高炉内碱金属的分布与温度及软熔层的分布一致；我国首钢试验高炉解剖研究发现，在炉身边缘及中心区域，烧结矿和焦炭的碱金属含量剧增，炉身下部区域沿半径方向，碱金属含量普遍增加，在炉腹区域达到最大值，随后又逐渐下降，而且高炉内炉料的碱金属含量与高炉内煤气的分布有密切关系：煤气量分布越多的地方，炉料的碱金属含量越高；我国包钢通过取样分析，也发现铁矿石中的碱金属出现不同程度的富集[12-15]。

6.1.3 莱钢解剖高炉碱金属平衡分析研究

高炉的碱负荷一般是指生产每吨铁由炉料带入的碱金属总量（kg/tHM），有时也可以用生产每吨炉渣由炉料带入的碱金属的总量（kg/t 渣）来表示。一般而言，高炉内的碱负荷越高，给高炉冶炼带来的危害也越严重。

碱金属平衡是高炉冶炼过程中入炉的碱负荷和排出的碱金属量的明细表。高炉中的碱金属主要是由铁矿石和焦炭带入的，排出主要是通过炉渣。但是炉渣的排碱能力受多方面因素的限制，如炉渣碱度，渣中 SiO_2、MgO 含量等。炉渣排碱能力强的时候可以排出入炉碱量的 95%，差的时候却只有 65% ~ 80%；从炉顶煤气及炉尘排出的碱金属量少且波动小，波动范围一般小于 5%。当炉渣的排碱能力降低时，剩余的碱金属将会在高炉内循环富集，给高炉冶炼带来种种危害。因此，高炉碱害取决于滞留在高炉内循环富集的碱金属量的多少。

如果高炉内的碱金属不能有效排出，就必然会在高炉内不断循环富集，从而给高炉冶炼带来一系列的不利影响。这些不利影响有的是直接的，如碱金属循环富集对料柱透气性的不利影响以及碱金属对高炉内衬的侵蚀等；而有的是间接的，如由于碱金属的作用，使烧结矿、球团矿及焦炭的冶金性能变坏（如体积膨胀、强度降低、粉末增多等）而产生的对高炉冶炼的不利影响。因此，有效排出高炉内的碱金属，尽量控制好自身的碱金属平衡，对每一座高炉的正常冶炼而言至关重要。

莱钢 3 号 125m³ 高炉碱金属收入项为烧结矿、球团矿、焦炭、喷吹煤粉；支出项为铁水、重力灰、瓦斯泥、炉渣。各项化学分析结果见表 6-2。

表 6-2 莱钢 3 号 125m³ 高炉各原燃料、产出物中碱金属含量

项 目		钾含量/%	钠含量/%
收入项	烧结矿	0.093	0.131
	球团矿	0.097	0.129
	焦炭	0.024	0.152
	喷吹煤粉	0.047	0.132

项 目		钾含量/%	钠含量/%
支出项	铁水	0.007	0.001
	炉渣	0.424	0.597
	除尘灰	0.128	0.159
	污泥	0.108	0.144

从各项的化学分析结果可以看出:

(1) 收入项中,各项钾含量均低于 0.1%。其中,焦炭和煤粉的钾含量分别为 0.024% 和 0.047%,处于较低水平。

(2) 莱钢高炉原燃料中的钠含量高于钾含量,烧结矿、球团矿、焦炭、煤粉中的钠含量都超过了 0.1%;尤以焦炭中的钠含量最高,达到 0.15%。

(3) 支出项中炉渣碱金属含量最高,钾、钠含量均达到 0.5% 左右;其次是除尘灰和污泥,除尘灰较污泥中碱金属含量要高。

(4) 铁水中的钾、钠含量均较低,对后续炼钢过程有利。

高炉系统碱金属平衡计算分析见表 6-3。

表 6-3 高炉系统碱金属平衡计算

项 目		钾		钠	
		总量/kg·tHM^{-1}	所占比例/%	总量/kg·tHM^{-1}	所占比例/%
收入项	烧结矿	1.074	65.68	1.517	52.50
	球团矿	0.414	25.30	0.550	19.03
	焦炭	0.114	6.99	0.730	25.27
	喷吹煤粉	0.033	2.02	0.093	3.21
	合计	1.635	100.00	2.890	100.00
支出项	铁水	0.070	4.05	0.010	0.43
	炉渣	1.637	94.66	2.304	98.3
	除尘灰	0.012	0.67	0.014	0.61
	污泥	0.011	0.62	0.014	0.62
	合计	1.730	100.00	2.343	100.00

注:绝对误差:K 为 -0.0957,Na 为 0.547。相对误差:K 为 5.8%,Na 为 18.9%。

高炉碱金属收入项平衡图如图 6-1 和图 6-2 所示。

从以上莱钢高炉碱金属平衡计算可以看出:

(1) 高炉中的钾、钠均主要由烧结矿带入,带入比例分别达到 65.68% 和 52.5%,由此可以看出,要想降低高炉碱金属入炉量,最先考虑的应是控制烧结矿的碱金属含量。

(2) 球团矿、焦炭中钠含量较高,用量也较多,分别带入 19.03% 和 25.27% 的 Na,因此适当控制球团矿和焦炭中的钠含量也是减轻高炉碱负荷的有效途径。

(3) 喷吹煤粉带入 2.0% 的钾和 3.2% 的钠,碱金属所占比例较小,单从碱金属方面而言是较理想的喷吹用煤粉。

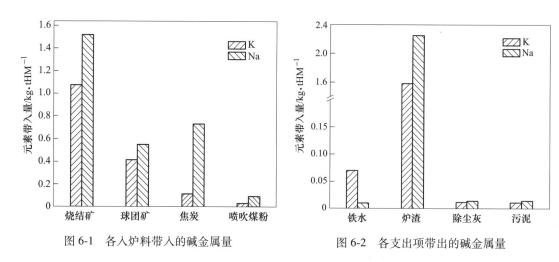

图 6-1 各入炉料带入的碱金属量   图 6-2 各支出项带出的碱金属量

（4）炉渣中钠、钾含量占高炉产物总钠、钾含量的 98.3% 和 94.7%，可见炉渣是高炉碱金属排出的主要途径，增大炉渣中碱金属的分配系数，有效利用炉渣排出碱金属，可有效控制碱金属在高炉内的富集量。

从莱钢高炉的收入项计算可以得出莱钢 3 号 125m^3 高炉碱负荷（碱负荷为 M$_2$O 的入炉量）为：

$$\frac{1635}{\dfrac{39 \times 2}{39 \times 2 + 16}} + \frac{2890}{\dfrac{23 \times 2}{23 \times 2 + 16}} = 5865.6 \mathrm{g/tHM}$$

与全国碱负荷平均水平 3~4kg/tHM 相比，高出 45%~60%，处于较高水平。

6.1.4 莱钢解剖高炉内碱金属分布研究

6.1.4.1 高炉块状带中碱金属的分布研究

A 块状带中钠含量分布

由图 6-3~图 6-5 中烧结矿、球团矿、筛下物中 Na$_2$O 沿高炉高度方向上分布状况可以看出，高炉块状带中 Na$_2$O 分布主要有以下几个特点：

（1）沿着高炉高度方向，从上至下炉料中 Na$_2$O 含量逐渐增加；

（2）炉身下部 Na$_2$O 含量明显增加；

（3）边缘样点较中心样点的 Na$_2$O 含量稍高；

（4）筛下物的 Na$_2$O 含量远高于其余金属料。

B 块状带中 K 含量分布

由图 6-6~图 6-8 中烧结矿、球团矿、筛下物中 K$_2$O 沿高炉高度方向上分布状况可以看出，高炉块状带中 K$_2$O 分布主要有以下几个特点：

（1）炉料中的 K$_2$O 含量高于 Na$_2$O 含量；

（2）随着高炉高度降低 K$_2$O 含量逐渐增加，炉身下部 K$_2$O 含量明显增加；

（3）边缘样点比中心样点的 K$_2$O 含量稍高；

（4）筛下物的 K$_2$O 含量高于其余金属料。

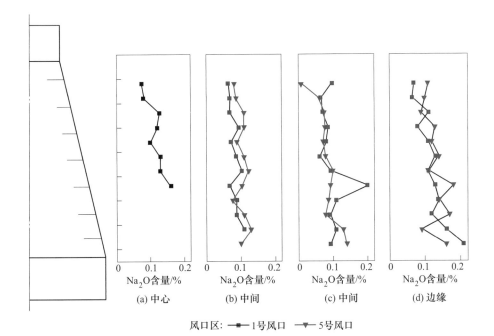

风口区：■—1号风口 ▼—5号风口

图 6-3 沿高炉高度块状带球团矿中 Na$_2$O 含量分布曲线

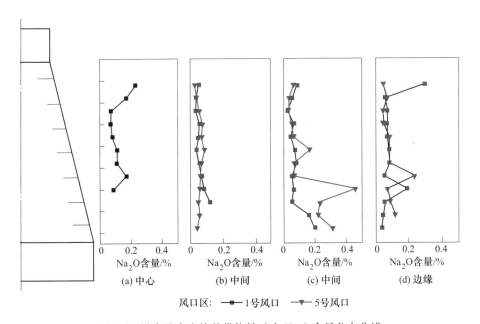

风口区：■—1号风口 ▼—5号风口

图 6-4 沿高炉高度块状带烧结矿中 Na$_2$O 含量分布曲线

由图 6-9 可见，烧结矿、球团矿、焦炭及筛下物中，筛下物中钠含量最多，说明粉料中碱金属含量较多，碱金属可能是产生炉料粉化的一个重要因素。此外第一层中，筛下物样品 Na 含量存在一定误差，可能是炉喉部位炉瘤及其上升管中的炉尘掉入炉料中，从而导致 Na 含量异常升高。

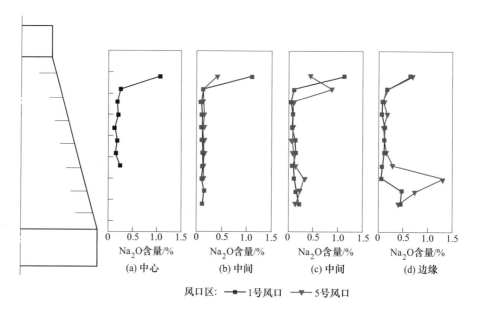

图 6-5 沿高炉高度块状带筛下物中 Na$_2$O 含量分布曲线

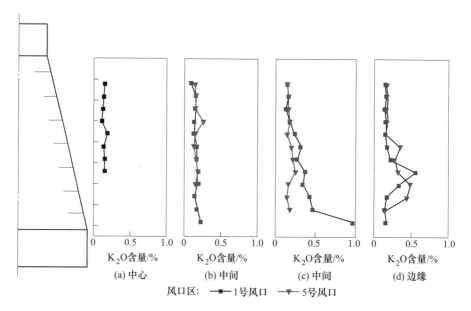

图 6-6 沿高炉高度块状带球团矿中 K$_2$O 含量分布曲线

6.1.4.2 高炉软熔带中碱金属的分布研究

由图 6-10、图 6-11 可以看出，在块状带上部的第一、二层中 K$_2$O、Na$_2$O 含量较高，这是因为炉顶上升管中黏结的炉瘤掉落到了上层的炉料中。1 号样点代表高炉边缘烧结矿中 K$_2$O、Na$_2$O 含量变化，可以看出随着高炉高度的降低，烧结矿中的 K$_2$O、Na$_2$O 含量在炉身下部（标高 9000mm 左右）块状带中开始则增加，到软熔带后增加更为明显。但对比 4 号、6 号样点可以看出，在高炉的中间和中心部位烧结矿中的 K$_2$O、Na$_2$O 含量在块状带

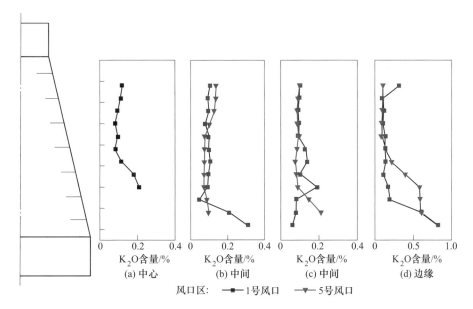

图 6-7 沿高炉高度块状带烧结矿中 K_2O 含量分布曲线

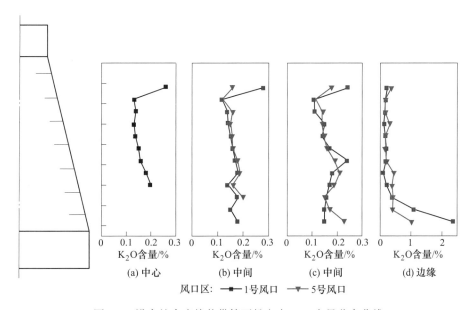

图 6-8 沿高炉高度块状带筛下粉末中 K_2O 含量分布曲线

中一直变化不大，到了软熔带才有所增加。

由图 6-12、图 6-13 可以看出，在块状带随高炉高度的降低，炉料中的 K_2O、Na_2O 含量变化不大，只是在块状带下部 K_2O、Na_2O 含量有所增加。在软熔带随高炉高度的降低，炉料中的 K_2O、Na_2O 含量增加较为明显。对比块状带和软熔带中的 K_2O、Na_2O 含量可以看出，软熔带中的 K_2O、Na_2O 含量明显高于块状带。

由以上碱金属及其化合物的热力学性质和炉料中的 K_2O、Na_2O 含量变化可以推断出

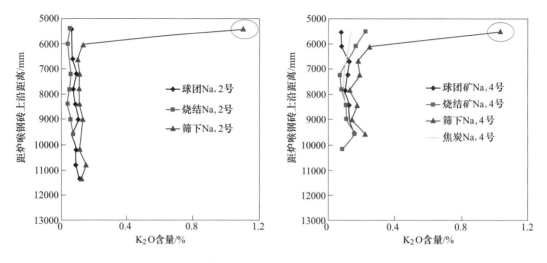

图 6-9 烧结矿、球团矿、筛下物中钠含量对比

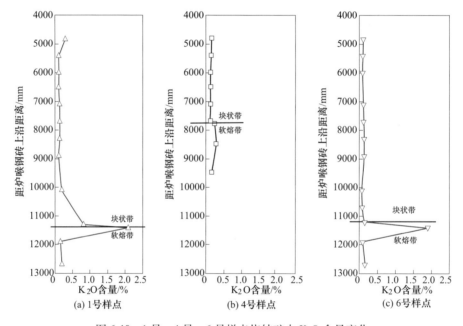

图 6-10 1 号、4 号、6 号样点烧结矿中 K_2O 含量变化

碱金属在高炉内形成了循环富集。在炉腰、炉腹（软熔带第七、八层）碱金属富集的原因为：

（1）碱金属氰化物的液化。软熔带外层温度大约为 1100℃，内层温度为 1400℃。氰化钾气化温度为 1625℃，氰化钠气化温度为 1530℃。碱金属氰化物在高温区气化后随煤气流上升到低温区液化，沉积在炉料上，因为软熔带第七、八层接近炉墙的边缘部，所以使得其更容易沉积在炉衬上。

（2）高炉内炉料的碱金属含量与高炉内煤气有密切关系：温度越高，煤气量分布越多的地方，炉料的碱金属含量越高。软熔带第七、八层接近炉墙的边缘部，由于边缘效应，煤气流大，碱金属含量高。

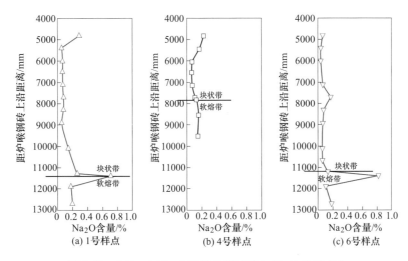

图 6-11　1 号、4 号、6 号样点烧结矿中 Na$_2$O 含量变化

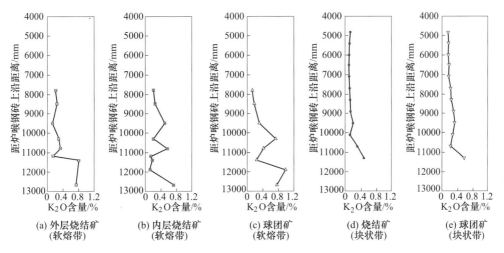

图 6-12　软熔带与块状带 K$_2$O 平均含量对比

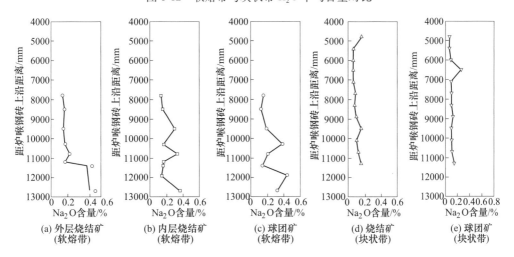

图 6-13　软熔带与块状带 Na$_2$O 平均含量对比

6.1.4.3 凉炉"冷却水"中碱金属分布状况

为了考察生产状态下炉内的冶炼过程,对高炉解剖时采取打水冷却的方式。打水凉炉冷却的具体操作如下:

(1) 2007 年 12 月 18 日 12:00 采用 8 根带孔的直管对高炉进行打水冷却,根据炉顶蒸汽放散量的大小控制打水量。

(2) 18 日 15:15 渣口见水流出开始取样,前期每隔 15min 取一次水样,后期为 30min,记录好取样时间、水样温度、水量,并保管好水样。

(3) 到 2007 年 12 月 24 日打水结束,共计打水 602t,出水温度降到 24℃。入水温度 16.5℃,渣口出水温度比炉顶打水温度高 10~20℃时停止打水,凉炉完毕。

对凉炉过程中所取水样进行化学分析,由化验结果可知,凉炉用冷却水中含有大量的溶解元素,其中包括一定量的碱金属,碱金属与取水时间的关系如图 6-14 所示。

由图 6-14 可见,水样中带出一定量的碱金属,使得解剖高炉样品中碱金属含量偏低,水样中钾含量高于钠含量,而入炉原料中钾负荷小于钠负荷,可见高炉冷却用水对钾的溶解能力大于钠,高炉内部炉料中钾的损失量大于钠的损失量。

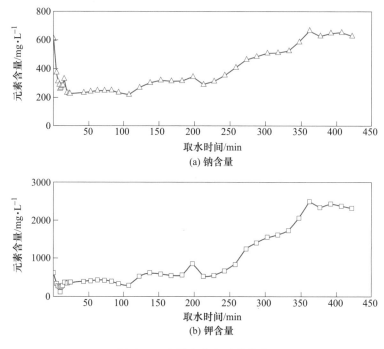

图 6-14 水样中有害元素分布

水中碱金属含量随冷却时间延长有明显增加的趋势,说明当高炉下部软熔带、滴落带冷却后,水流流经这些部位时带出的碱金属较多。同时也说明炉身下部高温区碱金属含量较高,碱金属遇到低温区的炉料后冷凝附着在其表面,随着炉料的下降进行富集。

6.1.5 碱金属对焦炭性能的影响

碱金属对焦炭热态性能(CRI、CSR)有较大的影响,碱金属对焦炭的溶损反应起到促进作用；为了说明碱金属对焦炭的影响，采用下列热重试验进行研究，热重试验中的失重率可以反映焦炭反应性的强弱，失重率越大，则反应性越大。

6.1.5.1 浸碱对焦炭反应性的影响

A 试验方法

将焦炭试样分别磨成粉末，粒度选取 $125\sim200\mu m$ 之间，每种焦炭试样称取 3g，分别放入 2g/100mL、5g/100mL 的 K_2CO_3 和 Na_2CO_3 溶液中浸泡 24h，取出后将制好的试样放入干燥箱，在 $170\sim180℃$ 下烘干 2h，取出焦炭试样冷却至室温。

称取 25mg 焦炭试样置于刚玉坩埚中，通 N_2 保护，升温速率为 $20℃/min$，升温至 $1100℃$ 后切换成 CO_2，气体流量为 30mL/min，并恒温 1h。分析焦炭试样失重率，即可反映焦炭的反应性强弱。

B 试验结果及分析

a 钾对焦炭反应性的影响

经上述试验得出的结果见表 6-4。根据表 6-4 可得到图 6-15。

表 6-4 焦炭浸钾热重试验结果

编号	试样名称	K_2CO_3 浓度/g·100mL 水$^{-1}$	钾含量增量/%	失重率/%
1		0	0	44.43
2	莱钢焦炭	2	17.4	61.34
3		5	40.1	68.21

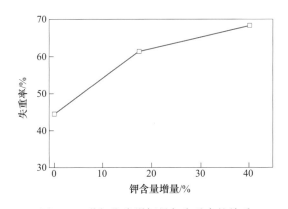

图 6-15 莱钢焦炭增钾量与失重率的关系

由图 6-15 可以看出，浸钾后焦炭的失重率有明显升高，且随着钾含量升高，焦炭失重率增大，说明焦炭的反应性增大，即焦炭与 CO_2 反应的能力增强。

浸泡在浓度为 2% 的 K_2CO_3 溶液的莱钢焦炭与未浸 K_2CO_3 的焦炭相比，钾含量增加了 17.4%，失重率增加了 16.91%；浸泡在浓度为 5% K_2CO_3 溶液的焦炭与未浸 K_2CO_3 的焦炭相比，钾含量增加了 40.1%，失重率增加了 23.78%。

焦炭中钾含量增加，其失重率也增大。因此，钾对焦炭的冶金性能影响很大，钾含量过高使焦炭的冶金性能大大降低，不利于高炉生产。

b 钠对焦炭反应性的影响

经上述试验得出的结果见表6-5。根据表6-5可得到图6-16。

表6-5 焦炭浸钠热重试验结果

编号	试样名称	Na$_2$CO$_3$浓度/g·100mL 水$^{-1}$	钠含量增量/%	失重率/%
1	莱钢	0	0	43.42
2		2	17.1	52.34
3		5	40.2	62.31

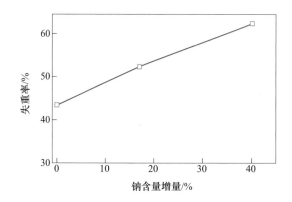

图6-16 莱钢焦炭增钠量与失重率的关系

由图6-16可以看出，浸钠后的焦炭的失重率有明显升高，且随着钠含量升高，焦炭失重率增大，说明焦炭的反应性增大，即焦炭与CO$_2$反应的能力增强。

焦炭浸泡在浓度为2%的Na$_2$CO$_3$溶液后的莱钢与未浸Na$_2$CO$_3$的焦炭相比，钠含量增加了17.1%，失重率增加了8.92%；浸泡在浓度为5%Na$_2$CO$_3$溶液的焦炭与未浸Na$_2$CO$_3$的焦炭相比，钠含量增加了40.2%，失重率增加了18.89%。

焦炭中钠含量增加，其失重率也增大。因此，钠对焦炭的热态性能影响也很大，但与钾对焦炭热态性能的影响相比，浸钠前后的焦炭反应性和反应后强度波动相对较浸钾后的小，因此可以看出钠对焦炭热态性能的影响不如钾大，但钠含量过高仍然会使焦炭的冶金性能大大降低，不利于高炉生产。

6.1.5.2 碱金属对焦炭溶损反应温度的影响

A 试验方法

将焦炭试样分别磨成粉末，粒度选取125~200μm之间，每种焦炭试样称取3g，分别放入2g/100mL、5g/100mL的K$_2$CO$_3$和Na$_2$CO$_3$溶液中浸泡24h，取出后将制好的试样放入干燥箱，在170~180℃下烘干2h，取出焦炭试样冷却至室温。

称取25mg焦炭试样置于刚玉坩埚中，通CO$_2$，气体流量为30mL/min，升温速率为20℃/min，升温至1200℃。分析焦炭试样反应开始温度和反应剧烈温度，开始失重，即DTG开始大于0的点为反应开始温度，失重斜率最大，即DTG最大点为反应剧烈温度。

B　试验结果及分析

表 6-6　浸不同浓度 K_2CO_3 溶液前后焦炭热重试验结果

编号	试样名称	K_2CO_3 浓度/g·100mL 水$^{-1}$	钾含量增量/%	溶损反应温度/℃	
				开始	剧烈
1	莱钢焦炭	0	0	920	< 1200
2		2	17.4	712	1045
3		5	40.1	629	1018

莱钢焦炭升温状态下与 CO_2 反应失重曲线如图 6-17 和图 6-18 所示。

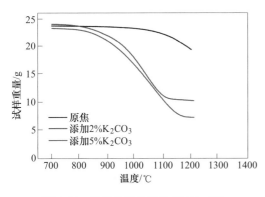

图 6-17　莱钢焦炭升温状态下与 CO_2
反应失重曲线

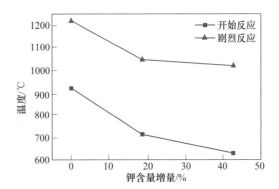

图 6-18　不同钾含量增量对莱钢焦炭
反应温度的影响

通过对莱钢焦炭浸钾前后在升温状态下与 CO_2 反应温度的变化可以看出，碱金属对焦炭反应开始温度和反应剧烈温度的影响也很大。与 CO_2 反应能力强（即反应性好，反应开始与剧烈温度低）的焦炭，其反应后的机械强度差，从而危及高炉下部的透气性与透液性。当高炉不另加溶剂时，焦炭的开始反应温度决定了炉内热储备区的温度水平，炉内热储备区温度水平下降，则焦比将相应升高，而该温度水平较低说明焦炭质量变差，反应性增强，因此导致块状带与软熔带内混合还原区入口温度降低，间接还原区减小，直接还原量增加，最终使焦比大幅度上升。焦炭溶损反应温度与高炉焦比联系密切，而碱金属对焦炭溶损反应有促进作用，使焦炭的溶损反应开始温度和反应剧烈温度都降低，最终导致焦比上升，因此必须尽量降低入炉碱负荷，并注意排碱。

6.1.5.3　碱金属对焦炭微观结构的影响

A　碱金属对焦炭微观结构的破坏机理

焦炭的反应性是指焦炭溶损反应：

$$C + CO_2 \rightleftharpoons 2CO \tag{6-12}$$

此反应是吸热反应，升高温度，有利于反应向右进行。反应（6-12）对高炉内铁矿石的还原过程有着十分重要的影响。下列反应决定高炉内直接还原的进展情况：

$$FeO + CO \rightleftharpoons Fe + CO_2 \tag{6-13}$$

$$FeO + C \rightleftharpoons Fe + CO \tag{6-14}$$

如果焦炭的反应性好，式（6-12）在较低温度下进行，那么矿石的直接还原（式

（6-14））相应较早发生。显然，这对高炉降低焦比是极为不利的。

碱的吸附首先从焦炭的气孔开始，而后逐渐向焦炭内部的基质扩散，随着焦炭在碱金属蒸气内暴露时间的延长，碱的吸附量逐渐增多。向焦炭基质部分扩散的碱金属还会侵蚀到石墨晶体内部。有研究表明，通过石墨晶面的 X 射线衍射分析发现，随着焦炭碱吸附量的增加，原来位置的石墨峰，峰面变宽，峰值变低。这是由于焦炭的石墨晶体被碱金属侵蚀到内部，破坏了原有的层状结构，产生层间化合物的结果。当生成层间化合物时，会产生较大的体积膨胀。例如，生成 KC_8 时，体积膨胀 61%；生成 KC_{60} 时，体积膨胀 12%。体积膨胀的结果使焦炭产生裂纹进而使焦炭崩裂。还有人认为，焦炭增碱后，反应性增加的原因是碱性物被碳原子吸附后，在石墨晶格上形成一种放电体，使碳的边界连接变弱，从而有利于焦炭溶损反应的进行。

焦炭在高炉内性质劣化是焦炭经过的一系列物理化学作用后结构变化的宏观表现，要研究焦炭在高炉内的性质劣化，必须了解焦炭在高炉内的结构变化。当把焦炭作为多孔脆性材料看待时，焦炭是由裂纹、气孔和气孔壁组成的，其微观结构在一定程度上控制焦炭的性质。

焦炭形貌观察采用 PHILIPS XL-30+DX4i 扫描电子显微镜（SEM）。

B   浸碱对焦炭微观结构的影响

通过扫描电子显微镜（SEM）观察了未浸碱和浸不同浓度 K_2CO_3 溶液的焦炭的微观结构，如图 6-19~图 6-24 所示。

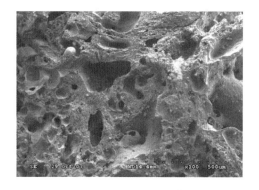

图 6-19   未浸 K_2CO_3 焦炭（100×）

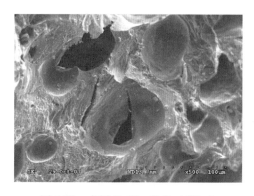

图 6-20   未浸 K_2CO_3 焦炭（500×）

图 6-21   浸浓度 2% K_2CO_3 焦炭（100×）

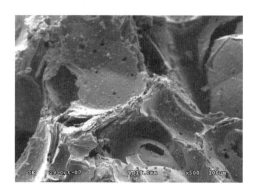

图 6-22   浸浓度 2% K_2CO_3 焦炭（500×）

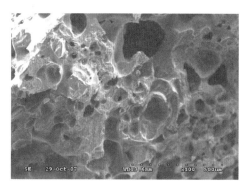

图 6-23 浸浓度 5% K_2CO_3 焦炭 (100×)

图 6-24 浸浓度 5% K_2CO_3 焦炭 (500×)

图 6-19 所示为未浸 K_2CO_3 莱钢焦炭反应后试样放大 100 倍的照片，从照片中可以看出未浸 K_2CO_3 的焦炭气孔壁较厚，结构比较致密均匀；图 6-20 所示为未浸 K_2CO_3 焦炭反应后试样放大 500 倍的照片，可以看到该试样的纤维结构。图 6-21 所示为浸浓度 2% K_2CO_3 的莱钢焦炭放大 100 倍的照片，可以看出焦炭气孔较未浸 K_2CO_3 焦炭扩大许多；而从图 6-23（即浸浓度 5%K_2CO_3 的焦炭放大 100 倍照片）可以看出气孔变得更大且比较密集。图 6-22 所示为浸浓度 2% K_2CO_3 的焦炭放大 500 倍照片，从照片中明显可以看出因为碱金属的催化作用加深了表面反应，包括焦块表面和大气孔孔壁的内表面；从图 6-24（即浸浓度 5% K_2CO_3 的莱钢焦炭放大 500 倍照片）可以更加明显地发现这种现象。所以，当碱金属含量越高时，气孔更大，气孔壁更薄，有些气孔穿透使小孔合并成较大的孔，并且催化作用越明显，反应越快，焦炭反应后强度越差。

C 吸附碱对焦炭微观结构的影响

a 不同温度下吸附碱对焦炭微观组织的影响

通过扫描电子显微镜（SEM）观察了不同吸附温度对焦炭反应后微观结构的影响，如图 6-25~图 6-30 所示。

图 6-25 900℃吸附钾焦炭 (100×)

图 6-26 900℃吸附钾焦炭 (500×)

图 6-25~图 6-30 所示为莱钢焦炭在 K_2CO_3 量为 4g 时分别在 900℃、1000℃、1100℃下吸附钾对其反应后微观结构的影响。由于温度越高焦炭吸附钾量越多，对其催化反应越明显，所以吸附温度越高的焦炭反应后气孔变大越明显，反应后强度也越差，图 6-25、图 6-27 和图

6-29 分别为 900℃、1000℃和 1100℃下吸附钾后焦炭放大 100 倍的照片，从照片上可以看出，温度越高时焦炭的气孔越大、越密集，1100℃下吸附碱后的焦炭的气孔最大。图 6-26、图 6-28 和图 6-30 所示分别为 900℃、1000℃和 1100℃下吸附钾后莱钢焦炭放大 500 倍的照片，从照片上可以看出，温度越高时，焦炭气孔壁越薄，质地越疏松、强度越差。

图 6-27　1000℃吸附钾焦炭（100×）

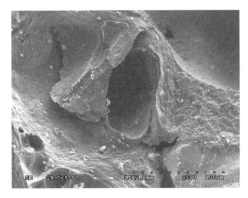

图 6-28　1000℃吸附钾焦炭（500×）

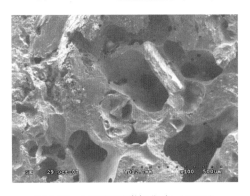

图 6-29　1100℃吸附钾焦炭（100×）

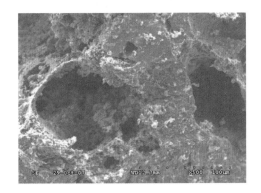

图 6-30　1100℃吸附钾焦炭（500×）

b　不同碱负荷对焦炭微观组织的影响

通过扫描电子显微镜（SEM）观察了不同碱负荷对焦炭反应后微观结构的影响，如图 6-31~图 6-36 所示。

图 6-31　K_2CO_3 量为 4g 时吸附钾焦炭（100×）

图 6-32　K_2CO_3 量为 4g 时吸附钾焦炭（500×）

图 6-33 K_2CO_3 量为 6g 时吸附钾焦炭（100×）

图 6-34 K_2CO_3 量为 6g 时吸附钾焦炭（500×）

图 6-35 K_2CO_3 量为 8g 时吸附钾焦炭（100×）

图 6-36 K_2CO_3 量为 8g 时吸附钾焦炭（500×）

图 6-31~图 6-36 所示为焦炭在 K_2CO_3 量分别为 4g、6g 和 8g 时在 1100℃ 下吸附钾对其反应后微观结构的影响。由于碱负荷越高时焦炭吸附碱量越多，对其催化反应越明显，所以吸附碱量越高的焦炭反应后气孔变大越明显、结构越疏松、反应后强度也越差。图 6-31、图 6-33 和图 6-35 分别为碱量为 4g、6g 和 8g 时吸附钾后焦炭放大 100 倍的照片，从照片上可以看出，由于碱量越高时焦炭吸附的碱量会越多，因此碱金属对焦炭的催化能力越强，气孔越大、越密集，K_2CO_3 量为 8g 时吸附碱后的焦炭的气孔最大。图 6-32、图 6-34 和图 6-36 分别为 K_2CO_3 量为 4g、6g 和 8g 时吸附钾后焦炭放大 500 倍的照片，从照片上可以看出，温度越高时，焦炭气孔壁越薄，焦炭质地越疏松、强度越差。

c　碱金属对不同灰分焦炭微观组织的影响

通过扫描电子显微镜（SEM）观察了不同灰分焦炭吸附钾反应后微观结构的变化，如图 6-37~图 6-42 所示。

图 6-37~图 6-42 所示为莱钢焦、焦 A、焦 B 三种不同灰分焦炭在 K_2CO_3 量为 4g 时在 1100℃ 下吸附钾对其反应后微观结构的影响。三种焦炭灰分由低到高依次为：莱钢焦<焦 A<焦 B，由于灰分越高时焦炭吸附碱量越多，碱金属对其催化反应越明显，所以灰分越高的焦炭反应后气孔变大越明显、结构越疏松，反应后强度也越差。图 6-37、图 6-39 和图 6-41 分别为莱钢焦、焦 A 和焦 B 焦炭在 K_2CO_3 量为 4g 时在 1100℃ 下吸附钾后放大 100 倍

的照片，从照片上可以看出，由于焦炭灰分越高时焦炭吸附的钾量会越多，因此 K 对焦炭的催化能力越强，因此气孔越大、越密集，焦 B 焦炭吸附钾后焦炭的气孔最大。图 6-38、图 6-40 和图 6-43 分别为莱钢焦、焦 A 和焦 B 在 K_2CO_3 量为 4g 时在 1100℃下吸附钾后放大 500 倍的照片，从照片上可以看出，灰分越高的焦炭吸附钾后的气孔壁越薄，焦炭质地越疏松，强度越差，且气孔处可见球形碱金属吸附物。

图 6-37　吸附钾反应后的莱钢焦炭（100×）

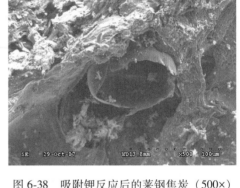

图 6-38　吸附钾反应后的莱钢焦炭（500×）

图 6-39　吸附钾反应后的 A 焦炭（100×）

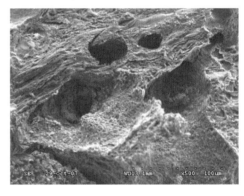

图 6-40　吸附钾反应后的 A 焦炭（500×）

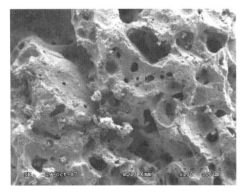

图 6-41　吸附钾反应后的 B 焦炭（100×）

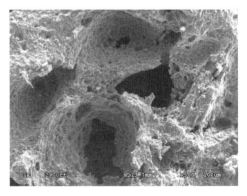

图 6-42　吸附钾反应后的 B 焦炭（500×）

6.2 锌分布及行为研究

6.2.1 锌及其化合物的性质

锌是有色重金属元素，其沸点仅为907℃。锌是与铁在矿石中共存的元素，在天然矿石中锌的含量是微量的。锌常以ZnS形式存在于矿石中，有时也呈碳酸盐或硅酸盐形式存在。锌蒸发进入煤气中，升至高炉中上部又被氧化成ZnO，一部分随煤气逸出，另一部分黏附在炉料上，随之下降而被还原、气化，形成循环。

6.2.2 锌在高炉中的行为

6.2.2.1 锌在高炉中的循环

锌是高炉原燃料中的一种微量元素，通常以氧化物或硫化物形态进入高炉。锌的化合物在高炉内易被还原，并在高温下气化进入煤气而随之上升，其中部分锌蒸气在高炉上部低温区氧化后沉积，与炉料一起下降，如此周而复始形成炉内锌的循环积累，即所谓的"小循环"。但大部分锌蒸气随煤气进入煤气清洗系统，其中大部分锌进入污泥，若污泥回收再利用使锌重新进入高炉，就形成了高炉炼铁系统中锌的"大循环"。

高炉内部的富集铁矿石中的少量锌主要以铁酸盐（ZnO·Fe$_2$O$_3$）、硅酸盐（2ZnO·SiO$_2$）以及硫化物（ZnS）形式存在。锌的硫化物先转化为复杂的氧化物，后在大于1000℃的高温区被CO还原为气态锌，沸点为907℃的锌蒸气随煤气上升，到达温度较低（580℃）的区域时冷凝而再氧化，再氧化形成的氧化锌细粒附着于上升煤气的粉尘上则被带出炉外，附着于下降的炉料时便再次进入高温区，周而复始，就形成了锌在高炉内的富集现象。如果高炉内循环的锌蒸气有条件渗入炉墙与砖衬结合，就会使砖体积膨胀而脆化[16-22]。

锌元素进入高炉后，与炉料一起被加热，但它不能跟随炉料中的几大主要元素一起进入渣铁，锌蒸气随气流上行，再由高炉的荒煤气排出炉外。富含锌元素的高炉煤气除尘灰被用于烧结原料时，烧结过程只能少部分去除锌，大部分锌将重新回到高炉中，这就形成了锌在烧结工序和高炉系统中的循环。

高炉粉尘中的锌一般以氧化锌的形式存在，由于相对于粉尘中的碳颗粒和铁氧化物颗粒而言较小，所以主要附着在碳颗粒、铁氧化物颗粒和其他大颗粒上。

6.2.2.2 锌对高炉冶炼过程的影响

在天然铁矿中锌的含量是微量的，但是由于其还原温度低以及液态锌沸点低，几乎不能被渣铁吸收，给高炉冶炼带来一定的副作用[23-28]。锌在高炉中危害主要体现在五个方面：

（1）对高炉长寿的影响。炉内富集的锌蒸气可渗入炉墙与炉衬结合，形成低熔点化合物而软化炉衬，使炉衬的侵蚀速率加快。

（2）对稳产、高产的影响。当锌富集加剧时，高炉内黏结也更加严重。结厚最严重时可扩展至炉身中上部，悬料频繁，对产量影响较大。

（3）对铁矿石和焦炭冶金性能的影响。渗入铁矿石和焦炭孔隙中的锌蒸气沉积氧化成氧化锌后，一方面由于体积的膨胀（锌的密度为 $7.13 \times 10^3 kg/m^3$，氧化锌的密度为 $5.78 \times 10^3 kg/m^3$）会增加铁矿石和焦炭的热应力，破坏铁矿石和焦炭的热态强度，主要表现在烧结矿和球团矿的低温还原粉化指数有所升高，焦炭反应后强度有所降低；同时，还会堵塞铁矿石和焦炭的孔隙，恶化高炉料柱的透气性，给高炉冶炼带来不利的影响。

（4）对高炉操作的影响。锌可渗入砖衬，使风口中套上翘，影响送风和煤气分布。有的高炉会因砖衬膨胀，导致吹管倾斜、变位，风口、吹管"跑风"，甚至因砖衬膨胀，炉皮开裂。锌蒸气在上升过程中，氧化锌会冷凝黏结在上升管、下降管、炉喉及炉身上部砖衬上或大钟内表面，首先在这些部位形成高锌尘垢，这些高锌尘垢在条件具备时就转变为高锌炉瘤。这些锌炉瘤氧化锌含量一般都在60%以上，部分锌炉瘤的氧化锌含量甚至达到90%以上，可直接作为氧化锌原料出售。

炉喉及炉身上部砖衬上的锌瘤破坏炉料的下降和煤气流的上升过程，破坏炉料和煤气的正常分布，导致炉况失常，锌瘤滑落时又会引起风口灌渣和烧坏。上升管和下降管的锌瘤会堵塞煤气通道，导致炉顶压力异常，严重时大钟无法打开并使煤气管道受损。大钟内表面的锌瘤会引起大钟自动开启出现困难。

锌瘤出现在高炉的任何部位，都会给高炉操作带来不利的影响，但是锌瘤出现部位的随机性比较大，高炉内碱金属的存在有助于锌瘤的出现和长大。

（5）对高炉热分布的影响。锌在炉内的循环会使热量发生转移，在高温区通过式（6-15）吸收热量，通过式（6-16）放出热量，这样，热量就从高温区转移到了低温区，导致渣铁温度降低，渣的黏度升高，从而不利于高炉顺行和脱硫。炉喉的锌瘤会破坏炉料和气流的分布，管道中的锌瘤会影响煤气流通过，而渗入到炉衬砌缝和孔隙中的锌沉积，会破坏炉墙，影响高炉寿命。

$$ZnO + C = Zn + CO - 237730(J/mol) \tag{6-15}$$

$$Zn + CO_2 = ZnO + CO + 65190(J/mol) \tag{6-16}$$

6.2.3　莱钢解剖高炉锌平衡分析研究

高炉锌平衡是指高炉内锌的收支状况。锌主要由高炉原燃料带入，锌的排出途径包括炉渣、烟气及高炉煤气。通过高炉锌平衡分析，一方面可以弄清楚高炉锌的来源、去向，高炉锌负荷及对高炉冶炼的影响，为含锌污泥、瓦斯灰等的再回收利用提供依据；另一方面可以为高炉炉料结构搭配提供指导方案，以降低锌对高炉的不利影响。

莱钢3号 $125m^3$ 高炉锌的收入项为烧结矿、球团矿、焦炭、喷吹煤粉；支出项为铁水、重力灰、瓦斯泥、炉渣。各项化学分析结果见表6-7。

表 6-7　3 号 $125m^3$ 高炉各种原料、产出物中锌含量

项　　目		锌含量/%
收入项	烧结矿	0.013
	球团矿	0.012
	焦炭	0.005
	喷吹煤粉	0.007

项　目		锌含量/%
支出项	铁水	0.001
	炉渣	0.002
	除尘灰	0.450
	污泥	0.570

从各项的化学分析结果可以看出：

（1）收入项中，烧结矿、球团矿中锌含量较高，达到 0.01% 以上，而煤粉和焦炭中锌含量只有几十 ppm。

（2）支出项中，除尘灰和污泥中锌含量较高，带出锌的能力较强。除尘灰和污泥是钢铁厂主要的含锌粉尘，在后续利用和有价值元素回收方面值得研究。

（3）铁水和炉渣中锌含量较少，这主要与锌的化学性质有关。

高炉系统锌平衡计算分析见表 6-8。

表 6-8　高炉系统锌平衡计算

项　目		锌	
		总量/kg·tHM^{-1}	所占比例/%
收入项	烧结矿	0.148	64.56
	球团矿	0.051	22.18
	焦炭	0.025	11.08
	喷吹煤粉	0.005	2.18
	合计	0.229	100
支出项	铁水	0.010	8.56
	炉渣	0.009	7.98
	除尘灰	0.041	34.67
	污泥	0.057	48.79
	合计	0.117	100

高炉系统锌平衡情况如图 6-43 和图 6-44 所示。

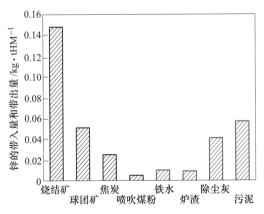
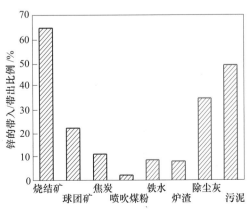

图 6-43　各入炉料和产物带入和带出的锌量　　　图 6-44　各入炉料和产物中带入和带出锌的比例

从锌平衡图 6-43、图 6-44 可以看出：

（1）烧结矿中的锌是高炉锌的主要来源，占入炉总锌量的 64.56%，对烧结原料进行锌处理，控制烧结原料的含锌量是减小高炉锌危害的重要途径。

（2）球团矿和焦炭中也含有一定量的锌，含量分别为 22.18% 和 11.08%；煤粉的含锌量较少，只有 2.18%。

（3）除尘灰和污泥是高炉中锌排出的主要途径，带出比例分别为 34.67% 和 48.79%。

（4）入炉原料的含锌量为 0.229kg/tHM，而排出量为 0.117kg/tHM，净收入为 0.112kg/tHM，可见锌在高炉内存在严重的富集现象，主要富集部位为炉腹及风口区，富集严重将导致炉墙结瘤、风口上翘、炉衬软化、加快炉衬侵蚀速率等。

莱钢 3 号 125m³ 高炉锌负荷为：

$$\frac{\dfrac{229}{65}}{65+16} = 285.4\text{g/tHM}$$

目前国内外锌负荷还没有统一的标准，但普遍认为，当高炉锌负荷超过 150g/tHM 时，可能会形成炉瘤等，严重时会影响高炉的正常冶炼过程。国内外一些高炉锌负荷见表 6-9。

表 6-9　国内外高炉锌负荷

企业名称	时间	锌负荷/g·tHM⁻¹
奥钢联	1998	75
芬兰 Raahe	1998	64
Salzgittr	1998	192
Sidmar	1998	139
Schwelgern	1998	100
霍戈文	1998	140
宝钢 2 号高炉	2003	130
宝钢 3 号高炉	2003	40
酒钢 1 号高炉	2005	1795
酒钢 2 号高炉	2005	1455

从以上数据可以看出，莱钢 3 号 125m³ 高炉锌负荷处于较高的水平，与 150g/tHM 的锌负荷相比，高出近 1 倍。

6.2.4　解剖高炉中锌分布研究

6.2.4.1　高炉内部炉料锌含量分布研究

图 6-45 所示为高炉不同样点烧结矿中锌含量的变化曲线。从图中可以看出，在块状带高炉不同部位烧结矿中的锌含量是不同的，软熔带高炉不同部位烧结矿中的锌含量明显比块状带中的低，几乎为零。这是因为锌的氧化物极易还原，还原出的单质锌的沸点为 907℃，而软熔带外侧温度为 1000℃ 左右，内侧温度为 1400℃ 左右，所以还原出来的锌以气态形式进入高炉煤气中，在上升过程中被低温的炉料所吸收。

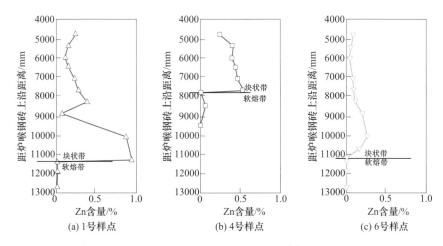

图6-45 1号、4号、6号样点烧结矿中锌含量变化

1号、4号样点烧结矿中的锌含量较高是因为炉顶、上升管中的炉瘤、炉尘掉落到炉内所致。1号样点是高炉边缘的锌含量的变化,4号样点是高炉中心锌含量的变化,6号样点是高炉中间部位锌含量的变化,对比三处样点烧结矿中的锌含量变化,不难看出在高炉的边缘和中心锌含量较高,说明高炉生产时高炉边缘和中心煤气流较为发展。

图6-46所示为软熔带与块状带锌平均含量的变化。从图中可以看出,在软熔带烧结矿和球团矿中的锌含量随高炉高度的降低均略微下降;而在块状带中则先增加而后略微降低,从整体上看块状带中的锌含量高于软熔带。

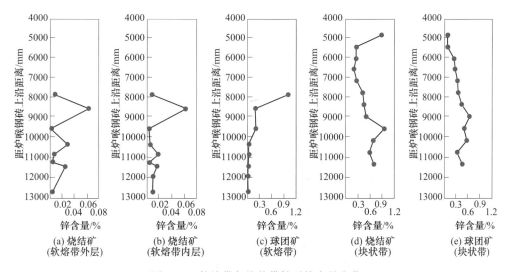

图6-46 软熔带与块状带锌平均含量变化

综上分析可知,锌在软熔带含量很少,锌的富集主要集中在高炉炉腰靠近炉墙的块状带和软熔带顶部上方温度较低的块状带,位于高炉炉身中部中心地带。

6.2.4.2 凉炉"冷却水"中锌含量分布状况

为了考察正常生产状态下炉内的冶炼过程,采取从炉顶打水的方式对高炉进行冷却,对从炉底渣口流出的冷却水进行化学分析，得出冷却水中含有一定量的锌，但与碱金属相比含量很少，而且随着取水时间的延长，锌含量在 0.05~0.5mg/L 之间波动（图 6-47），没有明显增减趋势。由此可见，高炉中的锌和碱金属不同，炉料对锌的吸收能力较差，到软熔带后炉料中的锌含量明显下降，主要是由于此处炉内温度较高，锌的沸点只有 907℃，锌蒸气随着煤气流一起向上运动，遇到下降的冷料和炉墙冷却壁在其表面凝结，随炉料下降，此外炉墙耐火材料对锌的吸收作用明显。

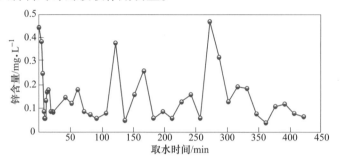

图 6-47　水样中锌含量变化

6.2.5　锌对焦炭性能的影响

6.2.5.1　热重法

热重法是在程序控制温度下借助热天平以获得物质的质量与温度关系的一种技术。热天平与常规分析天平一样都是称量仪器，但因其结构特殊，使其与一般天平在称量功能上有显著差别。例如，常规分析天平只能进行静态称量，即样品的质量在称量过程中是不变的，称量时的温度大多数是室温，周围气氛是空气；而热天平则不同，它能自动、连续地进行动态称量与记录，并在称量过程中能按一定的温度程序改变试样的温度，试样周围的气氛也是可以控制或调节的。热重法得到的是程序控制温度下物质质量与温度关系的曲线，即热重曲线（TG 曲线）。

6.2.5.2　试验装置

本次进行试验采用的热分析仪为北京光学仪器厂生产的 WCT-2C 微机差热天平，可以对试样进行 TG-DTA-DTG 联合分析，如图 6-48 所示，试验温度和加热速度由计算机控制，

图 6-48　WCT-2C 微机差热天平

获得的温度和重量检测数据输入数据采集系统，数据采集系统将温度和重量数据传送至计算机，计算机可对仪器实时监控。试验时将样品置于刚玉坩埚内，坩埚置于炉中央区域。

6.2.5.3 锌对焦炭性能影响的结果分析

样品粒度取 150~300μm 之间，在 N_2 保护下，以 15℃/min 的速度升温，混合了不同重金属氧化物的焦样放置于坩埚中被加热到 1000℃，之后保持反应温度切换成反应气体 CO_2，反应 60min 后的失重率即表征焦样的反应性。

$$CRI = \frac{m - m_1}{m} \times 100\% \tag{6-17}$$

式中 CRI——反应性，%；

m——焦炭试样质量，g；

m_1——反应后残余焦炭质量，g。

取 125~200μm 粒度的焦粉，按锌元素含量 1.00%、0.50%、0.10%、0.05%、0.01% 五种不同的配比，加入焦粉中并混匀。按照式（6-17）中 TG 法测定焦炭反应性研究锌元素对焦炭反应性的影响。

图 6-49 和图 6-50 所示为混匀后试样在扫描电镜下 500 倍和 1000 倍微观形貌图片，可见焦粉表面存在白色圆球状颗粒。经能谱分析（图 6-51）可知，此颗粒即为锌元素。

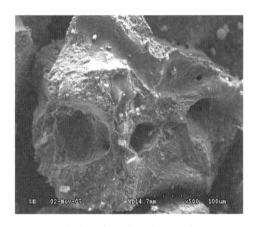

图 6-49 锌与焦粉混合后微观形貌（500×）　　图 6-50 锌与焦粉混合后微观形貌（1000×）

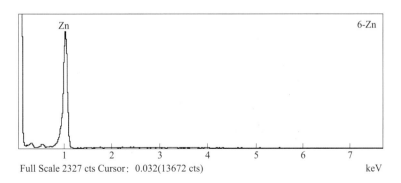

图 6-51 能谱分析

利用图 6-48 所示差热仪器研究焦炭反应性的方法，研究不同锌元素配比条件下的焦粉失重率。试验结果见表 6-10。

表 6-10 锌的配比与莱钢焦粉反应性

试样质量/mg	25.00	24.86	24.58	24.52	24.76	24.96
锌的配比/%	0.00	0.01	0.05	0.10	0.50	1.00
莱钢焦粉反应性/%	34.32	35.16	35.56	36.09	38.75	40.59

表 6-10 为添加锌后莱钢焦粉的反应性。配加 0.01% 的锌后，莱钢焦粉的失重率提高了 0.84%；配加 0.05% 的锌后，莱钢焦粉的失重率提高了 1.24%；配加 0.10% 的锌后，莱钢焦粉的失重率提高了 1.77%；配加 0.50% 的锌后，莱钢焦粉的失重率提高了 4.43%；配加 1.00% 的锌后，莱钢焦粉的失重率提高了 6.27%。可以看出，随着锌配比量的增加，焦粉的反应性也随之增加，图 6-52 能更直观地反映出焦粉反应性的变化趋势。

图 6-52 所示为锌的配比量与焦粉反应性的关系。随着锌元素配比量的增加，焦炭的反应性逐渐提高，可见锌对焦炭与 CO_2 的碳素溶损反应起正催化作用。

为了研究锌元素对反应后焦粉微观形貌的影响，对锌元素配比 0.50% 的焦粉反应后试样做了扫描电镜分析。

图 6-53 所示为配加 0.50% 锌的焦粉反应后的 500 倍微观形貌照片。与不配加锌的焦炭微观形貌比较可以看出，配加锌元素反应后的焦粉气孔壁表面更加粗糙，气孔因侵蚀变得更大，气孔壁更薄，焦炭的劣化程度增大。说明有锌存在时焦炭与 CO_2 的碳素溶损反应更剧烈，即锌同碱金属一样，对焦炭与 CO_2 的反应起催化作用。

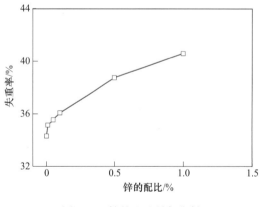

图 6-52 锌的配比量与焦粉
反应性的关系

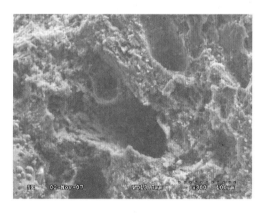

图 6-53 附着 Zn 的焦炭反应后
SEM 微观形貌（500×）

由于锌的沸点较低，只有 907℃，炉腰以下部位高温区（>1000℃）锌被还原后，随着煤气流上升至炉料表面沉积，在焦炭表面形成圆球状颗粒富集。随着炉料下降，焦炭表面富集的锌促进焦炭的溶损反应，加速焦炭劣化，到达高温区后锌再次转化为蒸气上行，最终大量的锌沉积于炉腰、炉腹及风口区域的耐火材料及冷却壁上，这也是近些年国内外多座高炉风口"淌锌"及产生风口上翘的原因。

6.3 铅分布及行为研究

近些年来，随着铁矿石供应的日益紧张，我国有部分高炉使用了含铅的铁矿冶炼，这对高炉的生产造成了严重的危害。含铁炉料中铅以复杂化合物形态进入高炉，在高温区进行还原反应和分解反应，反应生成的铅蒸气随煤气流上升，一部分沉积在烧结矿、球团矿和焦炭表面上参加炉内铅循环，另一部分沉积在炉衬表面、缝隙中，或凝固，或向下运动，还有一部分由煤气携带出高炉[29-31]。高炉排铅的方式有两种：煤气携带铅出高炉和开铁口时铅渗漏被高温铁水转变成铅蒸气排出高炉外。研究炉料吸附铅蒸气的规律，对煤气排铅有促进作用，同时也能为高炉冶炼含铅矿石提供技术参考依据。

6.3.1 铅的性能及其危害

铅是一种密度很大的蓝灰色金属，固态时密度为 $11.34g/cm^3$，液态时密度为 $10.63g/cm^3$，熔点、沸点分别为 327℃ 和 1525℃。铅密度比铁大，熔点和沸点比铁低，高温下铅易挥发，铅蒸气有毒。

在自然界中铅多以硫化物形态存在，铁矿石中的铅主要是以方铅矿（PbS）、铅黄（PbO）和铅矾（$PbSO_4$）等形式存在，而烧结矿和球团矿中的铅主要为硅酸铅（$PbO \cdot SiO_2$ 及 $2PbO \cdot SiO_2$）。正是铅的高密度、低熔点、易挥发和有毒这些理化特性，对高炉冶炼产生了极其不利的影响[32-35]。众所周知，铅对高炉冶炼过程的影响是多方面的，主要有以下几点：

（1）渗入炉底的液态铅随温度的升高体积膨胀，产生巨大的破坏力，导致砖层浮动，甚至整个炉底砌体毁坏以及炉壳开裂，发生穿漏事故。

（2）炉缸和炉底液态铅积存过多时，由于液态铅密度大、流动性差、难溶于铁水，所以会引起炉前工作失常，如铁口和主沟难以维护，堵死撇渣器，酿成跑铁事故。

（3）渗入炉衬的铅对炉衬的破坏是形成炉壳爆裂的原因之一，当锌和碱金属共存时，这种破坏作用更大。

（4）氧化铅与其他组分组成的低熔点化合物或共晶体黏附在烧结矿和球团矿上，降低了烧结矿和球团矿的软熔温度；黏结在焦炭上，影响高炉料柱的透气性；黏结在炉墙上，促使形成炉瘤，影响高炉正常生产。

（5）随渣铁排出高炉外的气态铅污染炉前环境，导致操作者铅中毒，煤气中的铅尘使洗涤水含铅超标。

入炉料带入是高炉铅的唯一来源，而铅的出路则有三：（1）随高炉煤气逸出最终进入除尘器的瓦斯灰；（2）渗入炉体耐火材料中沉积；（3）渗入炉底的液态铅从炉底排铅孔排出。

6.3.2 高炉铅平衡计算研究

莱钢 3 号 $125m^3$ 高炉铅收入项为烧结矿、球团矿、焦炭、喷吹煤粉；支出项为铁水、重力灰、瓦斯泥、炉渣。各项的化学分析结果见表 6-11。

表 6-11 3 号 125m³ 高炉各种原料、产出物中铅含量

项 目		铅含量/%
收入项	烧结矿	0.0004
	球团矿	0.0004
	焦炭	0.0000
	喷吹煤粉	0.0000
支出项	铁水	0.0011
	炉渣	0.0003
	除尘灰	0.0028
	污泥	0.0033

从各项的化学分析结果可以看出：

（1）莱钢高炉入炉原料中铅含量很少，烧结矿、球团矿中只有 4ppm，而焦炭和喷吹煤粉中几乎不含铅。

（2）支出项中，除尘灰和污泥中铅含量较高，带出铅的能力较强，铁水和炉渣也含有一定量的铅，具有一定的排铅能力。

高炉系统铅平衡计算分析见表 6-12。

表 6-12 高炉系统铅平衡计算

项 目		铅	
		总量/kg·tHM⁻¹	所占比例/%
收入项	烧结矿	0.0046	73.14
	球团矿	0.0017	26.86
	焦炭	0.0000	0.00
	喷吹煤粉	0.0000	0.00
	合计	0.0063	100
支出项	铁水	0.0110	86.31
	炉渣	0.0012	9.09
	除尘灰	0.0003	2.00
	污泥	0.0003	2.60
	合计	0.0128	100

高炉系统铅平衡情况如图 6-54 和图 6-55 所示。

从以上铅平衡图可以看出：

（1）由 PbO 的标准生成吉布斯自由能曲线可知，铅极易被 CO 还原进入铁水中，常聚集于炉缸中铁层之下，只有部分随铁水排出炉外；

（2）炉渣中含铅量很少，但由于每吨铁渣量为 386kg/tHM，故炉渣为高炉中排铅的第二主力，带出比例为 9.09%；

（3）由于吨铁产生的除尘灰和污泥量较少，故两者铅的带出量也有限，只有 2% 左右。

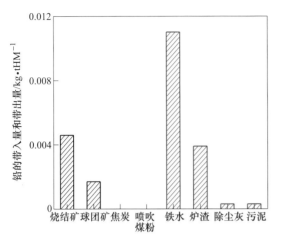

图 6-54　各种入炉料和产物带入和带出的铅量

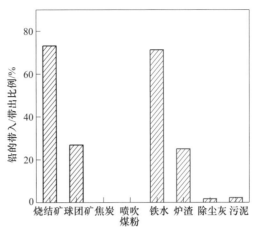

图 6-55　各种入炉料和产物中带入和带出铅的比例

莱钢 3 号 125m³ 高炉铅负荷为：

$$\frac{6.3}{\dfrac{207}{207 + 16}} = 6.79\text{g/tHM}$$

与国内外普遍认可的铅负荷 100~600g/tHM 相比，处于相当低的水平，故莱钢高炉中不存在铅的危害。

6.3.3　高炉中铅的分布研究

莱钢高炉入炉原料中铅含量很少，对高炉操作影响不大，高炉内部含铁原料中铅含量变化不大。沿高炉高度方向铅含量变化很小，都保持在 0.01% 以下，如图 6-56 所示。从半径方向上看，边缘 1 号样点上部铅含量较高，最高能达到 0.04% 左右，到炉身下部逐渐降低至 0.01% 以下，如图 6-57 所示。各样点进入软熔带后铅含量稍有增加，随后立即降低。

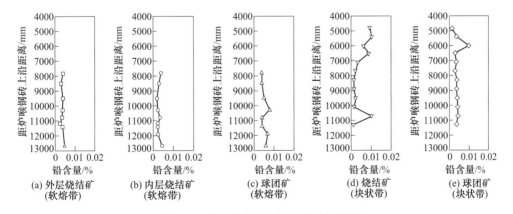

图 6-56　高炉高度方向铅含量的变化图

对凉炉所用冷却水进行化学分析得出，冷却水中均不含有铅。主要是由于炉料中铅含

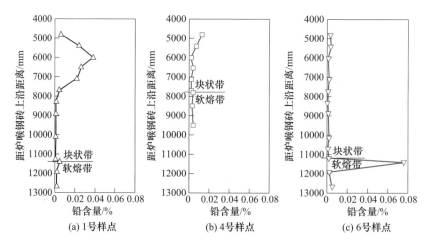

图 6-57 高炉径向铅含量的变化曲线

量甚微，铅与碱金属、锌不同，在炉内不形成循环富集，故不沉积于炉料表面，不会随着冷却水的冲刷而带出；此外 Pb 所形成的化合物也很难溶解于水。铅在炉内很容易还原进入铁水中，由于铅的密度较大，故常沉积于炉底。

6.3.4 铅对原燃料性能的影响

以复杂化合物形态进入高炉的铅到高温区后会进行还原反应和分解反应，反应生成的铅蒸气随煤气流上升，携带着铅蒸气的高炉煤气在自下而上的运动过程中会沉积在烧结矿、球团矿和焦炭表面上，增加烧结矿、球团矿和焦炭的含铅量，形成铅在高炉内的循环富集，进而增加高炉排铅的负担，没有在炉料和炉墙表面沉积的铅蒸气随高炉煤气逸出炉外。显然，系统研究高炉内物料吸附铅蒸气的过程，探索通过增加炉顶煤气中铅蒸气逸出比例来实现降低高炉内铅的途径，就有十分重要的实际意义。

6.3.4.1 炉料吸铅率的影响因素

A 温度对含铁炉料和焦炭吸附铅蒸气的影响

温度对烧结矿吸附铅蒸气的影响如图 6-58 所示，从图中可以看出烧结矿对铅蒸气的吸附与温度有很大的关系。低于 600℃ 时，随温度的升高铅吸附量略有升高；在 600 ~ 1000℃ 区间，随温度的升高铅吸附量急剧升高，从 600℃ 的 0.62% 增加到 1000℃ 的

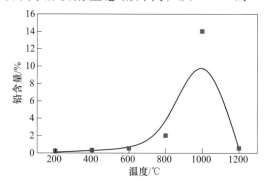

图 6-58 温度对烧结矿吸附铅蒸气的影响

14.09%；温度超过 1000℃ 后铅吸附量又急剧下降，在 1200℃ 时为 0.48%。由此可见，铅在高炉中的聚集和循环主要在 800~1200℃ 之间进行，铅对烧结矿冶金性能的影响也主要发生在此温度段。

温度对球团矿吸附铅蒸气的影响如图 6-59 所示。随着吸附温度的升高，球团矿的铅吸附量先增大后减小。小于 600℃ 时，随温度的升高铅吸附量略有升高；在 600~1000℃ 区间，随温度的升高铅吸附量急剧升高，从 600℃ 的 0.39% 增加到 1000℃ 的 11.25%；温度超过 1000℃ 后铅吸附量又急剧下降，在 1200℃ 时为 0.56%。与烧结矿铅吸附量对比发现，球团矿吸附铅蒸气的主要温度区间也在 800~1200℃，但球团矿

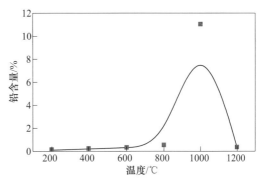

图 6-59　温度对球团矿吸附铅蒸气的影响

在相应温度条件下铅吸附量相应减小，其原因是烧结矿为多孔结构，比表面积较大。由此可见，高炉使用球团矿比例升高，高炉煤气排铅率也会升高。

温度对焦炭吸附铅蒸气的影响如图 6-60 所示。随着吸附温度的提高，焦炭铅吸附量升高。当吸附温度达到 1000℃ 左右时，焦炭铅吸附量达到最高（PbO = 5.30%）；若再提高吸附温度，焦炭中铅吸附量呈降低趋势（1200℃ 时 PbO 降到 3.20%）。由此可见，高炉内焦炭吸附铅蒸气的反应在 1000℃ 左右时大量发生，与烧结矿和球团矿具有相同的规律，但在同一温度下，焦炭铅吸附量比烧结矿和球团矿低得多，在 800~1200℃ 之间铅吸附量比烧结矿和球团矿变化幅度小。

B　粒度对含铁炉料和焦炭吸附铅蒸气的影响

如图 6-61 所示，当烧结矿的粒度为 3~6mm（在实际高炉中属于粉末）时，经过吸附后烧结矿中的 PbO 达到 4.97%，随着烧结矿粒度的增大，铅蒸气吸附反应的界面积降低，吸附反应的动力学条件恶化，烧结矿中的铅明显降低。因此，改善烧结矿的热态强度，适当提高烧结矿的粒度组成对于减轻铅对烧结矿冶金性能的不利影响和提高煤气排铅率是一条有效的途径。

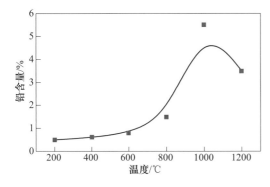

图 6-60　温度对焦炭吸附铅蒸气的影响

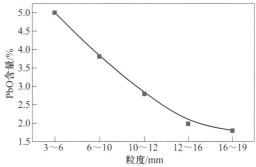

图 6-61　粒度对烧结矿吸附 PbO 的影响

如图 6-62 所示，球团矿粒度对球团矿吸附铅蒸气的影响与烧结矿相似，即随着球团矿粒度的增大，球团矿中的铅呈下降趋势，但变化程度不是很大，且基本呈线性关系。此

外,由于球团矿形状规则,比表面积比较小,因而在粒度基本相近的条件下,吸附的铅蒸气要比烧结矿少。不过,适当提高球团矿的粒度组成对于减轻铅对球团矿冶金性能的不利影响还是十分有利的。

从图 6-63 可以看出,焦炭粒度对焦炭吸附铅蒸气的影响与烧结矿、球团矿类似,随着焦炭粒度减小,焦炭吸附的铅蒸气增多,焦炭中铅含量升高,并且粒度由 19mm 降到 12mm 时焦炭中铅含量增加不明显,而 12mm 之后铅含量增加显著。因此,改善焦炭的高温强度以保证其在高温下的粒度,或适当提高焦炭的粒度组成,对减轻铅对焦炭冶金性能的危害和提高煤气排铅率是有好处的。

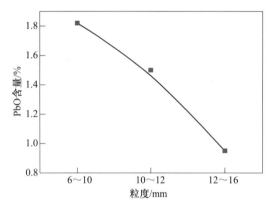

图 6-62 粒度对球团矿吸附 PbO 的影响

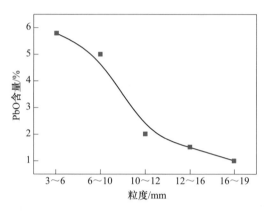

图 6-63 粒度对焦炭吸附 PbO 的影响

6.3.4.2 铅对含铁炉料低温还原粉化性能的影响

PbO 对烧结矿、球团矿低温还原粉化性能的影响如图 6-64 和图 6-65 所示。从图中可知,随着烧结矿中铅含量的升高,烧结矿 $RDI_{+6.3}$ 指数降低,$RDI_{+3.15}$ 指数略有提高,$RDI_{-0.5}$ 指数则略降低,虽然小于 0.5mm 的粉末数量略减少,但 0.5 ~ 3.15mm 的烧结矿数量增加,且 $RDI_{+6.3}$ 指数降低,说明铅含量升高加大了烧结矿的粉化程度。随着球团矿中铅含量的升高,球团矿的 $RDI_{+6.3}$ 指数略有降低,$RDI_{+3.15}$ 指数规律性不明显,而 $RDI_{-0.5}$ 指数呈增大趋势,说明 PbO 对球团矿 $RDI_{-0.5}$ 指数有较大的影响,在生产中应避免球团矿含有较高的铅。

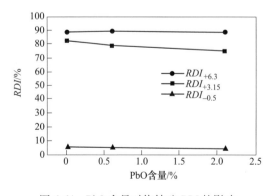

图 6-64 PbO 含量对烧结矿 RDI 的影响

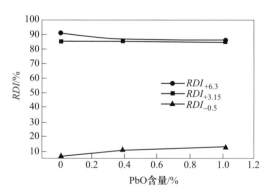

图 6-65 PbO 含量对球团矿 RDI 的影响

6.3.4.3 铅对焦炭反应性和反应后强度的影响

铅对焦炭反应性和反应后强度的影响与锌对焦炭反应性和反应后强度的影响试验方法一致。试验中取破碎后的焦炭磨细成粉，将 PbO 粉末按一定比例与焦粉混合均匀。采用自定义热重法进行焦炭反应性试验。以完全不经处理的焦炭的反应性作为基准，分别考察了1%、2%、4%、8%的 ZnO、PbO 对焦炭反应性的影响，见表6-13。

表 6-13 焦炭反应性试验结果

含量/%	反应性指数/%	含量/%	反应性指数/%
莱钢基准 0	56.09	莱钢基准 0	56.09
锌 1	56.65	铅 1	56.81
锌 2	71.07	铅 2	59.72
锌 4	75.03	铅 4	66.45
锌 8	75.37	铅 8	75.2

从图 6-66 中焦炭的反应性变化趋势可以看出不同添加物及不同添加物比例对焦炭反应性的影响规律。随着重金属元素含量的增加，它们对焦炭反应性影响的差距逐渐拉大，这说明：重金属元素对焦炭的反应性有正催化作用，而且种类不同，影响程度也不同。在添加量均为 1% 时，添加物对焦炭反应性的影响顺序为 PbO>ZnO；在添加量均为 2% 时，添加物对焦炭反应性的影响顺序为 ZnO>PbO；在添加量均为 4% 时，添加物对焦炭反应性的影响顺序为 ZnO>PbO；在添加

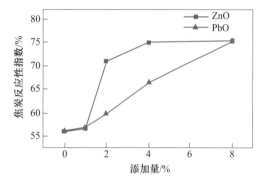

图 6-66 不同含量 ZnO、PbO
对焦炭反应性的影响

量均为 8% 时，添加物对焦炭反应性的影响顺序为 ZnO>PbO。由此可以得出结论：从试验结果总体来看，重金属氧化物对焦炭反应性的影响顺序为 ZnO>PbO。但是在低添加量（1%）下，出现 PbO>ZnO 的异常结果，不排除是添加物分布不均匀导致取样误差的结果。

试验结果显示，焦炭中混入氧化锌、氧化铅后，其反应性随着锌、铅含量的增加呈现递增的趋势。

6.4 硫分布及行为研究

高炉中的硫来自入炉原燃料，在使用人造熟料（烧结矿和球团矿）为主要含铁原料的条件下，燃料（焦炭和喷吹煤粉）带入的硫占总入炉硫量的 80% 以上。燃料中硫的存在形式有三种：有机硫、硫化物、硫酸盐，其中前两者是燃料中硫的主要成分，硫酸盐只占很少一部分。在铁矿石中，硫以硫化铁（黄铁矿 FeS_2、磁黄铁矿 $Fe_{1+x}S$）和硫酸盐（$CaSO_4$、$BaSO_4$）的形式存在。在入炉冶炼前，铁矿粉会进行焙烧或烧结，在这个过程中，含硫化合物会发生变化，大部分硫被氧化进入废烟气而脱除。在烧结矿中残余的硫以硫化铁及硫化钙、硫酸铁及硫酸钙形式存在；而在球团矿中，硫则以硫酸钙形式存在。在受热过程中这些硫会逐渐释放出来，主要是在风口前发生燃烧反应，生成气态化合物，如 SiS、H_2S、CS、COS 等[36-39]。

　　莱钢解剖高炉所用原燃料中，烧结矿硫含量为 0.02%，球团矿硫含量为 0.002%，焦炭中硫含量为 0.091%，喷吹煤粉硫含量为 0.91%。在高炉冶炼过程中，下降炉料与上升煤气流相互接触，炉料会吸收煤气中的硫。

　　图 6-67 所示为高炉不同取样点烧结矿中的硫含量在高炉高度方向上的变化。其中，1号样点代表高炉边缘的硫含量变化，4 号样点代表高炉中心的硫含量变化，6 号样点代表位于高炉中心和高炉边缘之间的硫含量变化。

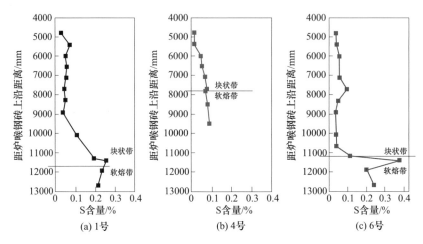

图 6-67　1 号、4 号、6 号样点烧结矿中硫含量变化

　　从 4 号样点可以看出，随着高炉高度的降低，高炉中心前两层硫含量变化不大，之后烧结矿中的硫含量逐渐增加，在软熔带顶部增加到 0.079%，在软熔带上部硫含量只是略微增加，在软熔带第三层硫含量为 0.087%，仅增加了 0.08%。根据石墨盒测温片得到的温度分布曲线可知，在软熔带外侧炉料温度已达到 1000℃ 左右，从 4 号样点曲线可以发现在块状带向软熔带过渡过程中硫含量并没有出现明显的突变，说明在高温区产生的气态硫化物能够穿过软熔带，随着煤气流继续上升，炉料温度逐渐降低，煤气中的气态硫化物冷凝被炉料所吸收或吸附。

　　从 1 号样点可以看出，在炉身的中上部块状带烧结矿中的硫含量变化并不明显，到炉身下部块状带炉料中硫含量明显增加，由块状带第八层的 0.034% 增加到第十二层的 0.19%，这也说明在高温区产生的气态硫化物在软熔带外侧才开始冷凝成液态或者固态，这些气态硫化物继续随煤气流上升并不断被块状带的炉料吸收或吸附。

　　从 6 号样点可以看出，块状带中烧结矿中的硫含量变化不大，到软熔带之后烧结矿中的硫含量突然增大，并没有像 1 号、4 号样点一样有一个逐渐过渡的过程，这说明在 5 号风口一侧软熔带中部的透气性不是很好，煤气流到达此区域时不能顺利通过软熔带，而是向下或向上流动，从软熔带顶部或者边缘进入块状带。

　　由图 6-68 可以看出，块状带炉料中的平均硫含量增加不是很明显，在软熔带平均硫含量明显高于块状带炉料中的平均硫含量。在软熔带外侧球团矿中平均硫含量为 0.063%，是入炉球团矿中平均硫含量的 30 倍；烧结矿中平均硫含量为 0.131%，是入炉烧结矿中平均硫含量的 6 倍。从软熔带与块状带平均硫含量的对比可以看出，软熔带中的硫含量明显高于块状带中的硫含量，说明高炉中硫存在富集现象，且主要在软熔带产生富集。这是因为煤气流中的气态硫化物容易被软熔带熔融的渣铁所吸收。

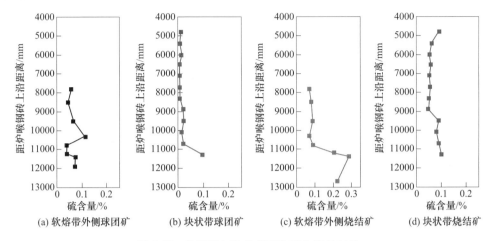

图 6-68　软熔带与块状带平均硫含量的对比

图 6-69 所示为软熔带中烧结矿与球团矿的硫含量沿高炉高度方向的变化情况。从整体上看无论在软熔带内侧还是外侧，烧结矿的硫含量都随着高炉高度的降低而逐渐增大，但软熔带外侧的球团矿中硫含量的增大趋势并不明显。软熔带内侧烧结矿中硫含量比外侧要高，软熔带内侧烧结矿中平均含硫量为 0.163%，外侧平均为 0.138%，内侧比外侧高出 0.025%。软熔带内侧比外侧硫含量高，这是因为软熔带内侧温度高、还原气氛强，呈熔融状态的渣铁吸收煤气中的气态硫化物较多，外侧没有发生熔融，吸收的煤气中的气态硫化物就少。同属于软熔带外侧，烧结矿中的硫含量要比球团矿中的硫含量高，球团矿平均为 0.063%，烧结矿是球团矿的 2 倍。这是因为：（1）烧结矿原始的硫含量高于球团矿原始硫含量；（2）在外侧球团矿和烧结矿基本保持原来形貌，同球团矿比起来，烧结矿不规则且多孔洞，能够吸附较多煤气流中的气态硫化物。

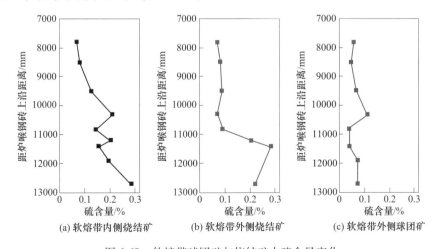

图 6-69　软熔带球团矿与烧结矿中硫含量变化

由图 6-70 可以看出，在同一层软熔带中各个风口方向上烧结矿中的硫含量是不同的。这是因为各个风口方向的炉料的透气性不同，透气性好的地方，通过的煤气的流量大，所

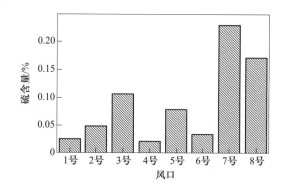

图 6-70　第五层软熔带各风口方向烧结矿中硫含量

以炉料吸收的硫也就多。

6.5　耐火材料中有害元素分布研究

6.5.1　原料成分及取样位置

　　高炉内衬的蚀损机理主要包括三个方面：化学侵蚀、热侵蚀和机械磨损。其中化学侵蚀包括碱金属蒸气和碱金属凝聚以及氧化，热侵蚀包括在高温下长时间暴露以及剧烈的温度波动，机械磨损包括充满粉尘的上升煤气流的冲刷、下降炉料的磨损和坠落炉瘤的冲击[40~42]。

　　通过原子吸收分析法检测炉料中有害元素的含量，结果见表 6-14。

表 6-14　炉料中有害元素含量　　　　　　　　（%）

日期	名称	元　素			
		Pb	Zn	K	Na
12 月 12 日	焦炭	无	0.002	0.032	0.147
	煤粉	无	0.008	0.039	0.130
	球团矿	0.0004	0.009	0.026	0.198
	烧结矿	0.0004	0.013	0.027	0.237
12 月 13 日	焦炭	无	0.001	0.030	0.149
	煤粉	无	0.008	0.062	0.127
	球团矿	无	0.008	0.055	0.167
	烧结矿	无	0.008	0.027	0.150
12 月 14 日	焦炭	无	0.002	0.029	0.150
	煤粉	无	0.014	0.068	0.154
	球团矿	无	0.007	0.040	0.133
	烧结矿	无	0.017	0.036	0.129
12 月 15 日	焦炭	无	0.0009	0.028	0.159
	煤粉	无	0.0007	0.051	0.120
	球团矿	无	0.018	0.199	0.064
	烧结矿	无	0.012	0.204	0.082

日期	名称	元素			
		Pb	Zn	K	Na
12 月 16 日	焦炭	无	0.0012	0.021	0.149
	煤粉	无	0.0013	0.064	0.126
	球团矿	无	0.016	0.178	0.059
	烧结矿	无	0.016	0.175	0.044
12 月 17 日	焦炭	无	0.013	0.016	0.142
	煤粉	无	0.010	0.027	0.136
	球团矿	无	0.006	0.157	0.057
	烧结矿	无	0.016	0.135	0.034
12 月 18 日	焦炭	无	0.013	0.011	0.171
	煤粉	无	0.008	0.020	0.134
	球团矿	无	0.0197	0.0264	0.1369
	烧结矿	无	0.0075	0.0457	0.1422

莱钢 3 号 125m³ 高炉使用原燃料中的有害元素见表 6-14，原燃料中煤粉和焦炭中有害元素以 Zn、K 和 Na 为主。

分析试样在高炉中的位置如图 6-71 所示，分别取自炉喉、炉身中上部、炉身下部，炉腹和炉腰侵蚀较为严重区域，取样点分别为样点 1 和样点 2。

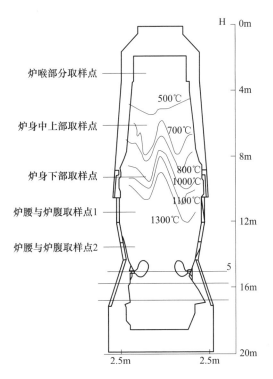

图 6-71 取样位置及高炉内部温度分布

耐火砖试样取样点分别为耐火材料的热面，即内部区域，耐火材料的中部和炉壳侧冷面，即外部区域（图6-72），将一块耐火砖的三个不同取样点的成分进行对比分析，得出各有害元素在砖内的分布状况，并分析其侵蚀机理。

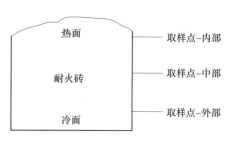

图 6-72　耐火砖试样取样图

6.5.2　实验结果及分析

6.5.2.1　高炉炉喉内衬侵蚀状况

取炉喉钢砖下第一层耐火砖作电镜和能谱分析，结果如图6-73和图6-74所示。由图可见，高炉炉喉部分耐火材料结构致密，未发现有明显的侵蚀现象，高炉炉喉耐火材料的破损主要是由煤气流的冲刷和炉料的机械磨损所致，原料中的有害元素，如 K、Na、Zn等，并未与耐火材料发生反应；此外由于炉喉煤气流的温度相对较低，大约只有300℃左右，因此热侵蚀也并不明显。

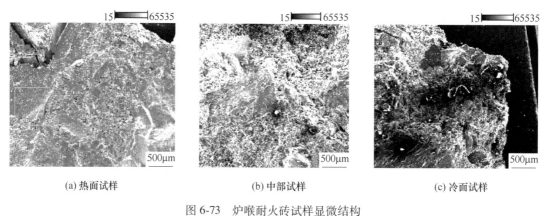

　　(a) 热面试样　　　　　　　　(b) 中部试样　　　　　　　　(c) 冷面试样

图 6-73　炉喉耐火砖试样显微结构

图6-74所示为耐火砖试样热面、中部、冷面扫描电镜能谱分析结果。从能谱分析结果来看，炉喉部位元素由 Al、Si 和 O 组成，这些元素是刚玉莫来石（$Al_2O_3 \cdot SiO_2$）的成分，说明高炉炉喉耐火材料结构完整，完全未受炉料中有害元素的侵蚀。炉喉段的破损主要是受到炉料的冲击，高速粉尘、煤气的冲刷，以及温度频繁变化产生的热应力作用等，致使砖衬结构发生变形或脱落。

6.5.2.2　高炉炉身区域侵蚀状况

A　炉身中上部实验结果及分析

从图6-75中可以看出，炉身中上部耐火材料结构比炉喉耐火材料结构疏松。一方面，炉身部位炉墙温度较高，大约为400~800℃，热侵蚀开始加重；另一方面，由于在这个温度段炉料中的有害元素在高炉内开始循环富集，可能对高炉耐火材料产生影响。

从图6-76扫描电镜能谱分析结果来看，只有少量的 Zn 存在耐火材料的热面，而耐火材料的中部和冷面由 Al、Si 和 O 元素组成，没有发现有害元素。将能谱分析中的锌含量绘制成图，如图6-77所示。

从图6-77可以看出，在高炉的中上部，耐火材料的热面有 Zn 或者 ZnO 存在，而在耐

Full scale counts:341

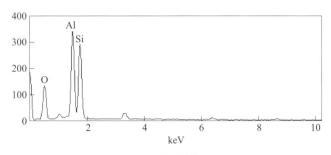

(a) 热面试样

Full scale counts:364

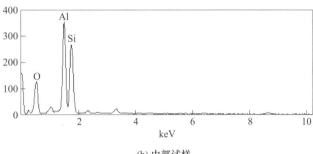

(b) 中部试样

Full scale counts:118

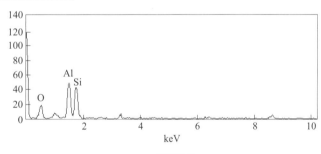

(c) 冷面试样

图 6-74　扫描电镜能谱分析结果

(a) 热面试样　　　　　　　　　(b) 中部试样　　　　　　　　　(c) 冷面试样

图 6-75　炉身上部耐火砖试样显微结构

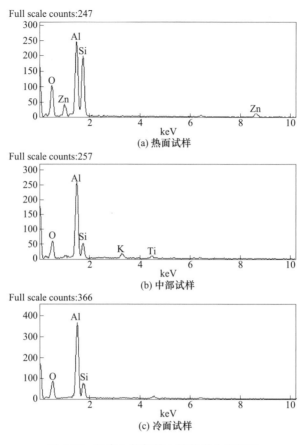

图 6-76　炉身上部扫描电镜能谱分析结果

火砖的取样点中部和外部没有任何有害元素，说明 Zn 或者 ZnO 只是附着在耐火材料的热面，并未与炉衬材料发生化学反应，从而破坏耐火材料。

图 6-78 所示为耐火砖中部试样 500 倍放大图。图中颗粒状物质成分为刚玉，刚玉颗粒紧密的堆积在莫来石中，结构比较致密，耐火材料的基质以及主体颗粒没有被有害元素侵蚀而导致结构疏松。这说明在高炉的中上部，除了

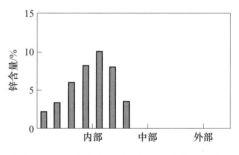

图 6-77　炉身上部耐火砖中锌含量的变化

在耐火材料的热面有少量的 Zn 或者 ZnO 存在外，材料的内部没有受到有害元素的侵蚀。

使用 XRD 对耐火材料内部的矿相进行分析，如图 6-79 所示。XRD 结果表明，耐火材料的内部是由刚玉莫来石组成的，这也验证了在高炉炉身中上部 Zn 或者 ZnO 并未对耐火材料产生化学侵蚀。

由以上分析可知，在该耐火砖热面有微量 Zn 元素渗透，中部消失，可知该耐火砖处于炉身上、中部分。Zn 在炉身上部被氧化成 ZnO，侵蚀程度较轻，这与高炉炉料中的 Zn 循环富集有关。

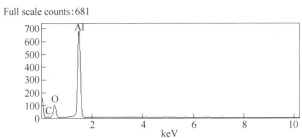

图 6-78 炉身中上部耐火砖中部试样 500 倍放大图及能谱分析结果

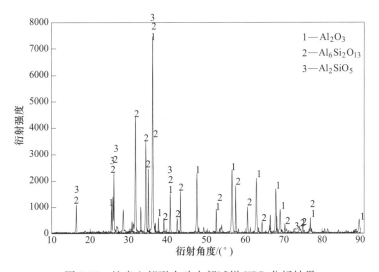

图 6-79 炉身上部耐火砖中部试样 XRD 分析结果

　　锌是以难还原的化合物形态进入高炉，主要有硫化物（ZnFeS 或 ZnS）、亚铁酸盐（$ZnO \cdot Fe_2O_3$）和硅酸盐（$ZnO \cdot SiO_2$）。其还原、氧化、蒸发、冷凝和循环过程都在高炉内发生，这些化合物的还原只有当温度达 900℃时才会明显加快。

　　在高温下还原出来的锌，在高炉较高的水平面气化和挥发。其中大部分被高炉煤气带走，小部分滞留于煤气上升管和炉喉及砖衬上形成锌瘤，一部分遇到入炉的冷炉料，凝结其上，返回高炉下部高温区域，形成高炉内锌循环。

所以在高炉的中上部耐火材料的热面有 Zn 或者 ZnO 存在，由于温度较低，Zn 或者 ZnO 只是附着在耐火材料的表面，很难与耐火材料发生反应，对材料内部产生侵蚀。

B　炉身下部实验结果及分析

从图 6-80 可以看出，高炉炉身下部耐火材料由内到外结构均比较疏松，耐火材料的主体已受到侵蚀，有些地方存在明显的孔洞与裂纹。高炉炉身下部温度已达到 800～1000℃，除热侵蚀加重以外，炉料中的有害元素在该温度区域大量反应，这些因素均导致高炉炉身下部耐火材料侵蚀加重。

(a) 热面试样　　　　　　(b) 中部试样　　　　　　(c) 冷面试样

图 6-80　炉身下部耐火砖试样显微结构

从图 6-81 扫描电镜能谱分析结果来看，除了 Zn 对高炉炉衬产生侵蚀以外，K、Ca 也出现在耐火材料中。其中，Zn、K 侵蚀比较严重，整个耐火材料均发现两种有害元素的存在；Ca 元素比较少，主要存在于耐火材料的热面，耐火砖的内部仅含有少量的 Ca 元素，将能谱分析中的有害元素含量绘制成图，如图 6-82 所示。

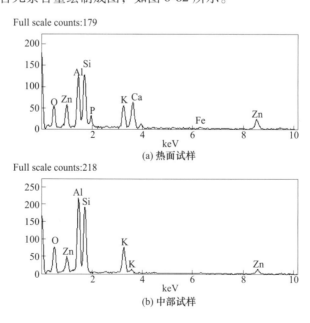

(a) 热面试样

(b) 中部试样

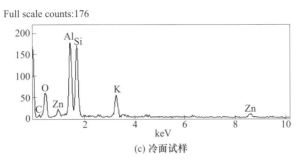

图 6-81 炉身下部耐火砖能谱分析结果

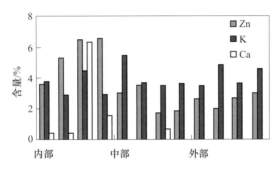

图 6-82 炉身下部耐火砖中 Zn、K、Ca 含量变化

从图 6-82 可以看出,耐火砖从热面到冷面,Zn 含量有减少的趋势,K 含量没有减少,而 Ca 元素在耐火砖的外部基本没有发现,这说明在高炉炉身下部钾对耐火材料的侵蚀最为严重,而钙相对来说侵蚀最轻。

从耐火砖热面试样 2000 倍放大图及能谱分析结果(图 6-83)来看,耐火材料热面有大量的 Ca 元素存在,图中圆粒状物质是 CaO,CaO 的出现表明初渣形成。炉身下部,紧接炉腰的区域温度较高,炉衬除受到炉料和煤气流的物理作用破坏外,在此区域开始形成的初渣也对炉衬产生严重的侵蚀作用。此外,还有少量的 P 和 K 元素,这些物质生成的矿相已经将耐火材料的热面完全破坏,侵蚀相当严重。

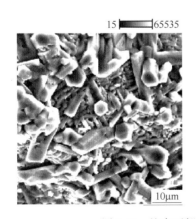

图 6-83 炉身下部耐火砖热面试样 2000 倍放大图及能谱分析结果

使用 XRD 对耐火材料内部的矿相进行分析，如图 6-84 所示。XRD 结果表明，炉身下部耐火材料表面矿相含有钾霞石（$K_2O \cdot Al_2O_3 \cdot 2SiO_2$）、白榴石（$K_2O \cdot Al_2O_3 \cdot 4SiO_2$）、锌尖晶石（$ZnO \cdot Al_2O_3$）、ZnO、ZnS。其中 ZnO 与 ZnS 沉积在砖的气孔、裂纹和砖缝中，起填充作用，致使砖的龟裂扩大，砌体膨胀和上涨，部分 Zn 还与耐火砖发生反应，生成锌尖晶石，导致砖组织脆弱，强度降低。

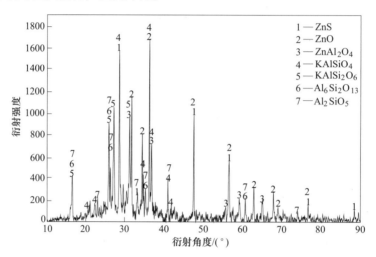

图 6-84 炉身下部耐火砖热面试样 XRD 分析结果

在高炉炉身下部除存在锌的侵蚀外，钾和钙也开始侵蚀耐火材料。钾属于碱金属元素，存在于含铁炉料和焦炭中，随炉料进入高炉。在温度小于 900℃ 时，碱金属主要以氧化物和碳酸盐形式存在。高炉的入炉原料中几乎不含有碱金属的氧化物和碳酸盐，主要是以复杂硅酸盐形式存在，到达高温区后碱金属硅酸盐分解产生碱金属蒸气，随煤气流上升生成较稳定的碱金属碳酸盐沉积于炉料表面，随炉料下降形成循环。

炉身下部存在着硅酸盐的分解、氰化物的气液反应和碳酸盐的分解等反应，炉身下部也是这些碱金属化合物富集的区域。此外，由于该区域温度较高温区低，附着在炉料上的碱金属化合物的二次挥发量少。

因此碱金属在炉身下部的大量富集，使浓度很高的碱金属通过气孔和缝隙进入砖衬，从而导致在 $Al_2O_3 \cdot SiO_2$ 质耐火材料中发生下列反应：

$$6K + 3Al_2O_3 \cdot 2SiO_2 + 4SiO_2 + 3CO \longrightarrow 3(K_2O \cdot Al_2O_3 \cdot 2SiO_2) + 3C \downarrow$$

该反应一方面生成钾霞石矿相，使之产生大量的膨胀，而引起耐火砖逐层剥落；另一方面加重碳沉积。

钾霞石、白榴石这些新相的生成产生较大的体积膨胀，破坏耐火砖的组织结构，强度和耐火性能明显下降，炉衬易出现裂纹和粉化现象。

炉身下部温度较高，大量熔渣形成。高温下的碱金属蒸气对砖的化学反应也较上部和中部明显，侵蚀生成的钾霞石、白榴石、锌尖晶石对炉衬结构造成较大的破坏。

6.5.2.3 高炉炉腰和炉腹区域侵蚀状况

图 6-85 所示为炉腰和炉腹耐火材料显微结构。从图中可以看出，耐火材料生成大量的液相，这是由于炉腰和炉腹区域温度很高，大约为 1100~1300℃，在这个温度段除了炉

料中的有害元素对炉衬的侵蚀以外，渣的侵蚀也起到了重要的作用。耐火材料的主体与渣中 CaO 和 SiO_2 反应生成的液相，加重了炉衬的破损，侵蚀相当严重。

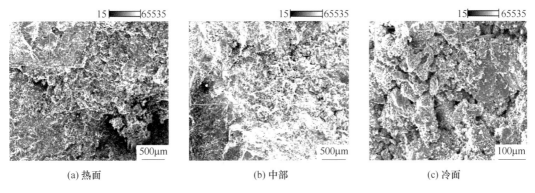

(a) 热面   (b) 中部   (c) 冷面

图 6-85 炉腰部位耐火砖显微结构

从图 6-86 能谱分析结果来看，C 和 Fe 元素的出现说明炉腰和炉腹已经开始 C 的析出反应及出现 Fe 液，并且 Fe 液开始向已经经过有害元素侵蚀而变得结构疏松的耐火材料中渗透。因此随着温度升高，炉腰和炉腹部位受到的侵蚀和热冲刷作用越来越严重，耐火材料结构破坏的也更为严重。

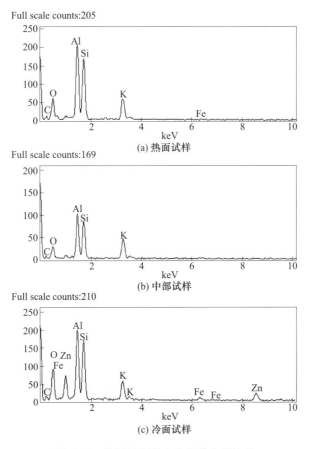

图 6-86 炉腰部位耐火砖能谱分析结果

从图 6-87 元素分布来看，除了 C 的析出以外，Zn 在耐火砖中的含量并没有减少的趋势，这说明耐火砖已经被 Zn 完全侵蚀，Zn 在炉腰和炉腹部位对耐火材料的侵蚀作用比在炉身下部更为严重。

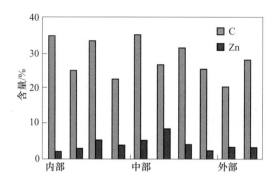

图 6-87 炉腰部位耐火砖中 C 与 Zn 含量变化趋势

从炉腹和炉腰耐火砖试样热面的 XRD 分析结果（图 6-88）来看，除了莫来石以外还存在锌尖晶石（$ZnAl_2O_4$）、二氧化硅（SiO_2）和碳素（C），且 XRD 分析中已经不存在刚玉成分，这说明在以刚玉莫来石为骨架的炉村耐火材料中，Al_2O_3 开始和渣中碱性物质反应，生成低熔点的硅酸盐；同时 C 的析出及锌尖晶石充斥在耐火材料中，使得耐火材料结构疏松容易脱落。

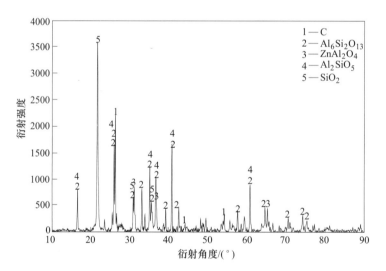

图 6-88 炉腰部位耐火砖热面试样 XRD 分析结果

图 6-89 所示为炉腰和炉腹耐火材料显微结构。与图 6-85 相似，耐火材料中生成了大量的液相，该试样扫描电镜图与炉身下部图比较发现，耐火材料表面结构更为疏松，孔隙更多，侵蚀更加严重。

从能谱分析图 6-90 来看，渣中的钙和硅对耐火材料的侵蚀相当明显，此外铁的侵蚀开始加重。总体来讲，越接近高炉的下部，温度越高，炉衬受到的热侵蚀越严重，而侵蚀炉衬的元素越多，炉体的破坏程度越大。

(a) 热面试样　　　　　　　　　(b) 中部试样　　　　　　　　　(c) 冷面试样

图 6-89　炉腹部位耐火砖试样显微结构

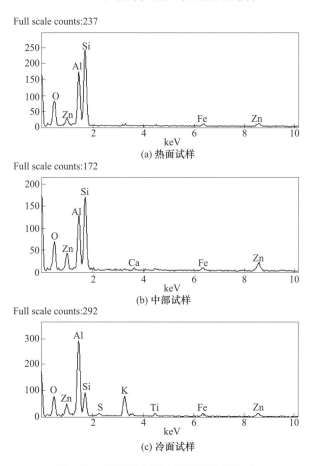

图 6-90　炉腹部位耐火砖能谱分析结果

图 6-91 所示为铁含量趋势，虽然铁的侵蚀量逐渐减少，但是炉腰炉腹部位铁液的形成说明，局部温度已经达到了 1300℃，高温的铁液对炉衬耐火材料的热侵蚀作用也是炉腰炉腹耐火材料状况恶化的重要因素之一。

通过 XRD 分析结果（图 6-92）来看，该部位存在大量的二氧化硅（SiO_2）。SiO_2 容易与 CaO 以及 Al_2O_3 生成低熔点化合物，产生玻璃相，破坏耐火材料的基质，使炉衬被温度很高的铁液侵入，并且受到其他热应力的作用而脱落。

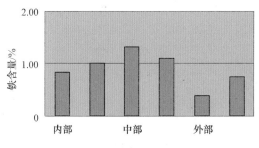

图 6-91 炉腹试样中铁含量趋势

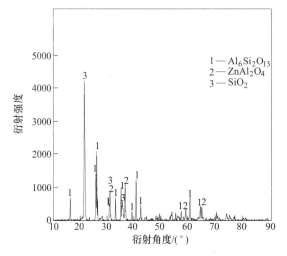

图 6-92 炉腹部位热面试样 XRD 分析结果

图 6-93 所示为各有害元素以及钙黄长石侵蚀试样 XRD 分析结果。受到炉渣的侵蚀后，除了生成低熔点的硅酸盐以外，钙的低熔点化合物侵蚀作用也更为突出。钙黄长石（$Ca_2Al_2SiO_7$）的熔点仅为 1200℃ 。

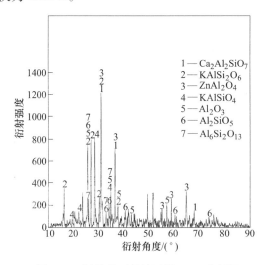

图 6-93 钙黄长石侵蚀试样 XRD 分析图

由以上分析可知，炉腰和炉腹部分在 1100~1300℃ 强烈的高温作用下，受到含有较高的 FeO、MnO、碱金属炉渣、高温铁液的化学侵蚀以及机械冲刷作用，侵蚀情况比炉身下部更为严重，相对来说侵蚀部位中渣的含量更多。

耐火材料中的氧化铁被还原成金属铁，随后由于碳化而生成碳化铁，再分解便发生碳素沉积，碳在碳化铁上呈丝状伸长。其反应式如下：

$$3Fe_2O_3 + CO \Longrightarrow 2Fe_3O_4 + CO_2 \tag{6-18}$$

$$Fe_3O_4 + CO \Longrightarrow 3FeO + CO_2 \tag{6-19}$$

$$FeO + CO \Longrightarrow Fe + CO_2 \tag{6-20}$$

$$3Fe + 2CO \Longrightarrow Fe_3C + CO_2 \tag{6-21}$$

$$2Fe_3C + 2CO \Longrightarrow 3Fe_2C + CO_2 \tag{6-22}$$

$$3Fe_2C \Longrightarrow 2Fe_3C + C \tag{6-23}$$

碳素沉积不仅能够发生在 400~800℃ 的范围内以及氧化铁含量较高的耐火砖砌体中，而且在 800℃ 以上以及氧化铁含量较低时，沉积碳会更加明显，这种沉积碳素是由强碱或锌在高温下还原 CO 而形成的，其反应式如下：

$$2K + CO \Longrightarrow K_2O + C \tag{6-24}$$

$$Zn + CO \Longrightarrow ZnO + C \tag{6-25}$$

由于碱金属主要富集在炉身下部和炉腰炉腹部分，而该区域温度较高，所以碳素的析出在该区域较为明显。

高炉炉渣一般包括 SiO_2、CaO、Al_2O_3、FeO、Fe_2O_3、S 等。高炉炉渣一般属于低碱度渣，对于硅酸铝耐火材料来说，当温度在 1600℃ 以下及炉渣二元碱度为 1.3~2.5 时，炉渣显示出强烈的侵蚀性。

由能谱仪和 XRD 对该区域试样的检测结果发现，该区域试样中明显含有炉渣的成分，证实炉渣对炉衬的侵蚀主要发生在炉腰和炉腹部分，且该区域炉渣大量形成。

6.5.2.4 高炉炉缸区域侵蚀状况

高炉炉缸、炉底的破坏是化学、流体动力学及热变形共同作用的结果，从传热学、热应力、材料学、热力和动力学的角度分析，概括来说，炉缸炉底的破损原因有以下几个方面：

(1) 渣铁和煤气的机械冲刷作用；

(2) 煤气中 CO_2、O_2、H_2O 的氧化作用；

(3) 热应力的破坏作用；

(4) 铁及碱金属和锌的渗透引起炭砖变质，并在渗透层与炭砖之间由于应力作用而产生环形裂缝。

高炉冶炼过程中，炉缸上部是高炉中温度最高的部位。炉缸上部靠近风口区域温度在 1700~2000℃ 以上，底部温度一般在 1450~1600℃，铁口中心线以下的炉缸炉底侵蚀主要表现为蒜头形的异常侵蚀，侵蚀速度过快，主要原因是高温铁水的熔蚀、高压下铁水的渗透和铁水的流动冲刷。

炉缸炭砖各部位试样如图 6-94 所示。从炉缸炭砖扫描结果来看，试样的热面和中部侵蚀十分严重，砖体形成大量的间隙，大量的化学反应物包围在炭砖的热面，炭砖冷面有大量的裂纹，并且表面附着杂质，但是砖体基本结构未发生变化。

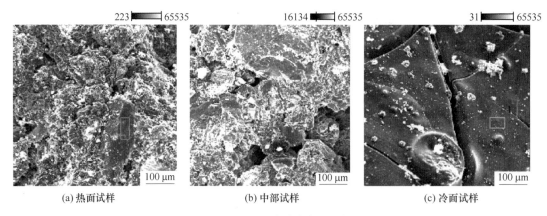

(a) 热面试样　　　　　　　　(b) 中部试样　　　　　　　　(c) 冷面试样

图 6-94　炉缸炭砖各部位试样

从能谱分析图 6-95 来看，试样的热面和中部有 Na、Mg、Al、Si、S、K、Ca、Fe、O 等

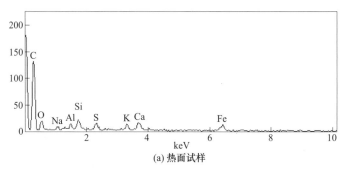

(a) 热面试样

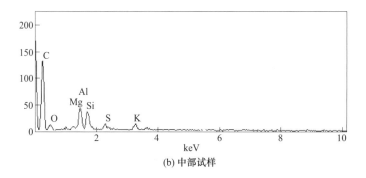

(b) 中部试样

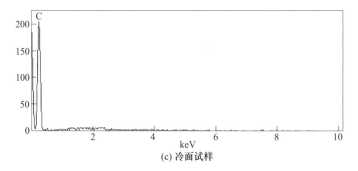

(c) 冷面试样

图 6-95　炉缸炭砖能谱分析结果图

多种元素存在，因此炭砖热面结构疏松多孔主要是由于渣的侵蚀，炉底温度一般在 1350~1500℃，碱金属 Na、K 主要是以单质形式存在渗入砖衬中，造成衬砖的体积膨胀，导致其侵蚀层孔隙率增高，最终致使砖衬结构疏松，强度下降。试样冷面没有大量有害元素出现，这说明砖衬内部大量的裂纹是由热应力产生。

图 6-96 对比了炭砖热面和冷面的显微结构以及有害元素存在的形态。由原燃料带入炉内的碱金属、锌等物质除少部分通过炉顶煤气和炉渣排出炉外，其余大部分都在炉内反复循环富集，渗入砖衬中的碱金属及碱金属的凝聚物发生碱金属侵蚀反应，加之渗入砖缝及孔隙中的 CO、CO_2 与耐火材料基质发生反应，产生碳的沉积，造成砖衬体积膨胀，导致其侵蚀层孔隙率增高，最终致使砖衬结构疏松、强度下降。此外，热面温度高、膨胀量大，冷面温度低、膨胀量小，因而热面受到冷面的约束而产生压应力，冷面受到热面膨胀的影响而产生拉应力，压力作用的结果是在某一点产生一个危险面，在此危险面上产生剪应力，当剪应力大于炭砖的抗折强度时，会出现平行于炉壳的裂纹，随着裂纹的不断发展，导致炭砖的断裂。这种裂缝的形成既阻碍了热量向冷却系统的传递，也使炭砖热面温度升高，无法形成稳定的保护性黏结层，并且使炭砖的热面温度高于化学侵蚀的临界反应温度，加速铁水向炭砖孔隙的渗透以及碱金属等化合物的侵蚀，进而加剧炭砖的破坏。

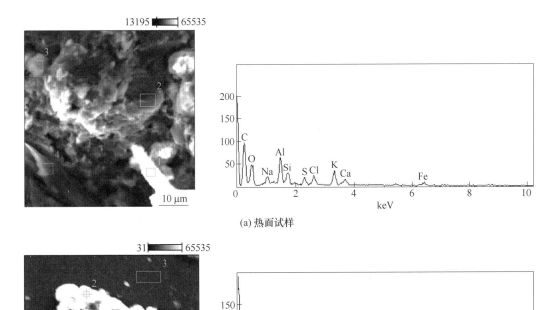

(a) 热面试样

(b) 冷面试样

图 6-96 炭砖试样 2000 倍放大图及能谱分析结果

6.6 小结

（1）莱钢 3 号 125m³ 高炉碱负荷为 5866g/tHM，主要由烧结矿带入，其次分别为球团矿、焦炭和喷吹煤粉，高炉中碱金属排出的主要途径为炉渣。在块状带随高炉高度的降低，炉料中的碱金属含量变化不大，只是在块状带下部碱金属含量有所增加，在软熔带随高炉高度的降低，炉料中的碱金属含量增加较为明显，对比块状带和软熔带中的碱金属含量可以看出，软熔带中的碱金属含量明显高于块状带，碱金属会减低焦炭的冶金性能，且碱金属钾对焦炭的影响较钠大，不利于高炉生产。

（2）莱钢 3 号 125m³ 高炉锌负荷为 285.4g/tHM，主要由烧结矿带入，其次为球团矿和焦炭，喷吹煤粉的带入量最少，除尘灰和污泥是高炉中锌排出的主要途径。从高炉不同区域的烧结矿和球团矿中的锌含量可知，锌在软熔带含量很少，锌的富集主要集中在高炉炉腰靠近炉墙的块状带和软熔带顶部上方温度较低的块状带，位于高炉炉身中部中心地带。随着焦炭中锌配比量的增加，焦粉的反应性逐渐提高，可见锌对焦炭与 CO_2 的碳素溶损反应起正催化作用。

（3）莱钢 3 号 125m³ 高炉铅负荷为 6.79g/tHM，主要由烧结矿和球团矿带入，由铁水带出。莱钢高炉入炉原料中铅含量很少，因此高炉内部含铁原料中的铅含量变化也不大。高炉解剖的各样点进入软熔带后铅含量稍有增加，随后立即降低。烧结矿和球团矿对铅蒸气的吸附主要发生在 800~1200℃ 温度范围内，而焦炭对铅蒸气的吸附在温度达到 1000℃ 左右时达到最高，但在同一温度下焦炭铅吸附量比烧结矿和球团矿低得多，随着铅含量的增加，烧结矿和球团矿的粉化程度增大，焦炭中加入氧化锌、氧化铅后，其反应性随锌、铅含量的增加呈现递增的趋势。

（4）高炉边缘、高炉中心及高炉中心和高炉边缘之间的 S 含量变化不尽相同，随着高炉高度的降低，S 含量呈现升高的趋势。高炉中心和高炉边缘之间块状带中烧结矿中的硫含量变化不大，到软熔带之后烧结矿中的硫含量突然增大，而高炉边缘和高炉中心垂直方向上的 S 含量从块状带到软熔带有个逐渐过渡的过程。

（5）高炉炉喉耐火材料的破损主要是由煤气流的冲刷和炉料的机械磨损所致。炉身中上部耐火材料结构比炉喉耐火材料结构疏松，主要由热侵蚀加重和有害元素在高炉内循环富集导致；炉身下部耐火材料由内到外结构均比较疏松，除了热侵蚀加重以外，该温度区域炉料中的有害元素在高炉内大量反应。炉腰和炉腹区域，除了有害元素对炉衬的侵蚀以外，渣的侵蚀也起到了重要的作用，并且已经开始有 C 的析出反应，热冲刷作用越来越严重，炉缸炉底的破损原因有以下几个方面：1）渣铁和煤气的机械冲刷作用；2）煤气中 CO_2、O_2、H_2O 的氧化作用；3）热应力的破坏作用；4）铁及碱金属和 Zn 的渗透引起炭砖变质，并在渗透层与炭砖之间由于应力作用而产生环形裂缝。

参 考 文 献

[1] 张勇. 碱金属在高炉冶炼中反应行为的研究 [D]. 唐山：河北理工学院，2004.
[2] 王东，张宏星. 青钢铁前系统碱金属对生产的影响及应对措施 [J]. 炼铁，2014（5）：44-46.

[3] 刘海燕，付涛．八钢炼铁过程中碱金属的行为浅析 [J]．新疆钢铁，2000（4）：35-38.

[4] 雷宪军，王庆学．酒钢高炉碱金属分析和控制措施 [J]．炼铁，2014（6）：29-32.

[5] 伍世辉，刘三林，李鲜明．韶钢 6 号高炉碱金属的危害及其控制 [J]．南方金属，2009（1）：38-40.

[6] 郭卓团，郝忠平，全子伟，等．包钢 4 号高炉锌平衡研究及抑制措施 [J]．炼铁，2009（2）：42-44.

[7] 刘伟．高炉碱金属行为的研究 [D]．武汉：武汉科技大学，2004.

[8] 张伟，王再义，张立国，等．鞍凌高炉碱金属平衡及热力学行为分析 [C]//2014 年全国炼铁生产技术会暨炼铁学术年会文集（上）．2014.

[9] 邓守强．高炉炼铁技术 [M]．北京：冶金工业出版社，1988.

[10] 麻学珍，王小文．有害元素对高炉炉况的影响 [J]．河北冶金，2003，136（4）：20-23.

[11] 刘永红．有害元素对高炉炼铁的影响及控制措施 [J]．中国西部科技，2008，7（23）：9-10.

[12] 张庆瑞．碱金属富集与循环 [J]．钢铁，1982（11）：75-77.

[13] 杨永宜，高征铠．碱金属及氟引起高炉结瘤的机理及防治结瘤的措施 [J]．钢铁，1983，18（12）：32-38.

[14] Jak E，Hayes P. The use of thermodynamic modeling to examine alkali recirculation in the iron blast furnace [J]. High Temperature Materials and Processes，2012，31（4-5）：657-665.

[15] 柏凌，张建良，郭豪，等．高炉内碱金属的富集循环 [J]．钢铁研究学报，2008，20（9）：5-8.

[16] 王雪松，付元坤，李肇毅．高炉内锌的分布及平衡 [J]．钢铁研究学报，2005，17（1）：68-71.

[17] 王庆祥，尹坚．湘钢 1 号高炉碱金属行为 [J]．中国冶金，2005，15（2）：21-23.

[18] 王成立，吕庆，顾林娜，等．碱金属在高炉内的反应及分配 [J]．钢铁研究学报，2006，18（6）：6-10.

[19] 于淑娟，郭玉华，王萍，等．锌在钢铁厂内的循环及危害 [J]．鞍钢技术，2011，1：13-15.

[20] 张芳，张世忠，罗果萍，等．锌在包钢高炉中行为机制 [J]．钢铁，2011，46（8）：7-11.

[21] 焦克新，张建良，左海滨，等．锌在高炉内渣铁中溶解行为计算分析 [J]．东北大学学报（自然科学版），2014，35（3）：383-387.

[22] 薛立基．锌在高炉内的还原和分布规律研究 [J]．钢铁钒钛，1991（3）：36-42.

[23] 王西鑫．锌在高炉生产中的危害机理分析及其防止 [J]．钢铁研究，1992（3）：36-41.

[24] 王西鑫．锌在高炉生产中的危害分析及其防治 [J]．西安建筑科技大学学报（自然科学版），1993（1）：91-96.

[25] 张芳，李荣，安胜利，等．Zn 在高炉中热力学行为研究 [J]．内蒙古科技大学学报，2012，31（3）：213-217.

[26] 周飞，彭其春，陈本强，等．高炉内锌平衡与结瘤的分析 [J]．中国冶金，2010，20（2）：15-19.

[27] 张贺顺，马洪斌．首钢高炉锌及碱金属负荷的研究 [J]．钢铁研究，2010，38（6）：51-55.

[28] 王宝海，张洪宇，肇德胜，等．鞍钢 7 号高炉锌危害分析与控制 [C]//2008 年全国炼铁生产技术会议暨炼铁年会文集（上册）．2008.

[29] 杨金福，王霞，张英才，等．高炉中有害元素的平衡分析及其脱除 [J]．中国冶金，2007，17（11）：35-40.

[30] 王成立，顾林娜．Pb 在高炉冶炼过程中的变化与分配 [J]．冶金丛刊，2008（6）：5-9.

[31] 薛飞．高炉中铅元素的循环富集及其抑制措施 [J]．山东冶金，2014（2）：44-45.

[32] 黄小晓．原燃料中有害元素对高炉冶炼影响的研究 [D]．昆明：昆明理工大学，2013.

[33] 沈峰满，杨雪峰，杨光景，等．铅在高炉内的渗透机理 [J]．东北大学学报，2006，27（9）：1003-1006.

[34] 李继铮，宋木森，张彦文．铅对高炉炉底炭砖的侵蚀机制 [J]．耐火材料，2012，46（1）：37-40.

[35] 李奇勇．高炉炉前含铅烟气的治理 [J]．工业安全与防尘，1997（11）：1-2.

［36］刘云彩. 从硫的分配系数谈高炉生产方式的选择［J］. 炼铁，2016（2）：30-31.

［37］康泽朋. 邯钢大型高炉有害微量元素分布及控制技术研究［D］. 唐山：河北联合大学，2014.

［38］卢郑汀. 有害元素对某钢厂 2500m³ 高炉生产及长寿影响的研究［D］. 昆明：昆明理工大学，2015.

［39］蔡九菊，吴复忠，李军旗，等. 高炉-转炉流程生产过程的硫素流分析［J］. 钢铁，2008，43（7）：91-95.

［40］郑安忠. 钢铁工业用耐火材料技术发展现状和趋势［J］. 耐火材料，1990，24（3）：1-7.

［41］许美兰，赵忠仁. 武钢 1 号高炉炉底与炉缸长寿新技术［J］. 钢铁，2002，37（2）：4-6.

［42］田村新一. 高炉耐火材料的侵蚀［J］. 国外耐火材料，1987（3）：8-11.

7 解剖高炉料柱结构及其机理研究

由于高炉冶炼时的高温、高压、密闭环境，直接研究炉内的料柱结构和渣铁分布十分困难，虽然许多炼铁工作者采用冷态模拟等办法对此进行了深入的研究，但是由于实际炉内环境的复杂性，模拟的结果与实际还是有很大差异，因此高炉解剖是彻底弄清楚该问题最好的方法。本章借助高炉解剖的机会，首先研究了莱钢高炉炉内料柱结构，再现了高炉块状带、燃烧带、风口回旋区、炉缸死料柱等结构的实际情况；其次对死料柱置换机理、死料柱的形状及受力分析、渣铁形成机理、回旋区影响因素、死料柱状态判断等方面进行了研究分析；最后研究了装料制度与煤气流的相互影响，针对不同炉况煤气流分布进行模拟。

7.1 高炉料柱结构研究

7.1.1 块状带结构

高炉解剖采取了先插芯管，然后按点取普样，最后按区域逐层清料的方法来研究块状带的料层分布。图 7-1 所示为炉身上部同一区域不同料层深度拍摄的料面照片。

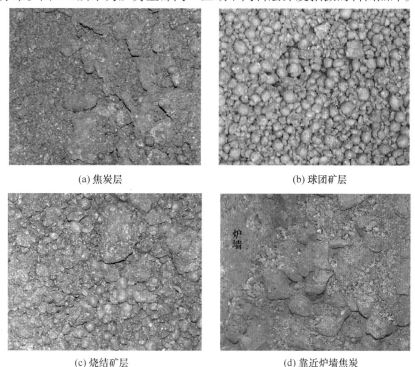

(a) 焦炭层

(b) 球团矿层

(c) 烧结矿层

(d) 靠近炉墙焦炭

图 7-1　炉身散料层炉料分布情况

炉料在炉身中上部的分布总体呈现如下特征：靠近炉墙 20～35cm 区域基本上全是大块焦炭，不分层，而焦炭区域内随着料层的不同会混入少量该料层的含铁炉料。离炉墙 20～35cm 外至中心的区域料柱中，焦炭与球团矿分层较明显，而焦炭与烧结矿分层现象不明显。虽然由于在扒炉铲料过程中大块焦炭易于被铲到表面，使小的烧结矿和球团矿滚入焦炭间隙，影响了原始的料层分布，但总体上还是可以看出以上规律。

在高炉解剖过程中发现块状带炉料具有如下规律：

（1）布料存在偏析。由实测料面数据看出，布料存在偏析：北面料面严重偏低；靠近炉墙以大块焦炭为主，含铁炉料少；球团矿则相对靠近中心区域。

（2）混料现象严重。从扒料取样过程中观察，混料现象较为普遍，矿焦分层现象不明显。图 7-2（a）所示为料面附近球团矿的分布情况示意图，可以看到球团矿主要分布在料面中心位置。图 7-2（b）和（c）所示为 7 号风口区炉身高度 1300～2100mm 的料层情况，从图中可以看出，在靠近炉墙位置以焦炭为主，空隙中填充大量的碎烧结矿；在靠近高炉中心位置，烧结矿和焦炭混料严重。

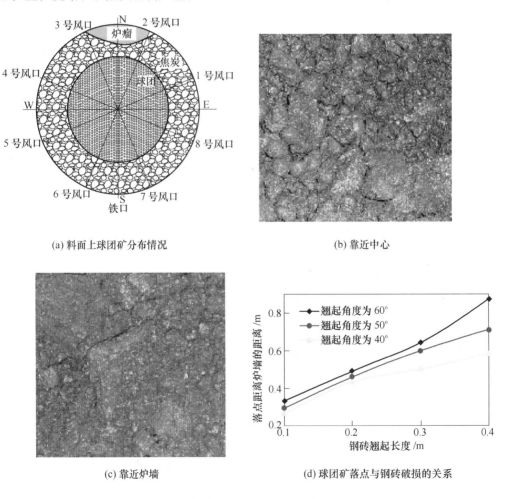

(a) 料面上球团矿分布情况　　　　　　(b) 靠近中心

(c) 靠近炉墙　　　　　　(d) 球团矿落点与钢砖破损的关系

图 7-2　块状带的混料现象

针对球团矿主要分布在中心的特点，尝试分析并计算了球团矿落点与炉喉钢砖破损的关系，计算结果如图 7-2 (d) 所示。可以看到：1) 根据球团矿的特点，即使钢砖不翘起，球团矿也是滚向中心，只是钢砖翘起加剧了球团矿滚向中心，钢砖翘起也使烧结矿分布受到影响，其规律仍然是边缘分布少、中心分布多，这也是边缘无矿或少矿的原因；2) 钢砖翘起的部分越长，球团矿越是远离炉墙，靠近中心；3) 钢砖翘起角度越大，球团矿也是远离炉墙，靠近中心。

(3) 块状带的炉料性状。对于烧结矿，粉化严重，烧结矿大块很少，基本上小于10mm，低温还原粉化、打水急冷是造成粉化严重的主要原因。球团矿强度较高，在块状带基本保持原貌，少见爆裂发生；随着炉料下降，逐渐出现球团矿之间发生黏结的现象，且球团矿本身发生变形，破裂。焦炭在块状带始终保持较高强度和大的粒度。

由于炉喉钢砖的严重破坏和变形，加之钟式布料固有的缺陷，导致布料出现偏析，使此高炉的块状带并没有呈现出一般高炉所表现出的明显分层结构；整个块状带混料现象严重，这必然影响煤气流分布和下部软熔带的分布及形状。

(4) 软熔带与滴落带结构。通过对莱钢 125m³ 高炉解剖，发现其软熔带结构具有如下特征：

1) 软熔带为倒 "V" 形，大致分为 10 层，层与层之间为焦窗，从第三层开始软熔带呈现不规则环形。块状带中混料虽然存在，但并没有影响到软熔带中的分层，也能够说明块状带中混料与停炉炉料下降、灌水凉炉及扒炉等因素有关，并不是炉内实际生产中的布料情况。

2) 蘑菇顶位于炉身中下部炉身以下 2/3 处出现，顶部稍微偏离高炉中心，图 7-3 所示为软熔带的蘑菇顶示意图。

图 7-3　软熔带蘑菇顶照片

3) 软熔带首先以球团矿、焦炭黏结形式出现，无烧结矿黏结现象，黏结块中夹杂少量粉末状烧结矿，继续往下逐渐出现烧结矿与焦炭黏结以及烧结矿、球团矿和焦炭的黏结块，说明球团矿的软熔温度比烧结矿低，如图 7-4 所示。

4) 根据石墨盒温度标定的结果，"蘑菇顶"的温度约为 1000℃，这与球团矿的软化温度基本符合，说明软熔带顶部判断是准确的。

5) 滴落带与软熔带没有严格的界限，在软熔带的内侧，焦炭层的空隙处有很小的

"冰凌"，越靠近下部，特别是在接近风口回旋区，"冰凌"明显变多变长（图7-5）。

6）在第三层软熔带下方发现了一个2.2m高，直径最大处有1m左右的"中心空洞"，如图7-6所示，在这个空洞的下方是松散的死料柱焦炭。洞上沿进入炉身250mm，洞底进入炉腹450mm。在风口回旋区上方也发现了空洞，但与中心空洞之间不是相连的，风口回旋区上方的空洞在几个风口是连通的。可见在高炉冶炼过程中，风口回旋区附近及滴落带中的焦炭是处于流态化的，焦炭非常疏松，孔隙度较大；当高炉打水冷却和停止鼓风时，软熔带冷却固化，支撑上部炉料下降，同时下部滴落带疏松焦炭下沉，造成软熔带下部出现空洞。

图7-4 中心黏结层俯视图

图7-5 洞内冰凌

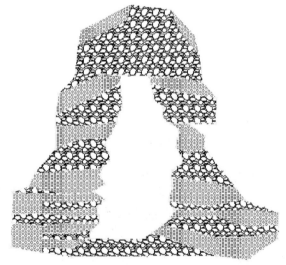

图7-6 2号—6号风口方向软熔带断面

7.1.2 燃烧带及风口回旋区结构

风口回旋区是炉内最活跃的部位，它是炉内煤气的发源地，它对炉缸工作、炉料和煤气运动，以及炉内热交换、还原、熔融和炉缸的终渣、渗碳、脱硫等物理化学过程，都有很大影响，因此弄清这一区域的状态无疑是重要的。

对于现代高炉来说，由于冶炼强度提高，鼓风动能增大，风口前都有一个轮廓呈圆滑曲面的未被炉料填充的"空腔"。停炉后炉料下塌填充回旋区，故很难判断它的形状尺寸及其炉料分布状况，并影响对风口区域的各项研究工作[1]。

为了防止停炉后回旋区周围的炉料塌落，采取向风口回旋区域填充耐火材料的方法，来避免因停炉引起的塌落变形。该解剖高炉共 8 个风口，为了进行比较试验，将其中的两个风口（3 号、4 号风口）进行喷吹耐火材料。

从高炉解剖来看，没有喷填充料的风口回旋区出现了焦炭塌落现象，风口回旋区形状没有得到好的保存（图 7-7）。但风口正前方回旋区内的焦炭与回旋区外有较大的区别，因为回旋区内由于煤气流的作用，滴落的渣铁很难流入回旋区，而是沿着回旋区空腔的外围流动，回旋区上方焦炭内渣铁少，当停风后，回旋区上方的焦炭塌落，填充回旋区空腔。在清料时发现风口前端焦炭较松散，而除回旋区以外的焦炭中渣铁较多，有明显的分界。通过清理松散焦炭留下的空腔初步判断出 5 号风口前端回旋区的大小（图 7-7），其长度为 0.65m、宽度为 0.4m。

图 7-8 所示为 3 号、4 号风口回旋区的顶部刚露出时在炉内的位置。对其中的 4 号风口进行了测量，该风口顶部距离炉墙 1.15m，距离风口中心线高度为 0.6m。将顶部揭开后发现整个回旋区内填充满喷入的填充料，而且回旋区的内部十分光滑，由喷入料和渣铁及焦炭组成，强度很高。填充料没有烧结成块，呈现粉末状，将其掏出后整个回旋区显露出来，基本上为圆柱状（图 7-9）。为方便测量回旋区尺寸，特将其剖开（图 7-10）。通过断面可见回旋区域内部焦炭粒度较小，周围焦炭粒度较大，存在很明显的界限。回旋区高度为 0.6m，风口前端回旋区长 0.7m、宽 0.43m（图 3-29）。

图 7-7　5 号风口前端焦炭分布（未喷填充料）

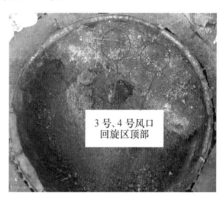

图 7-8　3 号、4 号风口回旋区顶部

图 7-9　4 号风口回旋区空腔

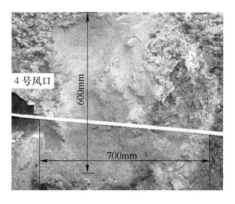

图 7-10　4 号风口回旋区剖面尺寸

在风口平面，两风口之间还出现了明显的风口回旋区间的死角区域，该区域近似于弧长为0.6m，以回旋区前端为中心成60°的扇形，全部由大块焦炭组成，而且焦炭中基本无渣铁。死区与回旋区间由薄的混有渣铁的焦炭组成的墙分隔开（图7-11、图7-12）。死角区域实质上是燃烧带上方漏斗状的焦炭疏松区的一部分。焦炭由这个漏斗状疏松区进入燃烧带，这也是烧结时边缘焦炭中矿石很少甚至无矿石的结果。

 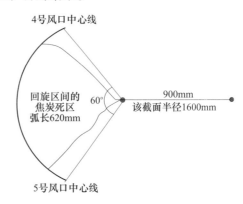

图7-11　4号、5号风口间的焦炭死区　　　图7-12　4号、5号风口间的焦炭死区示意图

从解剖的其他风口回旋区来看，测量的结果都差不多，可以断定此高炉的回旋区形状呈上翘的气囊状，风口前端回旋区长度700mm左右，宽度400mm左右，高600mm左右。回旋区之间存在死区，死区由大块疏松焦炭组成。由未填充的风口回旋区域可见回旋区域内部焦炭粒度较小，周围焦炭粒度较大，存在很明显的界限。

7.1.3　炉缸料柱结构

炉缸内的料柱结构以及渣铁分布是事关高炉渣铁排放、炉缸侵蚀的关键，高炉解剖是弄清高炉炉缸内部状况的最佳手段。通过高炉解剖，发现高炉炉缸内回旋区、渣层断面及渣铁界面的表观形貌呈现不同的状态。

炉缸内回旋区以外的区域为焦炭，内含上部滴落的渣铁，称之为死料柱。死料柱中的焦炭越往下越密实，风口中心线以下0.9m处出现明显的渣层，焦炭浸泡在渣液中，清理掉渣层上相对松散的焦炭后发现渣面几乎为平面（图7-13），为进一步研究焦炭在渣层中的分布，将渣层劈开得到断面（图7-14），发现整个渣层厚度为0.9m。

图7-13　渣层平面图　　　　　　　　　图7-14　渣层断面图

　　从渣层断面看（图7-15），白色针状物为渣，黑色物为焦炭，银色发亮的为铁珠。焦炭在炉缸内几乎均匀分布，渣填充在焦炭之间的缝隙中，滴落带中的铁以小铁珠的形式进入渣内，上层铁珠较大，但比较稀少；渣层越往下，铁珠颗粒变小，但铁明显增多（图7-16）。

图7-15　渣层中的焦炭分布（上部）

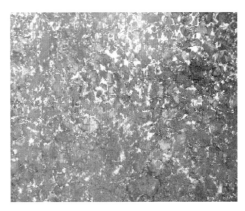

图7-16　渣层中的焦炭分布（下部）

　　渣、铁层分界面十分明显，渣层下方是一个平整的铁层平面（图7-17），整个铁层厚度在1.1~1.3m之间。为搞清楚焦炭在铁水中的分布以及死料柱的沉坐与浮起状态，将铁层劈开（图7-18）。通过劈开的铁层断面（图7-19）可以看到焦炭在铁水中的分布：焦炭是浮在铁水中的。有焦区域与无焦区域分界线明显，铁层上部填充有大量焦炭，焦炭层厚度约为0.6m，下部无焦区的铁层厚度也约为0.6m，即死料柱浮起高度为0.6m。图7-20所示为整个死料柱在渣铁中的分布。死料柱浸泡在铁水中，并浮起0.6m，渣铁层分别厚0.9m、1.3m。

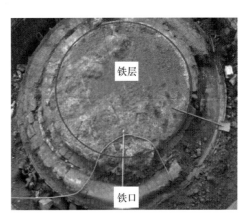

图7-17　铁层平面

图7-18　铁层及劈铁过程

图7-19　劈开的铁层断面

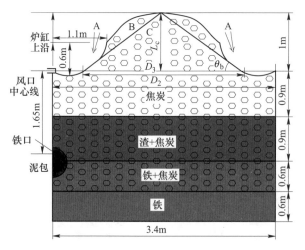

图 7-20 炉缸焦炭、渣铁分布

7.1.4 高炉死料柱的形状确定

高炉下部炉心部分一般认为由三个区域组成（图7-20）：A区是向风口回旋区提供焦炭的主要区域，B区焦炭下降速度比A区域明显降低，C区焦炭基本不向回旋区运动，所以被称为死料柱。

通过对莱钢125m³高炉料柱结构进行研究，特别是对软熔带、滴落带和风口区的参数进行测量，最终绘制了其炉料分布图（图7-21）。其料柱结构呈现如下特征：

（1）散料层总体上是分层的，但有局部混料现象，球团矿与焦炭的分层比较明显，但烧结矿与焦炭的分层不是很明显，局部看靠近炉墙焦炭多。

（2）软熔带为倒"V"形，但软熔带下部、靠近中心出现了大空洞。

（3）回旋区形状呈上翘的气囊状，风口前端回旋区长度700mm左右，宽度400mm左右，高600mm左右。

（4）死料柱浮于铁水中，浮起高度约0.6m，渣和铁水分布在死料柱的焦炭空隙中，且渣铁分层分布。

（5）计算得到死料柱的高度约为1m。

根据一些学者用半圆筒模型进行的实验[2]，取 $\theta_b = 45°$，得到死料柱高度为：

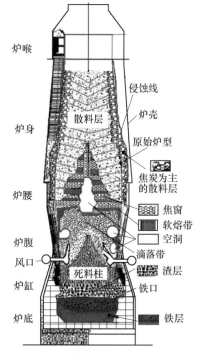

图 7-21 莱钢 125m³
高炉料柱结构

$$L_c = \frac{1}{2}D_3, \quad D_3 = D_2 - 2L_R \qquad (7-1)$$

式中 D_3——回旋区内侧尺寸，m；

L_c——死料柱高度，m；

L_R——回旋区长度，m；

D_2——炉缸直径，m。

通过高炉解剖得到 $D_2 = 3.4$m，$L_R = 0.7$m，$D_3 = 3.4-2×0.7 = 2$m。代入式（7-1）得到死料柱高度 $L_c = 1$m。与实际高度对照，发现基本符合。其按照该理论绘制的死料柱结构图如图7-20所示。

通过对石墨盒温度的标定，绘制了炉内炉料的温度场，结合软熔带在炉内的位置，绘制图7-22。从图7-22可以看出：

（1）第一层软熔带"蘑菇头"为球团矿，因为其软化温度低，靠近蘑菇头附近的等温线为1000℃。

（2）等温线在靠近炉墙附近出现了上翘现象，使整个等温线看起来为"W"形，而对应的软熔带形状为倒"V"形。这是由于炉墙侵蚀、结瘤等使边缘炉料分布以焦炭为主，少量矿石在软化后被停炉冷却水淬成水渣，夹杂在焦炭层中，因此看不到软熔层，然而到软熔带根部区域形成很宽的软熔层。

通过软熔带与温度场的对应关系，发现软熔带的轮廓线和高炉温度场的温度线基本呈对应关系，说明解剖过程中发现软熔带的初始位置判断是正确的。

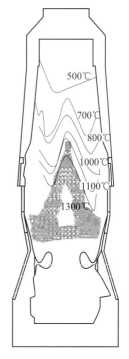

图 7-22 温度场与软熔带

7.1.5 死料柱置换机理

死料柱的更新是上层焦炭由于冶炼而下移进入死料柱，死料柱不断被消耗又不断被新的焦炭填充的过程。其更新机理较为复杂，一方面由于死料柱中的焦炭向风口燃烧带移动，以及死料柱浸泡在炉缸渣铁水中与不饱和的铁水发生碳素溶损反应而被消耗；另一方面是死料柱上方的焦炭不断进入死料柱完成填充。所以要弄清楚死料柱的更新机制，明晰死料柱中的焦炭粒子运动就显得尤为关键。

从图7-23和图7-24可以看出炉身下部粒子的运动，粒子下降速度随着死料柱的浮起而减小，随着死料柱的下沉而加速。

从图7-25和图7-26可以看出死料柱中的焦炭粒子的运动方式大体可以分为四种：

（1）死料柱中心的粒子几乎只做上下垂直运动，这些粒子从死料柱的顶部进入死料柱内部。

（2）死料柱表面层的粒子在死料柱浮起时很容易被挤入回旋区内，然后随着死料柱的下降而从死料柱脱落。

（3）风口附近及以下的粒子随着死料柱的浮起和沉坐不停地做上下"之"字形运动，最后移动到风口回旋区而被排出。

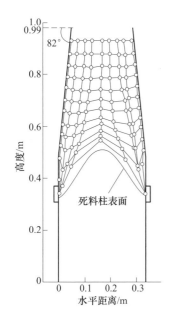

图 7-23 粒子在炉内运动示意图

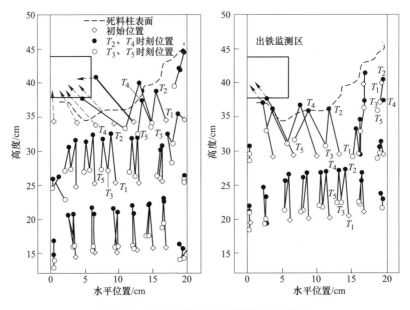

图 7-24 出铁前后粒子在死料柱中的运动

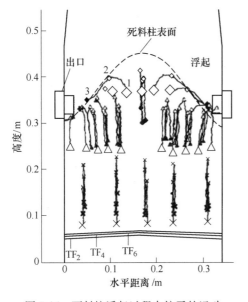

图 7-25 死料柱浮起过程中粒子的运动

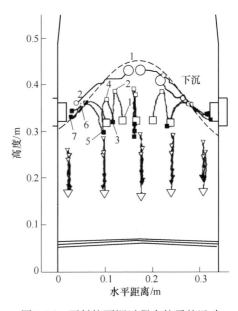

图 7-26 死料柱下沉过程中粒子的运动

（4）死料柱底部的粒子基本在原来的位置做上下运动。

总之，死料柱的更新机制主要依靠死料柱的运动。由于出铁前，炉缸不停地积累渣铁，死料柱受到的浮力越来越大，死料柱上移；铁口打开后渣铁被排出，死料柱下沉；这种周期性的上浮下沉振荡对死料柱的更新起到了至关重要的作用。

7.2 高炉布料与煤气流分布

高炉操作主要通过调节装料制度和送风制度来控制煤气流的分布，其中装料制度决定了高炉的炉料分布，而炉料分布又直接影响煤气流分布及软熔带的形状。高炉煤气利用率主要受块状带的传热和化学反应现象影响，同时此区域的煤气流分布也影响压损、铁水产量和高炉顺行。而在块状带煤气流的分布主要受炉料的分布影响。高炉炉料的分布情况不仅影响软熔带的形状，而且对高炉操作具有决定性的作用。

高炉布料的重要，带来了许多这方面的研究。研究表明，通过散料床的煤气流分布是不均匀的，且煤气流分布受料床的透气性变化影响，即受实际装料的影响。炉料透气性好，将促进煤气流发展；反之，则抑制煤气流发展，甚至导致悬料、管道等炉况的发生。在料面附近的煤气流分布也将受料面形状的影响而发生改变。而料层的透气性分布与炉料颗粒大小、矿焦比、空隙率等径向分布有关，而这些又与高炉装料的装料方式、矿焦批重及炉料冶金性能有关。因此，布料、软熔带对煤气流的分配是控制煤气流径向分布的最重要因素，它们对高炉利用系数、能耗、操作稳定性等有很大影响[6]。

7.2.1　煤气阻力对布料的影响

作为高炉上部调剂的装料制度对煤气流的分布起着决定性的作用。一方面，装料过程中，除炉料本身性质外，对煤气分布影响最大的操作是炉料的径向分布，即炉料堆尖所在位置，这也直接决定了料面的形状变化。另一方面，煤气流也会对布料的落点产生影响，进而影响炉料在炉内的分布。

通过实际高炉料流落点的测定发现，焦炭和矿石的落点存在着很大差异，即使相同的炉料颗粒，由于粒径不同，料流宽度也相当大。颗粒在理想状态下落，落点基本相同。实际装料中，颗粒在空区下降时，除受自身重力外还受煤气曳力和浮力的作用。这些阻力随炉料密度、粒径、形状等因素不同而变化，使得颗粒落点也将发生很大的偏差[7]。

7.2.1.1　煤气流对不同颗粒与密度炉料落点的影响

对料流轨迹和落点进行了计算，很多研究者都采用了刘云彩的布料方程[10]。针对目前料流轨迹计算的不足，较全面地考虑了颗粒在空区下落中所受重力、浮力及煤气曳力的作用，从而建立数学模型计算炉料颗粒在溜槽和空区下落各阶段的运动轨迹。受力分析如图 7-27 和图 7-28 所示。

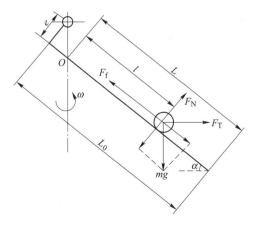

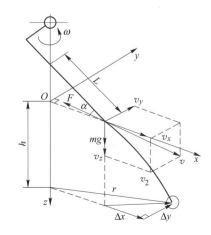

图 7-27　颗粒在溜槽内运动模型　　　　图 7-28　颗粒在空区中运动模型

通过模型计算了不同粒径和煤气流速下不同粒子的运动规律，其结果如图7-29和图7-30所示。从图7-29可以看出，不同炉料颗粒及粒径范围内，颗粒的落点范围变化较大；颗粒粒径与密度越小受煤气的影响越大。从图7-30可以看出，煤气流速增大，炉料在空区运动时间越长，炉料颗粒的布料半径增大；当煤气流速较大时，小颗粒将不易下落，炉顶煤气流分布的不均匀可能导致炉料透气性分布的不均匀。

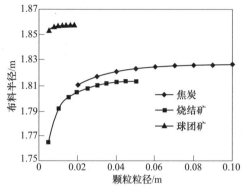
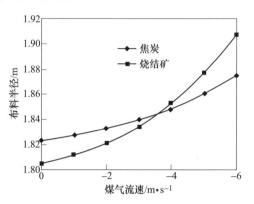

图7-29 不同炉料布料半径颗粒变化曲线   图7-30 布料半径随煤气流速变化曲线

7.2.1.2 煤气曳力对炉料的影响

炉料颗粒在下降过程中趋向于匀速运动，只要下降距离足够远，时间足够长，就能达到煤气曳力和重力（F/mg）相等的匀速直线运动。从图7-31可以看出，大颗粒炉料 F/mg 较小，即曳力占重力的比重较小，可忽略。不考虑煤气曳力条件：初速度小、颗粒大、下降距离短，因此要精确计算布料半径必须考虑煤气曳力对炉料的影响。

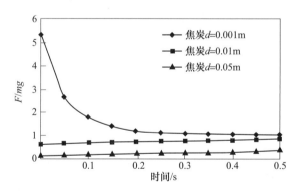

图7-31 曳力和重力比值（F/mg）随下落时间变化关系

7.2.2 高炉的装料制度对煤气流的影响

7.2.2.1 料层倾角

高炉的装料制度决定了炉料的分布，实际高炉中受装料设备所限，装入的各料层均存在一定倾角。随着炉料的下降，由于炉料和煤气的几次再分布，使料层结构沿料层高度发生很大变化。高炉解剖及大量模型实验研究结果表明，随炉料向下运动，料层分布形状逐渐由M形变为水平型，即炉料在炉内的堆角逐渐变小。因而模型假设焦炭与矿石层倾角相等，在料柱表面倾角为30°，随炉料下降料层成为水平，各料层的透气性分布仍然均匀，模拟得到的结果如图7-32所示。图7-32为料层倾斜时煤气与炉料温度分布情况。从煤气温度场可见，由于料面倾斜，煤气温度在径向基本呈中心温度高、边缘温度低的分布趋势。与料面水平相比，差别最大的地方为炉顶煤气温度的分布。由于料表面的倾角较大，中心高度相对较低，料表面附近的煤气趋于向中心流动，从而造成中心煤气流较强，煤气温度较高；相对来说，边缘煤气流变弱，且有冷却壁冷却，因而边缘煤气温度降低相对较小。从炉料温度场可见，料柱内部的温度分布与煤气基本相同，料表面为装入的炉料温度，为恒定值303K，因而在料表面附近炉料的温度梯度较大[7]。

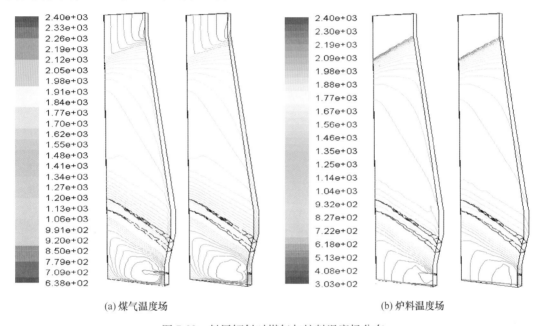

(a) 煤气温度场   (b) 炉料温度场

图 7-32 料层倾斜时煤气与炉料温度场分布

图7-33所示为煤气温度在不同径向位置随高度变化曲线。从曲线的变化趋势可以看

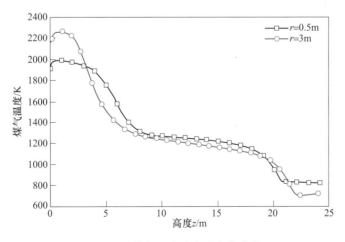

图 7-33 煤气温度随高度变化曲线

出，煤气温度随高度上升不断下降，下部高温区与料表面温度变化趋势较大，这与料层水平的趋势基本一致。在相同高度比较两曲线的温度值，在中间部位中心的煤气流温度相对边缘大，下部高温区由于边缘回旋区的存在，中心相对边缘温度低。与料层水平情况不同的是，料层水平时炉顶煤气在径向分布均匀，中心与边缘温差较小；而料层倾斜时中心煤气温度相对边缘要大得多，这是由料面的倾角引起的。

图 7-34 所示为相同位置煤气与炉料温度随高度的变化曲线。从图中两曲线比较可见，在料面以下煤气与炉料温度分布趋势相近，而在料表面附近炉料温度变化梯度相对较大，煤气与炉料的温差也迅速扩大。

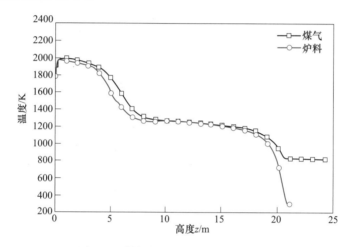

图 7-34 煤气与炉料温度轴向分布曲线

图 7-35 所示为煤气与炉料在不同高度位置温度随径向分布曲线。比较两图相应曲线，可以看出，在料表面，炉料温度径向分布呈水平状，而煤气温度中心比边缘要大得多。与炉料温度分布的情况相比，中心炉顶煤气为 880K（607℃），边缘煤气温度为 638K（365℃），可见中心炉顶煤气温度比料层水平时升高，而边缘温度下降。

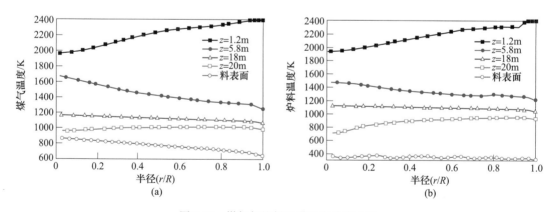

图 7-35 煤气与炉料温度径向分布曲线

图 7-36 所示为料层倾斜时煤气流速和流线分布。可见在料层倾斜、炉料分布均匀的情况下，软熔带形状成平坦的倒"V"形。料柱内煤气流在"焦窗"有较大分布，其次为

料表面中心。从流速云图中可清楚看出炉顶中心较强煤气流的分布。煤气流速随高度上升也在不断增大，且在相同高度矿石层的煤气流速相对焦炭层的大。煤气在料表面流动方向垂直料面，由于外界为空区，这样能最大地减小压损。从流线图可清楚看出在料表面煤气流线变向，并趋于垂直料面。因而料面形状引起炉顶中心分布有较强的煤气流。

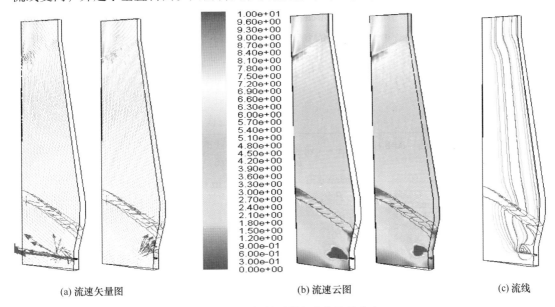

(a) 流速矢量图   (b) 流速云图   (c) 流线

图 7-36 料层倾斜时煤气流和流线分布

为研究软熔带和料层内部煤气的流动方向，放大料柱内软熔带区域和局部料层的煤气流速分布图，如图 7-37 所示（可参考图 7-50）。从软熔带内流速的分布可见，煤气在"焦窗"成水平状流动，"焦窗"内流速较大[8]。从等压线分布可看出，软熔带对煤气流动阻力很大，在此处煤气压力大量损失。从煤气流速在径向的变化曲线可知，流速在"焦窗"达到极值，从波峰个数可判断软熔带具有 7 个"焦窗"。

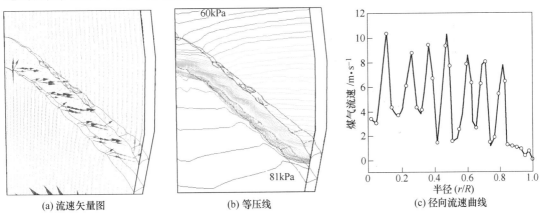

(a) 流速矢量图   (b) 等压线   (c) 径向流速曲线

图 7-37 软熔带处煤气流分布、等压线和流速曲线

从图 7-37 可见，高炉中焦炭层与矿石层交替分布，煤气上升过程中常在透气性小的矿石层受阻，为达到煤气流经过路径最短、压损最小，煤气流动方向趋于垂直料面。由于

轴向上方的矿石层影响，在透气性较好的焦炭层，则煤气流动方向偏向于壁边。图 7-38（b）所示为炉料各层中煤气流动方向的简图，可见在某一层中，煤气的流动方式趋于固定，这也正是"整流"的结果。因而可知，煤气在上升过程中不断改变流动方向以减小压损，中心流动呈竖直向上，边缘流动沿炉壁上升，而处于中间的煤气呈波动状流动，且这种波动会随料层倾角和料层厚度的增大而变得剧烈。

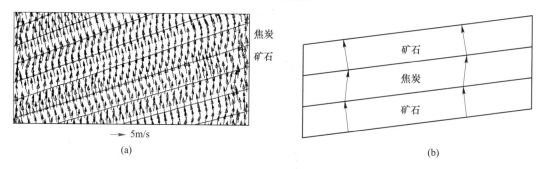

图 7-38　料层倾斜时各料层内煤气流动方向

为分析炉内煤气流分布情况，在模型中分别取不同位置煤气流速随高度或半径变化曲线，如图 7-39 所示。从煤气流速随高度变化曲线可看出，煤气在流过交替的矿焦层时流速在不断波动，但在上升过程煤气流速总趋势在增大，并在料面附近流速增大速率加快，直至达到最大。出料面后进入空区，煤气流速突然变小，但由于煤气流向中心，以至向上流速有所增大。从图 7-39（b）中平行料面的煤气流分布可看出，在炉身内部单一料层的煤气流速基本相等，这充分显示了均匀料层对煤气流的"整流"作用。但矿石层与焦炭层内煤气的流速不等，从曲线的波动可看出煤气在矿石层的速度相对较大，这是由于其空隙度小引起的。从料表面的煤气流分布可清楚看出料面形状对炉顶煤气分布的影响，中心煤气流速大，且随靠近壁面煤气流速递减，可见料面倾角的存在，较低的中心料面促进了炉顶中心煤气流的发展。因而料面形状对炉顶煤气流的分布影响也相当大。

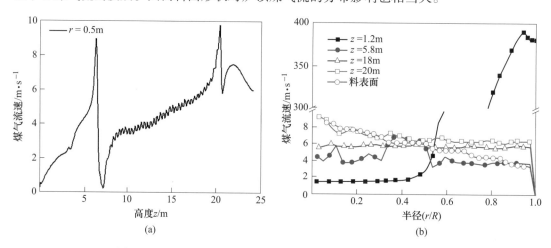

图 7-39　不同位置煤气流速随高度（a）和半径（b）变化曲线

图 7-40 所示为料层倾斜时煤气压力的分布情况。从图可见，煤气总压损为 151kPa，

比料层水平时压损 160kPa 要小,静压降为 92kPa,煤气在软熔带的静压损最大,尤其是在软熔带的顶部,压降约 21kPa。局部放大料柱内各料层中的煤气压力分布情况,由图可见,矿石层压降梯度较大,且等压线平行于料层面。焦炭层压损远小于矿石层,等压线偏于水平。在料面附近,高炉中心煤气的压力梯度较大,这是由于料面倾角导致料表面中心煤气流较大。

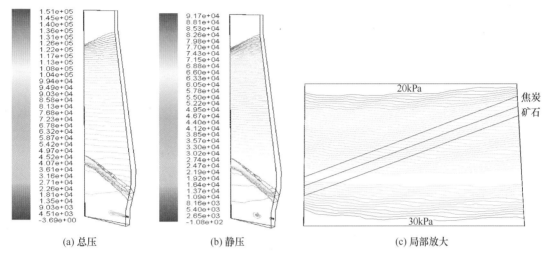

(a) 总压   (b) 静压   (c) 局部放大

图 7-40　料层倾斜时煤气等压线分布图

7.2.2.2　料层厚度

炉料批重大,则料层厚度大,且层数少。以料层倾斜、炉料分布均匀为基本模型,在保证总料柱高度不变情况下,增大各料层厚度,减少层数,则炉内的煤气流、压力及流线分布如图 7-41 所示。为清楚观测当料层厚度增加后煤气流分布的变化,将其局部放大,得到相应的结果,如图 7-42 所示。

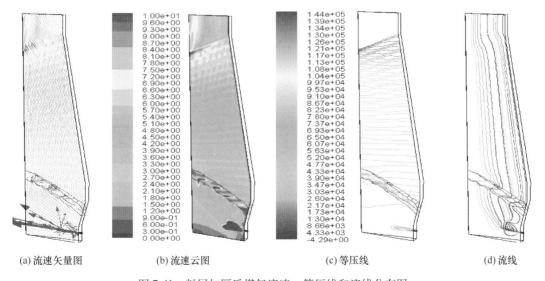

(a) 流速矢量图   (b) 流速云图   (c) 等压线   (d) 流线

图 7-41　料层加厚后煤气流速、等压线和流线分布图

从图 7-41 煤气流速分布可看出，煤气在软熔带"焦窗"数减少，而厚度增大，使煤气流更加集中于软熔带顶部某一"焦窗"，但随着均匀料层的"整流"，使最终料层中煤气分布差别不大。从料层厚度增大煤气流分布基本不变可见，料层厚度对煤气流的总体分布影响较小。但从局部流速分布可看出，由于料层增厚，煤气在矿焦层流动时波动更为明显，见图 7-42（a）、（c）。

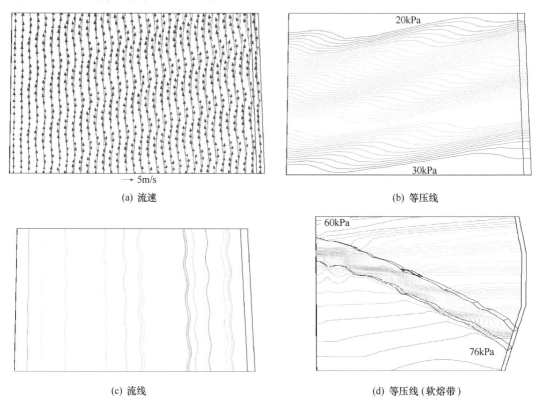

(a) 流速

(b) 等压线

(c) 流线

(d) 等压线（软熔带）

图 7-42　局部放大煤气流速、等压线和流线分布

从压力分布可知，煤气总压损为 144kPa，这比原料层厚度时的压损减小，这可能是由于料层增厚增大软熔带"焦窗"的面积，减小了煤气在软熔带的压损。图 7-41（d）所示为软熔带处煤气压力分布情况，可见当料层增大后煤气在软熔带的压损减小到了 16kPa，因而料层增厚可以减小压损，同时料层数减少也可以减少界面效应带来的压力损失。从图 7-40（b）可看出煤气等压线在焦炭层更趋于水平，在矿石层更趋于平行料面，正是由于煤气压力这样的分布，减小了压力损失，才造成煤气波浪状的上升。从煤气的流动轨迹可看出，随高度上升煤气波浪状流动变剧烈，直至穿出料面，同时煤气这种流动方向在边缘较中心明显，在高炉中心煤气流向基本竖直向上。从各图中均可清楚看出煤气流在"焦窗"处聚集并改变流动方向，而在穿越块状带各料层中向均匀分布发展的过程。因而，料层厚度增加，高炉煤气在料层间的波动更明显，即在矿石层煤气偏向炉壁的流动更显著，幅度更大，这样增大了煤气的流动距离，有利于提高煤气利用率。

图 7-43 所示为煤气流速随高度和径向变化的曲线。从图 7-43（a）可见，煤气流速在块状带各层随高度依然成波动上升分布，但由于料层加厚、层数减少，煤气流的波动幅度变大，波动次数降低。

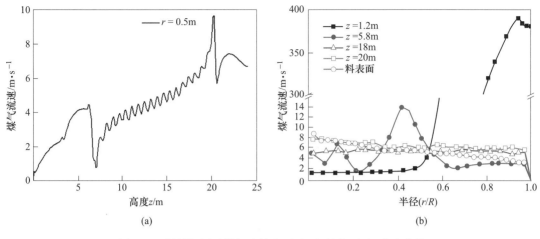

图 7-43　料层加厚时煤气流轴向（a）和径向（b）分布曲线

同时，由于"焦窗"面积的增大，相同流量的煤气穿过时流速就减小[9]。从图 7-43（b）煤气径向分布曲线可看出，料层厚度改变后各高度煤气径向分布基本不变，由于煤气只是经过局部加厚后的料层，料层加厚使此高度的料层数减少，因而其径向煤气流波动分布变得不明显。

7.2.2.3　料柱高度

高炉实际生产中，料线不仅影响料面堆尖的位置，也会影响料柱的总厚度。图 7-44 所示为降低料线 2.4m 后的煤气流场与等压线图。料柱总厚度减小，料层"整流"路径缩短，使炉顶煤气速度受下部软熔带的影响增大，同时也减小了煤气的总压力损失。由图可见，煤气总压损为 134kPa，比原压损减小 17kPa。与原煤气流分布比较，图 7-45 的煤气流分布基本未改变，软熔带形状依然为倒"V"形，"焦窗"仍然为 7 个，块状带煤气流在

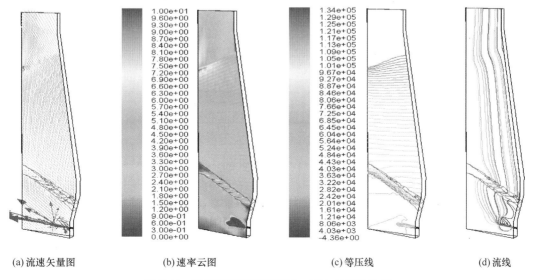

(a)流速矢量图　　　　(b)速率云图　　　　(c)等压线　　　　(d)流线

图 7-44　料线下降时煤气流速、压力与流线分布

径向分布均匀，随煤气流上升流速总趋势增大，料表面中心煤气流较强。图7-45所示为料线下降后炉顶煤气温度在径向上的分布曲线。从曲线分布可见，煤气中心温度比边缘高，其平均温度高于原料柱炉顶煤气温度。因而料线降低，炉顶煤气温度升高，这不利于炉顶设备的长寿[10]。

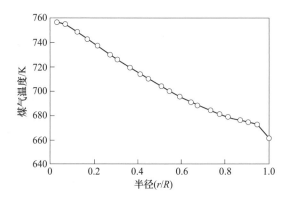

图7-45 料线下降炉顶煤气温度分布曲线

料柱厚度对"整流"的影响较大，如果料柱太厚，煤气"整流"作用过强，则出软熔带后的原始煤气分布将发生重新分布，从而使软熔带对上部煤气分布影响可以忽略，这也对软熔带形状的估测带来困难。

7.2.3 炉料径向分布

7.2.3.1 炉料透气性

炉料透气性在径向的分布是影响高炉煤气流分布的主要因素。由于炉料颗粒粒度不均，使炉料透气性在径向分布有很大差异，一般大颗炉料分布在料面低处，料层透气性较好。图7-46所示为矿石透气性在径向以0.56~4mm线性分布情况下煤气流与压力分布。

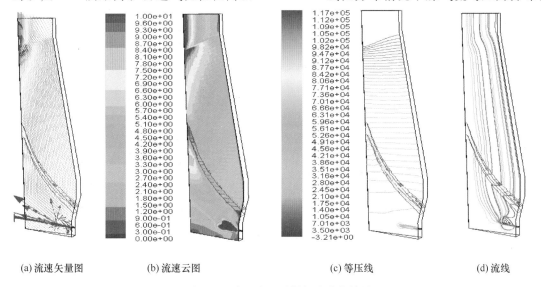

(a)流速矢量图   (b)流速云图   (c)等压线   (d)流线

图7-46 中心发展时煤气流分布结果

其中，高炉中心料面较低，且透气性较好。从各图软熔带可以看出，煤气流中心发展，软熔带呈倒"V"形，且相对炉料均匀分布时坡度要陡，即软熔带中心的顶点位置较高，这样增加了软熔带的"焦窗"数目。同时，软熔带煤气流较强处软熔带厚度变薄，这均将减小煤气流在软熔带的压力损失。从图 7-46（a）和（b）煤气流场分布可见，炉身内煤气流在中心分布较大，尤其是在软熔带和料表面附近，即中心炉料透气性好，煤气流速相对大，并随高度上升流速不断增大，表现煤气流中心发展，而炉墙边缘煤气流分布相对较小。图 7-46 所示为煤气在不同位置轴向和径向分布曲线。与炉料分布均匀时流速分布曲线相比较可见，由于中心透气性增强，炉顶煤气流速增大，而炉壁透气性虽未发生改变，但由于煤气趋向中心发展，则壁边煤气流速相应减小。从图中曲线可以看出，相同标高下中心煤气流比边缘要强，在径向上煤气流速从中心向边缘逐渐降低，但随高度上升流速都在增大，且中心与边缘的温差增大，流速在径向的变化梯度变大。从软熔带上煤气流速的分布曲线可见，高炉中心具有较多的"焦窗"数，且"焦窗"在径向上显得很密集，这充分表明中心分布有较强的煤气流。因而，煤气流分布受径向炉料透气性分布影响很大，各料层中径向透气性相对好的煤气流大，其他位置煤气流减小[11]。

从图 7-46（c）中心发展中煤气等压线分布可见，由于中心透气性增强，使各料层压损降低，同时中心软熔变薄，且"焦窗"数增多，这均使煤气压力损失减小，料柱总压降仅为 117kPa。在料层高度方向，中心透气性趋于均匀，中心压力梯度也较为平均，因而炉料透气性与煤气压损间存在关系，图 7-47 所示为矿石空隙度与其压损间的关系曲线。从图中可见，随矿石空隙度增加，压力损失减小，且空隙度越大时，减小的梯度越小。通过 Ergun 公式可知，空隙度增大，流体阻力系数减小，且流体速率也减小，则压降梯度也将迅速减小。

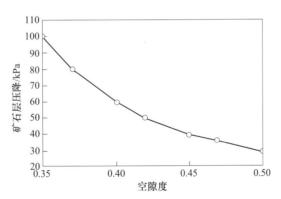

图 7-47　炉料空隙度与煤气压降梯度曲线

7.2.3.2　矿焦比

除透气性分布外，实际高炉操作中常通过装料方式来改变料层矿焦比在径向上的分布，从而实现煤气流分布的控制。由于各种炉料自然堆角及装料落点不同，径向矿焦比分布不均，从而影响煤气流的分布。图 7-48 所示为矿焦比分布不均情况下煤气流分布的模拟结果。模型中矿石层倾角大于焦炭层，中心矿焦比为 1∶3，边缘为 3∶1，矿焦比沿径向递变，因而边缘矿石层较厚，但各料层径向透气性分布均匀。

从图中可以看出，模型中软熔带成倒"V"形，中心煤气流发展。由于中心分布的矿石较少,促进煤气流发展,从而将会有较大煤气流经过中心矿石层。虽然矿石层较薄,但由于流速较大,压损增加。从总压损为 171kPa 可见,高炉软熔带成倒"V"形,煤气流中心发展,但各矿石层压损增大,使高炉总压降上升[12]。

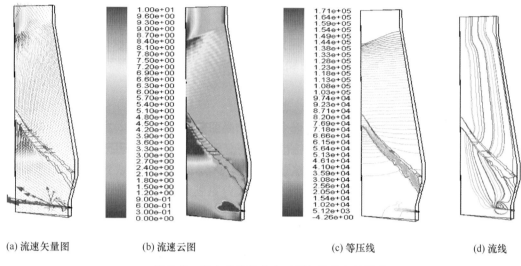

(a) 流速矢量图   (b) 流速云图   (c) 等压线   (d) 流线

图 7-48   径向矿焦比分布对煤气流分布的影响

从煤气流速沿轴向的分布曲线可知,沿高度方向,中心煤气流一直比边缘要强,且随煤气上升中心流速增加的梯度比边缘大。从中心煤气流可看出,在软熔带顶部分布有很强的煤气流。从煤气流速径向分布图可看出,软熔带中心焦窗多、流速大、煤气流很大,而相对边缘煤气流很弱。炉腰处的流速曲线也能说明中心的强煤气流。随高度上升,软熔带影响下的初始煤气流在逐渐改变分布,边缘煤气流有所增大。从料表面煤气流的分布可见,中心煤气流速大,呈沿半径向边缘递减的分布趋势。

7.2.3.3 局部透气性差

高炉生产中料柱常会出现局部料层透气性变差的现象,这将很大地改变内部煤气流的分布,增大煤气压损,甚至会导致悬料及管道的发生。图 7-49 给出了炉壁附近料层透气性变坏时煤气流分布的模拟结果,区域长度为此标高下的炉身半径的 20%。为分析需要,简称透气性差区域为"LP 区"(low permeability zone)。

从图 7-49 流速分布图可看出,在"LP 区"内,透气性差,煤气流速很小,而同一标高下相对于"LP 区"透气性好的区域煤气流速增大,且在其交界附近煤气流速达到最大,这是因为局部料层透气性差而使煤气发生"整流",但"LP 区"厚度较小,绕流的煤气未达到均匀分布,从而出现"LP 区"外侧煤气流速较大。图 7-50 所示为"LP 区"煤气流和压力分布的局部放大,从图 7-50(a)可以清楚地看出煤气绕流"LP 区"的现象,同时也可发现其对周围料层煤气分布的影响。

从图 7-49 的煤气压力分布图可见,煤气总压损增大 7kPa,在"LP 区"所在层压降梯度变大,压损增大;而相对"LP 区"上下区域,由于壁边流速减小导致压力梯度相对变小,同时在同一标高下相对于"LP 区"透气性好的区域压降梯度也有很大增加,这是由于料层易透气区域减小、煤气的流速增大造成的。由于炉料的"整流",只有在"LP 区"

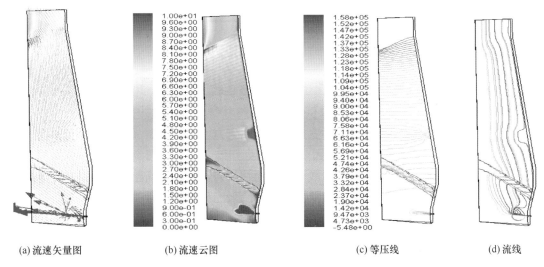

| (a) 流速矢量图 | (b) 流速云图 | (c) 等压线 | (d) 流线 |

图 7-49　径向局部透气性差对煤气流分布的影响

标高附近的料层压力分布发生变化，而对料柱其他区域的压力分布基本没影响。

　　从图 7-49 中料柱局部透气区变差后的流线图，可清楚发现"LP 区"煤气流动带来的影响。煤气上升过程中，当接近"LP 区"时，下方的煤气流在"LP 区"受阻，开始改变方向绕过该区域，因而边缘气流聚集于"LP 区"侧面，使径向煤气流分布发生巨变。随煤气继续上升，出"LP 区"后，由于该区域上方煤气流少、压强较小，使煤气流再次发生变向，随煤气上升炉料对煤气快速"整流"，使煤气很快达到均匀分布，从而形成图中流线绕行"LP 区"的现象。

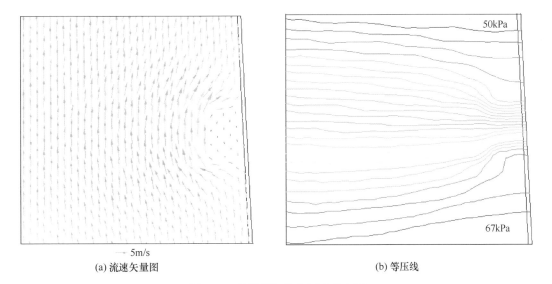

| → 5m/s | |
| (a) 流速矢量图 | (b) 等压线 |

图 7-50　局部煤气流和压力分布图

　　图 7-51 所示为煤气在"LP 区"附近不同标高下流速沿径向分布曲线。在"LP 区"标高下，煤气在"LP 区"内流速突变为很小，而在"LP 区"外侧煤气径向分布相对较

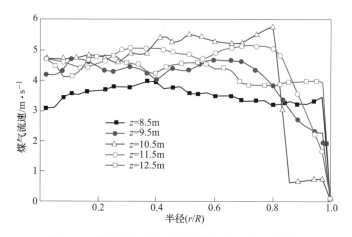

图 7-51 局部透气性差对径向煤气流速分布的影响

大。处于"LP 区"上下方，径向不存在透气性差区域。随着远离"LP 区"，煤气流速的径向分布基本趋于均匀，可见"LP 区"对料柱具有一定距离的影响。但由于炉料"整流"的存在，煤气流速在上升过程中不断变化，以适应各料层炉料分布状况。

为定量研究"LP 区"对料柱的影响，分别计算了透气性差区域占炉身半径的 0%、20%、40%、60% 和 80% 等不同情况的煤气流分布，且各情况保证煤气量不变，从而得到料柱压损与"LP 区"宽度的关系曲线，如图 7-52（a）所示。图 7-52（b）所示为不同"LP 区"宽度下影响上部煤气流分布的距离。

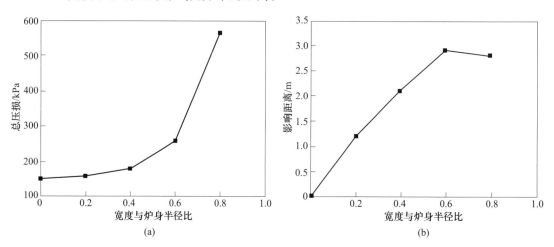

图 7-52 "LP 区"宽度与煤气压损（a）、影响距离（b）关系曲线

从图 7-52 的压损曲线可以看出，随"LP 区"宽度增大，料柱的总压损在快速上升，且宽度越大，压损增加速率也越大。可见当料柱有较大面积的"LP 区"时，压力损失会增到很大，在实际操作中有一定的鼓风压力，煤气总流量将减小，这与实际相符，当料柱透气性差时，高炉就不易接受风量。料柱总压损升高，意味着在"LP 区"所在层的压损增大，而其宽度越大，压损上升得会更大，则煤气对料柱的作用力就大，这将很容易克服其上部料柱重力而导致悬料的发生。从图 7-52（b）影响距离曲线可看出，在"LP 区"

较小时，其对上下煤气流分布的影响较小，在料层"整流"作用下，煤气上升过程中很快进行重新分布，从而达到上部炉料均匀分布、煤气流均匀分布的效果。随透气差料层范围增大，其对上方的影响距离也在加深，可见，在一定的范围内，料层透气性对煤气流的影响距离随"LP区"的宽度增大而增大，但只要料柱足够厚，经过"整流"后的煤气流终将与上部炉料分布状况相一致。但当"LP区"的面积相当大，以致煤气绕行所用的压损大于穿过"LP区"的压损，这时仅在"LP区"边缘的煤气才进行绕流，而在其下方的煤气流则直接穿过料层，因而"LP区"对煤气流分布的影响距离不会增加，更有可能减小。以上分析的"LP区"所在高度离软熔带较远，无法影响下部煤气流分布，因而没有影响软熔带的形状。当"LP区"下移时，其改变附近煤气流的分布，同样会改变软熔带的形状，图7-53所示为在炉腰附近处出现透气性差的区域，其宽度仍为炉身半径的20%。

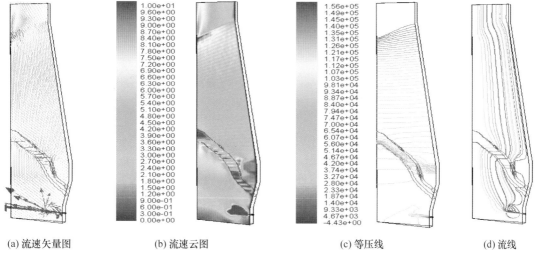

(a) 流速矢量图　　　　(b) 流速云图　　　　(c) 等压线　　　　(d) 流线

图 7-53 "LP区"位置对煤气流分布影响

从软熔带形状可见，由于受"LP区"影响，中心煤气流发展，因而软熔带中心升高，底部下降，坡度变陡，同时在"LP区"标高下的软熔带向中心移动，这样的软熔带形状反而增加了"焦窗"数，使软熔带压损减小，从压力分布图可见，料柱总压损为156kPa，比图7-49中的压力损失158kPa要小，但比无"LP区"时的压损仍然要大。从流速分布图可见，在"LP区"与软熔带的间隙内有较大的煤气流分布，软熔带中心的下方也有更大的煤气流分布，在"LP区"和软熔带共同作用下，煤气流分布发生很大的变化，但随煤气上升，在块状带煤气流很快达到分布均匀，可见炉料"整流"的作用。

料柱局部透气性差，与炉壁结厚和高炉悬料有相近之处，其煤气流分布及其影响规律的结论，也可近似应用于高炉结瘤、悬料等情况。

7.2.4 料柱表面

在分析料层倾斜的煤气流分布时，发现料表面的倾角对炉顶煤气流分布有很大的影响，中心低边缘高的料面使煤气流向中心发展。因而料表面的形状对煤气流分布也应该有着很大的影响。料面形状及矿焦比分布受装料影响最大，尤其是无钟炉顶的使用，炉料表面的矿焦比分布就显得更为复杂。图 7-54 模拟了炉料装入后料面分布有单环矿石层时煤气流的分布情况。

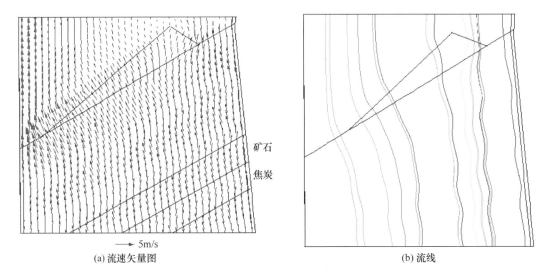

(a) 流速矢量图   (b) 流线

图 7-54 料表面对煤气流分布的影响

从流速矢量图可见，由于受到最上部装入透气性较差的矿石层影响，煤气流在接近料面时分布发生变化，在矿石层下部的煤气趋向于绕过矿石层流出料面，特别在高炉中心，料面低、透气性又好，因而煤气集中从料面中心溢出，使炉顶中心煤气流最大。布料时有矿石的表面煤气流较小，而在矿焦比较小处的煤气流将较大，这大大改变了炉顶煤气分布，所以炉顶煤气流的分布最能反映料面形状及分布情况。从流线分布可看出，在料表面上矿石层的作用下煤气流向改变，煤气流向基本垂直料表面以减小压损，同时煤气朝中心和边缘流动，形成两股煤气流。图 7-55 所示为此情况下炉顶煤气流在径向的分布曲线。

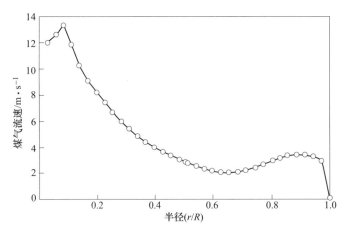

图 7-55 料表面对炉顶煤气流分布的影响

从曲线分布形状可以看出，内部均匀的块状带分布，煤气流应有均匀的径向分布，但由于受料面分布的影响，使炉顶煤气流分布呈 "W" 形，且中心较边缘的煤气流大，这是因为中心料面低的缘故。因而料面处炉料的分布和料面形状情况将直接影响炉顶煤气分布，通过炉顶煤气分布预测下部煤气的分布情况受装料制度干扰很大。

7.2.5 不同炉况煤气流分布的模拟

7.2.5.1 中心发展

中心发展是目前高炉生产比较流行的操作炉况，其软熔带呈倒"V"形，不但抑制边缘煤气流，减小炉墙侵蚀，同时也提高了煤气利用率，通过发展中心实现了高炉的顺行。前面分析炉料径向透气性对煤气流分布的影响时，所用的模型即为中心发展的高炉炉况，其软熔带呈倒"V"形，可见高炉煤气中心发展可以利用炉料在径向的透气性分布来实现。同时利用矿焦比在径向的分布也实现了煤气中心发展的情况，因而径向透气性和矿焦比分布共同决定了煤气流的径向分布。从 Ergun 方程也不难发现，透气性影响的是煤气的阻力系数，在速度一定时影响煤气经过单位长度炉料的静压损失，而矿焦比正是通过影响煤气流在不同阻力层经过的距离，从而来影响煤气流的流动及分布状况。实际高炉生产中，中心发展是常使用的一种操作方式，其压损小，有利于高炉顺行，煤气利用率也较高，同时抑制边缘煤气流，有利于延长炉墙寿命。

7.2.5.2 中心管道

管道现象是高炉常见炉况之一，当高炉发生管道时，大量高温煤气流从管道直接喷吹出料面，高温煤气流威胁炉顶设备，并且管道使炉料受热不均，影响高炉稳定生产。中心管道在高炉生产中比较容易形成，高炉冶炼强度的提高和发展中心等措施均加大了中心管道形成的可能。图 7-56 所示为出现中心管道时煤气流场、压力场和流线的分布图。

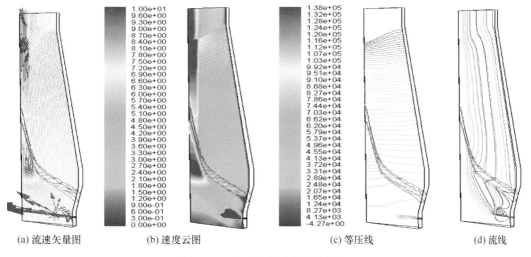

| (a) 流速矢量图 | (b) 速度云图 | (c) 等压线 | (d) 流线 |

图 7-56 中心管道时煤气流分布

从图 7-56 中软熔带形状可见，其形状仍维持呈倒"V"形，但在中心软熔带的顶部位置升高，且坡度很陡，这增大了软熔带的"焦窗"，使中心焦窗密集。虽然中心各个"焦窗"煤气流速均不是很大，但由于数目多，且在径向比较集中，这使中心煤气总流量相当大，这正是中心管道所引起的。由于中心管道的存在，煤气集中通过管道流出料层，而相对料层其他位置的煤气流量减小，这样高温煤气从管道流出造成浪费，而其他位置炉料加热不足，软熔带中心升高，两端降低，不利用高炉顺行和生产。

从压力分布图可以看出，由于中心煤气流较强，使软熔带变薄，同时"焦窗"数增多，这大大减小了煤气的压力损失。从流线图中也可看出煤气集中通过中心管道的流动轨迹，炉壁边缘煤气流分布不足。

图7-57所示为中心管道时煤气流速在高度和半径方向变化的曲线。从图7-57（a）可以看出，软熔带中心位置升高，缩短了与炉料表面的距离；同时加上炉料中心透气性好，煤气流速大，且在上升过程中不断增大。高温煤气流以高速流出料面，使得煤气利用率相当低，且高温煤气威胁炉顶设备。图7-57（b）所示为不同高度煤气流速在径向上的分布曲线，除软熔带处，其余标高中心煤气流相对边缘要大很多，而软熔带的中心位置，流速在"焦窗"的波峰重叠出现，可见在中心软熔带陡且"焦窗"数目多。

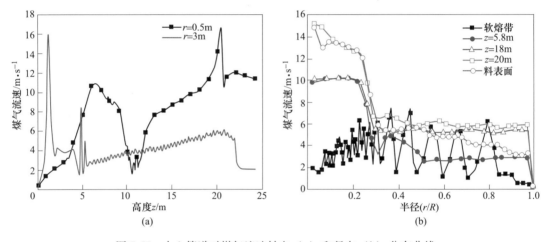

图7-57 中心管道时煤气流速轴向（a）和径向（b）分布曲线

图7-58所示为中心管道时炉顶煤气温度分布曲线。从图中可以看出由于中心管道，高温煤气流从中心高速流出，导致炉顶煤气温度中心温度很高，不但降低煤气利用率，而且高温煤气威胁炉顶设备。当管道出现在边缘时，高速煤气流更是加大对炉墙的侵蚀，影

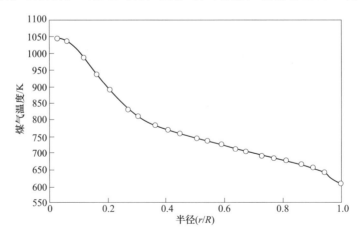

图7-58 炉顶煤气温度径向分布曲线

响高炉长寿。因而在实际操作中应该尽量避免管道的发生。

7.2.5.3　边缘发展

高炉生产中常会出现边缘发展的炉况，尤其是以前的高炉炼铁。边缘发展有利于高炉顺行，但不利于提高煤气利用率和炉墙的长寿。图 7-59 所示为通过径向透气性分布模拟边缘发展时煤气流分布结果，径向透气性分布为 0.56~4mm 线性分布，边缘较中心透气性好。

从图 7-59 中软熔带的形状可见，在边缘发展情况下软熔带呈"V"形，这是由于边缘分布有较强煤气流的原因，从图 7-59（a）流速分布图可以看出边缘发展的煤气流分布情况。在炉墙边软熔带的顶部煤气流速达到最大，由于"V"形软熔带的影响，使下部煤气流沿边缘发展，边缘分布有较强高温煤气流，加剧炉墙侵蚀破坏，不利于高炉长寿。

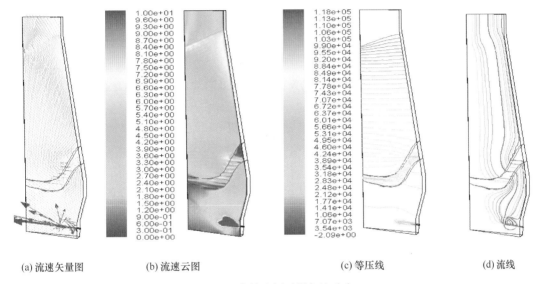

(a) 流速矢量图　　　　　(b) 流速云图　　　　　　　　　(c) 等压线　　　　　　(d) 流线

图 7-59　边缘发展时煤气流分布

从图 7-59（c）压力分布图可知，边缘发展减小压损，总压损仅为 118kPa，软熔带处煤气压力损失依然很大。从流线图可观察到煤气流边缘发展的流动轨迹，出回旋区后初始煤气流分布受软熔带影响，煤气流动方向发生改变，煤气在上升过程中逐渐朝软熔带顶部流动，从而使下部煤气流也呈边缘发展。流过软熔带的"焦窗"时，煤气又一次改变方向，水平朝中心流动。出软熔带后，受块状带透气性分布的影响，煤气被"整流"，煤气流向再次改变，煤气流向边缘发展流动，直至适合各料层分布状况，煤气成边缘发展。

图 7-60 所示为边缘发展时煤气流速沿高度和半径方向分布曲线。比较图 7-60（a）两轴向曲线可以看出，靠近边缘（$r=3$m）的煤气流在高度方向流速一直比较大，且边缘软熔带的高度位置比中心的要高。图 7-60（b）所示为煤气流径向分布曲线，从软熔带煤气流速分布曲线可以看出，在边缘软熔带有较强煤气流分布。在料柱内部煤气流速呈中心低、边缘高的分布趋势。而在料表面，由于中心料面低，受料面影响中心煤气流略有发展，煤气流分布改变，使炉顶煤气流速的分布难以反映内部煤气分布状况。

7.2.5.4　"W"形软熔带

软熔带呈"W"形是目前高炉比较容易操作实现的，通过发展中心和边缘的两股煤气

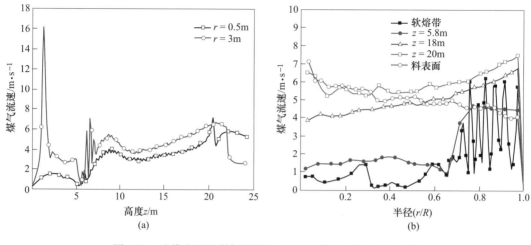

图 7-60 边缘发展时煤气流轴向（a）和径向（b）分布曲线

流，实现高炉稳定生产。图 7-61 给出"W"形软熔带时煤气流分布的模拟结果。从图中软熔带形状可知，中心软熔带的顶点比边缘的顶点位置要高，且软熔带的厚度较小，可见中心煤气流相对要比边缘煤气流要强，从流速分布图可以证实这一点。

从图 7-61 流场分布可见，软熔带中心与边缘的顶部均有较大的煤气流分布，且由于软熔带中心比边缘高，中心煤气流分布较边缘大。"W"形透气性分布的料层，使煤气在上升过程中基本保持出软熔带时的分布状况，料层中心与边缘均有较强的煤气流分布。但当到达料面时，由于受料面影响，边缘气流向中心较低高度的料面溢出，使边缘煤气流有所减小。图 7-62 所示为不同位置煤气沿轴向和径向的流速分布曲线。从轴向看，曲线中心煤气流较边缘强；从煤气流速径向分布曲线可见，在料柱内煤气中心与边缘流速较大，而中间流速相对较小，在整个料柱的径向基本保持"W"形。

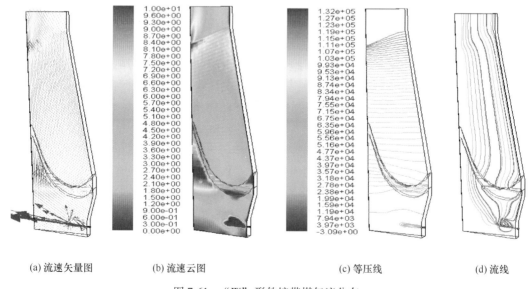

(a) 流速矢量图   (b) 流速云图   (c) 等压线   (d) 流线

图 7-61 "W"形软熔带煤气流分布

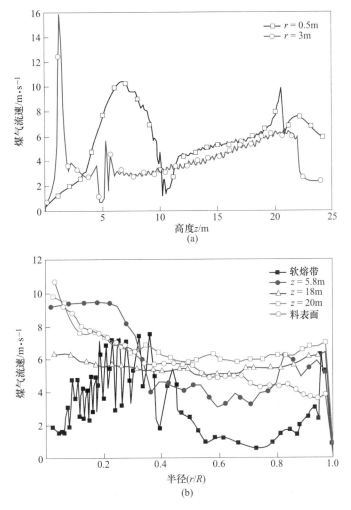

图 7-62 "W"形软熔带时轴向（a）与径向（b）煤气流分布曲线

从压力分布图可以看出煤气总压损为 132kPa，在软熔带煤气压损较大，中心压损较边缘大，可知越厚的软熔带压损越大。从煤气流线图可见，经回旋区分布后的初始煤气流分成两股，较大的一股煤气流向中心流动，而另一股向边缘流动。在软熔带的作用下，煤气流强行改变方向突出软熔带，进入块状带，在炉料径向分布的"整流"下，煤气流呈"W"形上升，直至料表面。

7.2.5.5 炉墙结厚

高炉炉墙结厚或结瘤将改变炉身的内部形状，从而导致煤气流分布的变化。炉墙上大范围的结瘤，将形成新的内壁面，由于内径变小，流速均应相对增加。而小块结瘤改变局部煤气流分布，这将可能导致大范围的结瘤和悬料的发生。图 7-63 模拟了高炉炉壁结厚时炉内煤气流、等压线及流线分布，结瘤厚度为炉身半径 20%。

从煤气流的速度矢量图 7-63（a）可见，壁边附近的煤气流上升到结瘤处受阻，煤气流将绕过瘤体，分布发生变化，瘤体附近的煤气流相对较大。但当煤气流到瘤体上方时，由于瘤体上方压强较低，煤气向壁边流去，再次发生局部"整流"，直至整个料层的煤气

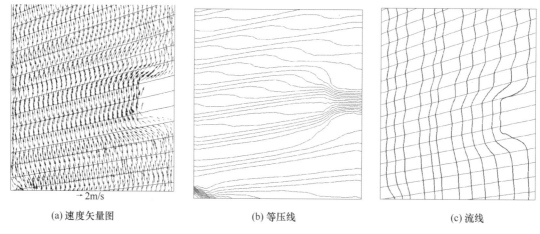

(a) 速度矢量图　　　　　　　(b) 等压线　　　　　　　(c) 流线

图 7-63　高炉结瘤下煤气流、等压线及流线分布

流分布与炉料透气性分布一致。从图 7-63 (b) 压力分布图可见，煤气流在结瘤处局部压损很大，而瘤体上下部位的料层由于煤气的绕行，相应的流速较小，因而压损也相对变小。与瘤体所在的同一料层由于相对炉身内径减小，煤气流速增大，导致压损上升，特别在靠近瘤体处，绕流而成的煤气流很大，压损也就更大。当炉墙厚时会使煤气总压损增大，且瘤体所在层的压降梯度也将变大，这将可能导致高炉悬料的发生。

从流线图 7-63 (c) 可清楚看出煤气流绕过瘤体，使煤气流分布发生变化，但上部均匀炉料的"整流"又使煤气流分布回归均匀。可见在块状带，初始的煤气流分布影响距离相当有限，煤气流分布趋向于由炉料自身分布状况决定。因而，如果结厚处离料面较远，由于料层的"整流"作用，炉顶煤气流分布是无法反映下部结瘤状况的。但从壁边煤气绕流可见，壁边局部结瘤可延长煤气流动路径，从而提高壁边煤气的利用率，使壁边炉顶煤气流的 CO_2 浓度增大。可见，虽然炉顶煤气流的分布不能反映高炉内部的炉况，但炉顶煤气的 CO_2 分布曲线可能可以用来判断炉内结瘤等状况。

7.3　小结

本章通过对解剖高炉的取样分析和实际观测，还原了高炉料柱块状带、燃烧带、风口回旋区、炉缸料柱、死料柱形状等结构；分析了死料柱置换机理、渣铁层形成机理、回旋区影响因素、死料柱的受力分析及形状和状态判断；研究了煤气流与装料制度的相互影响，模拟了不同炉况煤气流的分布情况。得出如下结论：

（1）在高炉解剖过程中发现块状带存在布料偏析、混料严重等现象。

（2）从解剖可以断定此高炉的回旋区形状呈上翘的气囊状，风口前端回旋区长 700mm 左右、宽 400mm 左右、高 600mm 左右，回旋区之间存在死区，死区由大块疏松焦炭组成。

（3）炉缸料柱中，渣、铁层分界面十分明显，焦炭是浮在铁水中的，有焦区域与无焦区域分界线明显，死料柱在渣铁中的分布如图 7-20 所示，即死料柱浸泡在铁水中，并浮起 0.6m，渣铁层分别厚 0.9m、1.3m。

（4）通过对石墨盒温度的标定，绘制了炉内炉料的温度场，通过与软熔带的位置对比，发现软熔带的轮廓线和高炉温度场的温度线基本呈对应关系，说明解剖过程中发现软熔带的初始位置判断是正确的。

（5）死料柱的状态对铁水流动方式有很大影响，沉坐炉底容易导致铁水环流，而死铁层过深易使炉底铁水静压力过大导致砖缝渗铁。因此，只要死铁层深度能够使炉缸内的死料柱"浮起"，就不宜过度增加死铁层深度。目前国内设计的死铁层深度一般取炉缸直径的 20%~24%，本书在一些学者的计算模型基础上进行了补充和完善，并结合某高炉解剖的数据对该模型进行了验证，推出了保证此高炉死料柱浮起的最小死铁层深度计算公式，为高炉设计和广大高炉操作者判断炉内死料柱状况提供参考。

（6）在国内外一些学者的研究基础上，结合高炉解剖的结果，分析了风口回旋区受力情况，从理论上提出预测风口回旋区的数学模型，修正后，该模型可以较好地反应实际情况，用模型计算结果风口回旋区直径是 650mm（假设风口回旋区为圆形），实际测量的风口回旋区长度为 700mm。

（7）高炉上部调剂的装料制度对煤气流的分布起着决定性的作用，同时煤气流也会对布料的落点产生影响，进而影响炉料在炉内的分布。本章考察了煤气流与装料制度互相影响的一些因素，并模拟了不同炉况下的煤气流分布情况。

参 考 文 献

[1] 高润芝，朱景康. 首钢实验高炉的解剖 [J]. 钢铁，1982（11）：12-20，86-89.

[2] 見附，正祥. 高炉炉下部コールドモデルにおける固体粒子運動の実験 [C]. 北海道支部講演会講演概要集，2000.

[3] 郭亮. 高炉炉缸铁水环流的数值模拟 [D]. 沈阳：东北大学，2010.

[4] 朱进锋，赵宏博，程树森，等. 高炉炉缸死焦堆受力分析与计算 [J]. 北京科技大学学报，2009，31（7）：906-911.

[5] 郭靖，程树森，杜鹏宇. 预测高炉回旋区深度和变化规律的数学模型 [J]. 北京科技大学学报，2010，32（11）：1476-1482.

[6] 冯广斌，曹锋，袁苗苗，等. 长钢9号高炉煤气流分布的合理控制 [J]. 炼铁，2013（4）：42-46.

[7] 朱清天，程树森. 高炉料流轨迹的数学模型 [J]. 北京科技大学学报，2007，29（9）：932-936.

[8] 黎想，冯妍卉，张欣欣，等. 高炉内部气体流动与传热的模拟分析 [J]. 工业炉，2009，31（2）：1-8.

[9] 李永镇，周春林. 高炉软熔带特性及初渣流动规律的研究 [J]. 东北大学学报（自然科学版），1990（4）：319-325.

[10] 刘云彩. 高炉布料规律 [J]. 金属学报，1975，11（2）：31-54.

[11] 唐顺兵. 大型高炉合理煤气流的分布及控制 [J]. 钢铁研究，2011，39（3）：46-50.

[12] 田厂军，吴淑华. 1号高炉后期布料模式 [J]. 宝钢技术，1995（5）：30-32.

[13] Sarkar S，Gupta G S，Litster J D，et al. A cold model study of raceway hysteresis [J]. Metallurgical and Materials Transactions B，2003，34（2）：183-191.

[14] Rajneesh S，Sarkar S，Gupta G S. Prediction of raceway size in blast furnace from two dimensional experimental correlations [J]. ISIJ International，2004，44（8）：1298-1307.

[15] Gupta G S，Rajneesh S，Singh V，et al. Mechanics of raceway hysteresis in a packed bed [J]. Metallurgical and Materials Transactions B，2005，36（6）：755-764.

8 高炉侵蚀炉型及形成机理研究

实现高炉高效、优质、低耗、长寿、环保生产一直是高炉工作者从事生产的指导原则，而且低耗和长寿是高炉炼铁技术发展的动力。为发展长寿技术，国内外借高炉大修之际，多次对高炉进行破损调查，每次调查的侧重点不同，从不同方面获得了大量信息，并积累了大量的宝贵经验。此次利用高炉解剖的机会，对高度强化生产的高炉的侵蚀情况进行了系统研究，内容主要包括炉衬耐火材料和冷却器的损坏，并结合计算机数值模拟，分析高炉的破损机理。

8.1 炉墙破损调查与分析

莱钢 125m³ 高炉于 2003 年 6 月正式开炉，高炉的冷却设备和耐火材料如图 8-1 所示。炉顶采用钟式布料，炉喉高度为 1.5m，炉喉处安装 18 块高度为 1.4m 的炉喉钢砖；炉身总高度为 6.75m，炉身上部为黏土砖炉墙，下部安装有 1 层凸台镶砖冷却壁和 1 层扁水箱；炉腰高度为 1.4m，安装 1 层镶砖冷却壁；炉腹高度为 2.65m，安装 2 层镶砖冷却壁；炉缸高度为 2.3m，其中死铁层深度为 0.3m，炉缸侧壁上部砌筑高铝砖，下部为预制炭块，并安装 1 层光面冷却壁；炉底厚 1.75m，除铺设 1 层预制炭块外还铺设 4 层大块炭砖，外围安装 1 层光面冷却壁，炉底采用风冷冷却。

8.1.1 炉喉

解剖过程发现，炉喉钢砖破损非常严重（图 8-2），热面面板严重翘起影响布料，而且

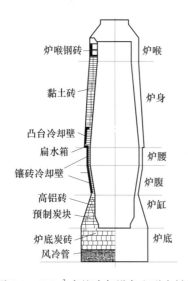

图 8-1 125m³ 高炉冷却设备和耐火材料

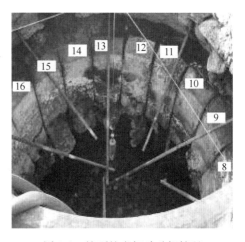

图 8-2 炉顶炉喉钢砖破损情况

出现破损。炉喉钢砖破坏形式主要有四种：（1）烧损——局部有明显烧痕；（2）化学腐蚀；（3）热应力破坏——局部翘起；（4）炉料磨损——炉料与钢砖发生碰撞。

造成严重破损的原因一是炉顶煤气偏行，温度过高。从高炉长期生产的炉况来看，解剖高炉生产过程中北面煤气流一直比较旺盛，顶温维持过高，导致钢砖强度降低。二是钢砖冷热面温差很大，引起热应力破坏。三是长期高温下受炉料撞击和冲刷磨损导致。炉喉钢砖长期在恶劣的条件下工作，造成破坏严重而破坏形式较为复杂。可见，这种无冷却钢砖还不能满足一代炉役 15 年的要求，其结构还有待改进。因此，为保证高炉长寿，对于任何容积的高炉来说炉喉都应该安装水冷炉喉钢砖，以保证即使顶温过高也不至于使炉喉钢砖被烧损或者产生高温变形。

8.1.2　炉身

测量的侵蚀炉型如图 8-3 所示。可以看出炉身上部砖衬基本完好，砖衬侵蚀很少，侵蚀主要是由于炉料的磨损造成的，而且残砖强度较高，如图 8-4 所示。砖衬残厚约为 600mm。

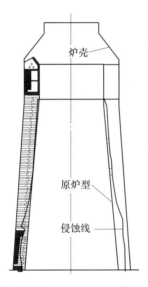

图 8-3　炉身砖衬侵蚀轮廓

图 8-4　炉身上部砖衬基本完好

炉身 2/3 以下煤气流旺盛的局部区域开始出现矿石软化的特征，由于炉内偏料和煤气流分布不均匀，特别是 2 号~3 号风口区沿着炉墙出现煤气流过于旺盛的现象，导致该区域矿石最先出现软化，炉墙呈现铁锈色，如图 8-5 所示。

从解剖情况来看，2 号~3 号风口上方料面低，特别是靠近炉墙部位炉料疏松，且有炉瘤。边缘煤气流不强的地方，炉墙颜色与炉料颜色相近，如图 8-6 所示，墙体"干净"、黏结物少，炉墙侵蚀也不明显。在出现煤气过于旺盛现象的 2 号风口上方，开始出现炉料黏结的现象，并黏附在炉墙上形成炉瘤，如图 8-7 所示。炉料软熔后使炉墙遭受严重侵蚀，该处炉墙与同一高度处炉墙相比侵蚀更为严重，特别是局部有较深的侵蚀坑，如图 8-8 所示。

炉身下部靠近凸台镶砖冷却壁附近，砖衬侵蚀突然加剧，如图 8-9 所示。炉墙砖衬残厚仅 230mm，局部特别是 2 号风口方向的炉墙砖衬基本烧穿。沿着炉墙炉料有铁锈色，矿石开始软化还原。由此推断在此高度炉内温度较高，特别是滴落带渣铁对炉墙砖衬有严重的腐蚀。越往下，砖缝中的绿色结晶物开始增多，砖质变脆、强度差，特别是砖的热面出现裂纹，易断裂粉碎，如图 8-10 所示。

图 8-5　炉身砖衬表面呈现铁锈色

图 8-6　炉身砖衬表面呈现黑色

图 8-7　炉墙结瘤

图 8-8　炉身砖衬侵蚀坑

图 8-9　下部炉墙急剧侵蚀

图 8-10　下部砖衬强度变差

此高炉从炉身下部开始安装冷却壁，炉身下部安装凸台镶砖冷却壁和扁水箱各 1 层。

（1）凸台镶砖冷却壁。炉身下部安装 1 层凸台镶砖冷却壁（共计 16 块），其结构如图 8-11 所示。凸台冷却壁有 4 根定位销，5 进 5 出纵向冷却水管，外加一根 1 进 1 出用于冷却凸台的冷却水管，水管外径为 50mm、内径为 40mm，镶砖槽中镶嵌高铝砖，砌炉时冷却壁前端砌有两层高铝砖。

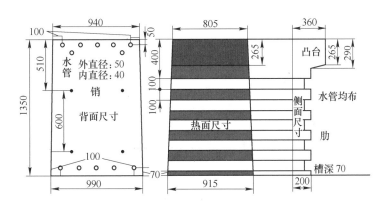

(a) 凸台镶砖冷却壁　　　　　　　(b) 第一层凸台冷却壁基本尺寸

图 8-11　炉身下部凸台镶砖冷却壁及其示意图

凸台冷却壁本体基本完好，如图 8-11（a）所示，槽中镶砖也几乎没有侵蚀；每块冷却壁的凸台均出现 2~4 条纵向裂纹，如图 8-12 所示，极少数凸台上也出现横向裂纹。

凸台冷却壁外的渣皮（图 8-13）对冷却壁本体起到了很好的保护作用，同时在该高炉内环境不像下部那么恶劣，特别是冷却壁受到的热负荷也低，这是凸台冷却壁保持完好的原因。但是从凸台上出现大量裂纹来看，必须认识到该冷却壁的构造还有待改善，特别是凸台内部冷却水管的布置有待改善。

图 8-12　凸台上的裂纹　　　　　　　图 8-13　凸台镶砖冷却壁外挂渣

（2）扁水箱。凸台冷却壁下部为 1 层 24 块扁水箱，如图 8-14 所示。采用 2 进 2 出的冷却方式，冷却水管规格同凸台冷却壁。从调研情况来看，扁水箱出现了有规律的破坏：侵蚀部位均位于内部水管弯头前端，无烧损痕迹，全部为扁水箱本体开裂后脱落露出内部水管，如图 8-14（b）所示。由于内部水管的这种布置方式，导致热面受热不均，特别是在水管前端的拐弯处很容易引起应力集中，导致铸体破坏脱落，有必要改进内部水管布置方式。

(a)   (b)

图 8-14 扁水箱及其内部水管暴露

从高炉解剖可以看出炉墙砖衬侵蚀呈现如下特征：

（1）北面煤气流发展的地方炉墙侵蚀比其他地方严重。

（2）在炉料出现软熔特征的地方炉墙侵蚀突然变得异常严重。

（3）炉身越往下耐火砖的强度越差，砖的热面裂缝越严重，侵蚀也相对严重，砖缝中往往沉积着较多绿色沉积物。

（4）砖衬炉墙难以抵御渣铁的化学侵蚀，而且高温对其破坏作用也异常明显。

（5）炉身下部的凸台冷却壁在没有渣皮保护的情况下，凸台表面出现了较多的纵向裂纹和少量的横向裂纹。

要达到当代长寿高炉一代炉龄 15 年的标准，砖衬炉墙显然有其弱点：

（1）虽然此高炉炉身上部砖衬总体上来看侵蚀不严重，但炉墙上局部的侵蚀凹坑不容忽视。一旦炉墙局部侵蚀严重，附近的砖衬虽然完好，但很容易因为下面砖衬的侵蚀而脱离，甚至导致整个炉墙倒塌。

（2）从高炉解剖实践来看，一旦出现边缘气流发展，气流旺盛的地方炉料熔化，形成的渣铁对炉墙侵蚀作用非常明显。

（3）黏土砖炉衬难以抵御渣铁的化学侵蚀，而且高温对其破坏作用也异常明显。这一点从炉身下部炉墙的急剧减薄，而炉墙附近炉料并没有出现软熔的特征可以判断。

（4）炉身下部的凸台冷却壁在没有渣皮保护的情况下，凸台表面出现了较多的纵向裂纹和少量的横向裂纹。

（5）砖衬结构的炉墙由于没有冷却措施，或者由于砖衬自身导热性能较差，不具备表面形成渣皮的条件。

由此可见，要达到现代长寿高炉的标准，在条件具备的情况下，炉身有必要采用全冷却壁结构。虽然在炉身上部冷却壁没有挂渣的有利条件，但是相对砖衬而言，强冷结构的冷却壁经受炉料和煤气流冲刷、化学腐蚀以及高温破坏的能力要强得多。虽然砖衬炉墙的造价要低廉得多，但是一旦局部破坏，整个炉墙必须重新砌筑，而如果是冷却壁破坏，只需更换破坏的冷却壁，修补工作迅速、方便。这也是目前高炉设计倾向于选择全冷却壁结构的原因。

8.1.3 炉腰炉腹

炉腰1层镶砖冷却壁，炉腹2层镶砖冷却壁，在炉腰和炉腹，镶砖全部侵蚀，冷却壁本体也遭到严重侵蚀。

从炉腰炉腹的解剖情况来看，冷却壁镶砖全部侵蚀，取而代之的是一层20~60mm厚的渣皮（图8-13）。渣皮从炉内至冷却壁热面明显可以分为两层：炉料粉末混合物和黑色炭末富集层。由于紧贴冷却壁的为炭素富集层，渣皮极易与冷却壁脱离。该炭素富集层为炉内碳长期向渣皮中渗透富集在冷却壁表面所致。因此，当该炭素富集层达到一定厚度，渣皮极易剥离，当遭遇高炉不稳定操作时渣皮便开始脱落，冷却壁无渣皮保护直到形成新的渣皮。可见，渣皮的形成与脱离应该是有一个周期的，炉况越稳定，冷却壁表面维持渣皮的时间越长。

炉腰炉腹共安装3层镶砖冷却壁，每层16块，其结构如图8-15所示。每块镶砖冷却壁有4根定位销，内部水管为5进5出，水管规格同凸台冷却壁，冷却壁镶砖为高铝砖，砌炉时前端均砌有一层厚300mm的高铝砖。

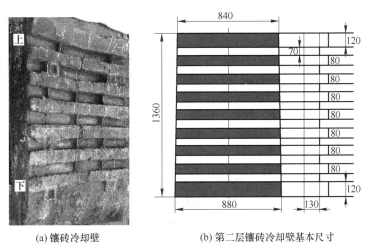

(a) 镶砖冷却壁 (b) 第二层镶砖冷却壁基本尺寸

图 8-15　镶砖冷却壁及其示意图

炉腰镶砖冷却壁前端原砌砖全部消失，镶砖肋外露，槽中填充黑色炭素粉末，如图8-16所示。在该层冷却壁标高位置，虽然在中心出现了炉料软熔和空洞，但是炉墙边缘炉料仍然呈现散料层特征，没有软化黏结，如图8-17所示。因此该层冷却壁表面不具备形成渣皮的有利条件，冷却壁表面仅附着一层矿粉、焦末组成的黏结物，厚度较薄，仅40~50mm，强度差、易剥落，无法有效保护冷却壁。

炉腰冷却壁本体上部完整，镶砖槽清晰可见，镶砖肋有磨损，热面布满纵向深度裂纹，如图8-15（a）所示。特别是在冷却壁的定位螺栓处，均有大量裂纹，应为热应力导致，是在螺栓处应力集中的表现。越往下冷却壁侵蚀越严重，特别是在两块冷却壁的交界处，减薄，如图8-18所示。个别冷却壁下端已经完全侵蚀，内部冷却水管暴露。炉腰冷却壁没有出现明显的烧痕，可见冷却壁表面温度没有达到铸铁的破坏温度。冷却壁减薄的原因应为化学腐蚀和热应力破坏所致，此外煤气流的长期冲刷也是造成冷却壁破坏的重要原因。

图 8-16　炉腰镶砖冷却壁表面渣皮

图 8-17　炉腰镶砖冷却壁及其附近炉料

炉腹内冷却壁前端炉衬已不复存在，炉腹冷却壁破损与炉腰冷却壁破损的不同之处在于：炉腰冷却壁是下端发生严重侵蚀，而炉腹第一层冷却壁则是上端就开始出现了严重的侵蚀，如图 8-19 所示；并且冷却壁本体上端出现大量的纵向裂纹，严重处大块铸铁脱落，露出内部冷却水管，这说明炉内炉腰和炉腹交界处是最薄弱的区域。图 8-20 和图 8-21 所示为根据测量的炉腹第一层冷却壁上端厚度绘制的示意图，图中黑色部分表示残余的冷却壁本体。

图 8-18　炉腰冷却壁下部严重侵蚀

图 8-19　炉腹第一层冷却壁上部侵蚀

图 8-20　炉腹第一层冷却壁上端侵蚀

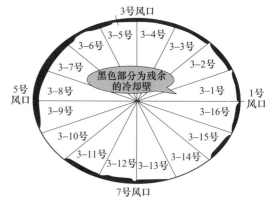

图 8-21　炉腹第一层冷却壁上端侵蚀图

炉腹冷却壁表面形成的渣皮很硬，呈现铁锈色，如图 8-22 所示。渣皮从热面向外，大致可以分三层：以铁为主的铁质渣皮、以矿-渣为主的烧结层以及带氨气味的似炭黑的渣皮。三层都比较容易剥离，特别是前两层组成的动态渣皮与紧贴冷却壁的渣皮极易分离。

从目前情况来看炉腹第一层镶砖冷却壁侵蚀呈现如下特征：

（1）该层冷却壁上部侵蚀比下部侵蚀严重。

（2）随着软熔带向炉墙边缘扩展，到了该层冷却壁的中下部高度处，软熔带基本接近炉墙；该层冷却壁下部的渣皮比上部渣皮硬，含铁量高，形成了比较理想的渣皮，导致下部侵蚀并没有上部严重。

（3）边缘煤气流旺盛的部位，冷却壁并没有特别严重的侵蚀，相反在炉墙附近炉料没有出现软熔特征的部位冷却壁侵蚀最严重，可见软化的炉料易于形成渣皮，保护冷却壁。

炉腹第二层镶砖冷却壁侵蚀情况类似炉腹第一层冷却壁，也是上部侵蚀比下部侵蚀要严重。但总体来看，该层冷却壁没有上一层冷却壁侵蚀严重，特别是靠近下部冷却壁的肋，基本保存完好，镶砖槽中有部分残余镶砖，只是在下端出现了砖肋受力断裂脱落，如图 8-23 所示。

图 8-22　炉腹第一层冷却壁表面渣皮

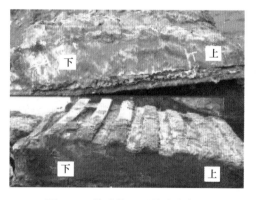

图 8-23　炉腹第二层镶砖冷却壁

炉腹第二层冷却壁下即为炉缸，从解剖实践来看，炉腹第二层冷却壁基本处于滴落带范围，冷却壁外渣皮较厚（110mm），强度高，如图 8-24 所示。该渣皮与上层冷却壁热面渣皮一样也是三层结构，只是最外层的铁质渣皮基本由纯铁组成，强度很高。虽然渣皮各层之间易于分离，但正是这层厚而坚硬的渣皮在炉内冷却壁热面形成了一个封闭的内衬，使其难以脱落，对冷却壁起到了很好的保护作用。

虽然该层冷却壁侵蚀不算严重，但是其下部的热应力破坏仍然不容忽视，而且各层冷却壁均发生了在两层冷却壁交界处出现的应力破坏，可见冷却壁的结构与安装还是存在问题。为研究冷却壁水管的铸造缺陷对冷却壁的破坏机理，用刨床将冷却壁刨开，观察冷却壁断面的铸造特征，如图 8-25 所示。从冷却壁解剖断面呈现特征可以看出：

（1）水管和铸铁间没有明显缝隙，铸体致密没有缺陷；

（2）水管内部也较为干净，没有发现明显的结垢；

（3）热面应力导致的裂纹较深，从解剖断面可以见到清晰的裂纹；

（4）虽然水管的铸造缝隙对导热影响巨大，从而导致冷却壁破裂，但目前的解剖说明水管的铸造质量较高。

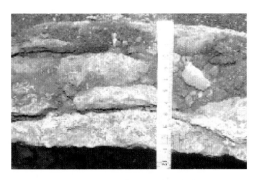

图 8-24 炉腹第二层镶砖冷却壁 　　　 图 8-25 冷却壁内部水管断面

8.1.4 炉缸与炉底侵蚀

炉缸上部风口区为高铝砖和 1 层光面冷却壁组成；炉缸下部为自焙炭块和 1 层光面冷却壁构成，高度方向上铺 5 层，每层厚度分别为 490mm、550mm、550mm、627mm、780mm，自焙炭砖外面砌筑黏土保护砖。炉缸深度约 2300mm，其中死铁层深度 300mm；炉底铺设 1 层高铝砖外加 4 层焙烧炭块，外围为光面冷却壁，第四层方炭砖底部为风冷管道（开始并没有冷却，后期加上的），炉底总厚度为 1747mm。炉缸半径为 1600mm，风口中心线距离铁口中心线 1650mm，炉底炭块尺寸为 340mm×330mm×370mm。

8.1.4.1 风口带侵蚀状况

风口组合砖为高铝砖材质，解剖时发现风口大套以上已经看不出高铝砖形貌，全部依靠光面冷却壁外黏结的一层厚度为 350～550mm 的渣皮工作。由于前面有较厚的渣皮保护，带有风口大套的光面冷却壁表面完好，也没有出现裂纹等破坏，如图 8-26 所示。炉缸冷却壁外渣皮从断面看为三层结构，如图 8-27 所示，分别为疏松炭素沉积层、以渣为主的烧结层和铁质渣皮层。这三层易于分离，特别是紧贴冷却壁的炭素疏松层，很容易剥落。外面两层渣铁黏结层比较坚硬，特别是最外层主要成分为铁，表面黏结着焦炭颗粒，强度极高。

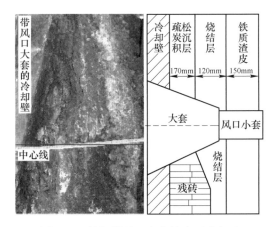

图 8-26 带风口大套的光面冷却壁 　　　 图 8-27 炉缸带风口大套的光面冷却壁

风口大套以下开始出现残余砖衬，如图 8-28 所示，并且越往下砖衬越厚。由于长期的高温、高压环境，砖与砖之间的结合非常紧密，砖的强度也很高。砖外层是厚度为350~400mm 的渣铁壳，砖前端与渣皮的界限不明显。高铝砖以下的炉缸为自焙炭砖砌筑，高铝砖与自焙炭砖交界处为渣层表面。在下部高铝砖中开始出现了很严重的渗铁，如图 8-29 所示。

图 8-28　炉缸带风口的光面冷却壁

图 8-29　渣层平面炉缸环砌高铝砖砖缝渗铁

8.1.4.2　炉缸环砌自焙炭砖侵蚀

炉缸的渣层表面较为平整，其上表面与炉缸第一层自焙炭块上表面基本相平，如图 8-30 所示。渣面距离风口中心线约 1000mm，渣层厚度约 900mm，渣中有大量的焦炭堆积。渣层往下为铁层，渣铁界面也有明显的分层，而且铁面极其平整，如图 8-31 所示。铁层厚度最深处为 1300mm，焦炭浸入铁层的深度为 600mm，分布均匀。

图 8-30　渣层表面

图 8-31　铁层表面

从渣面附近开始，砖缝中开始出现渗入的铁层，砖衬侵蚀也较为严重，特别是靠近铁口区域炉墙厚度仅 460mm。铁口对面的炉墙残厚约有 1000mm，如图 8-32 所示。由于炭块强度变差，在炉缸的长期高温以及热应力作用下极易出现裂纹，如图 8-33 所示，而裂纹的出现又使铁水渗入到炭砖内部造成进一步的破坏。

总体看来，炉缸环砌的自焙炭砖侵蚀非常严重，尤其在靠近铁口附近，而且炉缸侧壁砖缝开始出现环裂，大量的铁沿着裂缝向下渗透，对炉墙造成了严重的破坏，如图 8-34

所示。虽然贴近渣层的炉墙有形成渣皮的有利条件，而且确实形成了一层厚约200mm完全由渣组成的渣壳，如图8-35所示。但由于炉缸侧壁炭砖的环裂，以及炭砖砌缝形成的气隙，使冷却壁对内层炭砖的冷却能力大大降低，导致内层炭砖被高温流动的炉渣消耗侵蚀。

图8-32 炉缸环砌预制炭砖砖缝渗铁

图8-33 炉缸环砌预制炭砖表面裂纹

图8-34 炉缸侧壁环裂渗铁

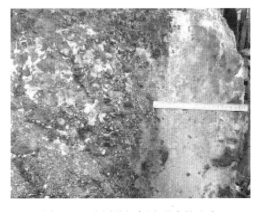

图8-35 渣层炉缸侧壁形成的渣皮

8.1.4.3 炉底侵蚀

从图8-36和图8-37炉缸炉底侵蚀图可以看出，炉底侵蚀较严重，死铁层由于侵蚀加深了1.2m左右，炉底被侵蚀成了锅底状。炉底侧壁炭缝渗铁也较为严重，几乎每一块炭块砖缝均有渗铁，而且部分炭块由于上面砖缝渗下的铁导致炭块破裂，炉底侧壁炭块环裂渗铁现象依然严重。接触渣层的炭砖表面非常"干净"，没有渣铁壳等保护层附着在炭砖上。当然这和高炉冶炼时是有差别的，不能以冷态时看到的情况来断定高炉冶炼时炭块表面没有保护层的形成。

炉底的1层预制炭块外加2层半的炭砖被完全侵蚀，仅剩下最后1层半炭砖。而清理炉底炭块时发现残存的第3层砖热面侵蚀约50~180mm，且热面强度较好，炭砖热面的表面平整，但其冷面出现侵蚀坑，如图8-38所示。坑中是炭块分解成的黑色粉末，并填有铁凝结物，如图8-39所示。由于上层的铁沿着砖缝渗进炭砖表面，促使炭砖局部粉化，铁水侵入粉化区将炭末吸收致使侵蚀区扩大，炉底最下部一层炭砖沿着砖缝局部渗铁深度达 200mm，整个炉底真正剩余厚度不足 200mm。

图 8-36　炉底靠近炉墙炭块环裂

图 8-37　炉底锅底状侵蚀

图 8-38　炉底中心炭砖冷面侵蚀并渗铁

图 8-39　炉底两层炭砖之间渗铁

8.1.5　炉墙侵蚀炉型

通过对炉墙破损调研分析，绘制高炉整体炉型侵蚀图，如图 8-40 所示。

得出如下结论：

（1）炉喉钢砖破损严重，其破坏原因较为复杂，主要原因是高温侵蚀及热应力集中，在具备条件的情况下，实施水冷炉喉钢砖是保证炉喉长寿的关键。

（2）无冷区的砖衬是较易被侵蚀的，在条件具备的情况下，消除无冷段，采用全冷却壁结构炉墙是保证高炉长寿的重要手段。

（3）冷却壁表面形成稳定的渣皮是冷却壁长寿的关键，同时冷却壁的设计特别是内部水管合理布置是避免冷却壁产生裂纹等应力破坏、实现冷却壁长寿的重要途径。

（4）铁口区域在出铁过程冲刷严重，解剖发现铁口水平面区域侵蚀严重，特别是越靠近铁口附近侵蚀就越严重，这说明渣铁排放过程的流动状态对高炉炉缸长寿的重要性。铁口下部炉缸炉底交界处侵蚀严重，这与在渣铁排放过程中铁口下方炉缸炉底交界处流速和剪切应力大密切相关。

（5）炉缸炉底侵蚀总体呈现"锅底"状，局部呈"蒜头"状，炉底真实残厚不到

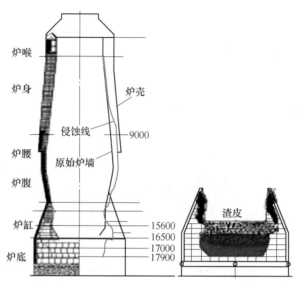

图 8-40　莱钢 125m³ 高炉炉墙侵蚀示意图

200mm，炭砖缝渗铁是导致炭块局部粉化、引起炉缸炉底侵蚀的主要原因。砖衬的渗铁和环裂同时也说明，研究由温度分布不均及温度变化所产生的热应力虽有必要，但根本问题是研究其温度及温度变化，如能在炉缸炉底热面形成渣铁保护层，降低耐火材料内部的温度及温度变化，那么就可减小耐火材料的热应力。

（6）从炉身下部开始炉墙侵蚀突然加重，局部冷却壁烧穿，而且炉底仅剩 200mm 厚砖衬，说明炉身下部、炉腰、炉腹及炉缸炉底是高炉长寿的限制性环节。

（7）此高炉死铁层从设计的 0.3m 侵蚀加深到约 1.5m，靠近出铁口部位，炉缸出现局部"蒜头"状侵蚀，说明"蒜头"处温度高。其原因是炉缸环流导致的炙热渣铁冲刷炉缸炉底交界处，此处受蚀并被破坏，铁水通过砖层之间水平渗入，破坏炉缸砌砖的整体性，导致炉缸炉底侵蚀日趋严重。且在高炉炉缸勘察中发现几乎所有的炭砖砖缝均有渗铁现象，高炉的砌筑质量、炭砖的膨胀及炉体温度分布对炭砖渗铁有较大影响。此外，炭砖渗铁也是自焙炭块普遍存在的问题。良好的温度分布是炉缸炉底长寿的重要基础。

（8）要使高炉达到长寿的目的，薄壁炉衬全冷却结构炉体设计非常必要，炉缸炉底的布砖和砌筑必须满足传热学和力学结构要求，同时建议炉底采用水冷。

8.2　炉喉钢砖破损机理分析

炉喉钢砖主要起保护炉衬作用。炉喉一般多用高铝砖砌筑，钢砖采用铸钢件。高炉正常工作时，炉喉煤气温度为 400 ~ 500℃，高炉操作异常时，煤气温度达到 600℃ 甚至 800℃ 以上。炉喉钢砖受炉料的撞击和摩擦较为严重，易磨损。

8.2.1　数学模型

8.2.1.1　传热方程

高炉正常冶炼条件下，炉喉钢砖传热是三维稳态导热问题。由于径向的温度差异较大，圆周方向的差异不明显，其数学模型可简化为二维稳态导热。煤气温度发生变化，冷却壁传热变成无内热源的二维瞬态导热问题。在一般情况下，高炉内壁与煤气、炉壳和空气之间是导热、对流以及辐射三种换热形式的综合，为了计算简便，通常取综合换热系数。

当炉喉钢砖为无内热源稳态传热时，微分方程为：

$$\frac{\partial}{\partial x}\left(k\frac{\partial T}{\partial x}\right) + \frac{\partial}{\partial y}\left(k\frac{\partial T}{\partial y}\right) = 0 \tag{8-1}$$

式中　k——导热系数，$W/(m \cdot K)$；

　　　T——绝对温度，K。

综合换热条件下的微分方程为：

$$k\frac{\partial T}{\partial x} + k\frac{\partial T}{\partial y} = -\alpha(t_w - t_f) \tag{8-2}$$

式中　α——综合换热系数，$W/(m^2 \cdot K)$；

　　　t_w——壁体表面温度，℃；

　　　t_f——流体温度，℃。

其中，α 的表达式如下：

$$\alpha = \cfrac{1}{\cfrac{1}{\alpha_0} + \cfrac{s}{k} + \cfrac{\cfrac{1}{\varepsilon_1} + \cfrac{1}{\varepsilon_2} - 1}{\cfrac{C_0}{100^4}(T_1^2 + T_2^2)(T_1 + T_2)}} \tag{8-3}$$

式中　α_0——对流换热系数，$W/(m^2 \cdot K)$；

　　　s——壁体厚度，m；

　　　C_0——黑体辐射系数，$5.67W/(m^2 \cdot K^4)$；

　　ε_1，ε_2——壁面发射率；

　　T_1，T_2——壁面温度，℃。

为对比高炉正常和异常情况下炉喉钢砖的状态，炉喉钢砖的边界条件分为两种情况，见表8-1。

表 8-1　炉喉钢砖边界条件

状态	因素	L_1	L_2	L_3	冷面
正常	温度/℃	500	300	700	50
	综合换热系数/$W \cdot (m^2 \cdot K)^{-1}$	150	50	160	
异常	温度/℃	800	500	900	50
	综合换热系数/$W \cdot (m^2 \cdot K)^{-1}$	180	150	200	

8.2.1.2　应力应变方程

平衡微分方程如下：

$$\begin{cases} \dfrac{\partial \sigma_x}{\partial x} + \dfrac{\partial \tau_{xy}}{\partial y} = 0 \\[3mm] \dfrac{\partial \tau_{yx}}{\partial x} + \dfrac{\partial \sigma_y}{\partial y} = 0 \end{cases} \tag{8-4}$$

式中　σ_x，σ_y——各个方向上的正应力；

　　　　τ_{xy}，τ_{yx}——各个面上的切应力。

考虑到变温条件下的温度应力之间服从广义胡克定律，其本构方程为：

$$\begin{cases} \sigma_x = 2G\left[\varepsilon_x + \dfrac{3\mu}{1-2\mu}\varepsilon_0 - \dfrac{1+\mu}{1-2\mu}\alpha(T-T_0) \right] \\[3mm] \sigma_y = 2G\left[\varepsilon_y + \dfrac{3\mu}{1-2\mu}\varepsilon_0 - \dfrac{1+\mu}{1-2\mu}\alpha(T-T_0) \right] \\[3mm] \tau_{xy} = G\gamma_{xy} \\[3mm] G = \dfrac{E}{2(1+\mu)} \end{cases} \tag{8-5}$$

式中　G——剪切弹性模量；

　　　　ε——正应变；

　　　　μ——泊松比；

　　　　α——材料的热膨胀系数；

　　　　γ——剪切应变。

应力场计算时，位移约束选择是肋固定。上部两个肋与炉墙接触的部分固定，下部肋整体完全固定。

8.2.2　炉喉钢砖状态分析

炉喉钢砖状态包括温度场、应力场。炉喉钢砖材料为铸钢，当壁体温度高于700℃时，铸钢性质发生恶化，壁体容易破坏；当钢砖应力强度高于铸钢的破坏强度时，钢砖出现裂纹。

8.2.2.1　正常情况时状态分析

高炉正常运行时，炉喉煤气温度通常在500℃以下，炉喉钢砖温度场分布如图8-41所示。由图中可以看出，钢砖壁体温度较高，填料温度较低。钢砖下沿靠近炉喉中心的部分温度较高，钢砖顶部壁体温度较低。由下至上，沿壁体表面温度的变化曲线如图8-42所示，从图中可以看出，正常情况下，壁体温度最高为530℃，分布在钢砖下沿，最低温度分布在钢砖上部，钢砖壁体中部温度在400℃以下，处于安全工作温度之内。

裂纹是钢砖破坏的主要形式之一，其主要原因是应力过于集中。图8-43所示为高炉正常运行时钢砖应力场分布。从图中可以看，钢砖壁体应力强度较高，平均值在280MPa以上。填料较为松散，应力强度较低，应力强度值在280MPa以下。钢砖壁体最高应力强度分布在底部肋与壁体接触的部位，应力强度值在2000MPa以上，远远超过铸钢的破坏强度，因此这个部位极易破坏。从钢砖下部放大的应力场分布云图可以看出，下部两肋之间壁体的应力强度在450~700MPa，易破坏。

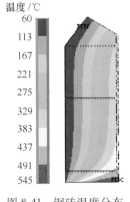

图 8-41　钢砖温度分布

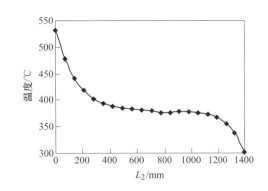

图 8-42　壁体表面温度分布

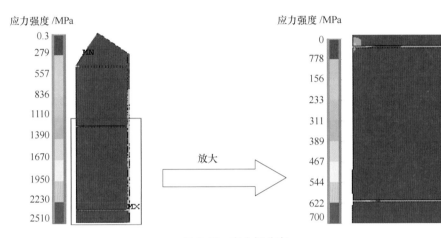

图 8-43　应力场分布

图 8-44 所示为钢砖壁体热面由底至顶的应力强度分布曲线。从图中可以看出，底部两肋之间的应力强度较大，最大值达到 680MPa 左右，应力强度最大的部位分布在底部肋和壁体间接触的区域。钢砖壁体上下两端的应力强度较小，应力强度值在 100MPa 以下。由于钢砖下沿温度较高，壁体的抗拉应力强度下降，因此较先破坏。

8.2.2.2　异常情况时状态分析

当高炉出现异常，如炉内出现煤气管道时，炉喉煤气温度急剧升高，钢砖壁体温度随之升

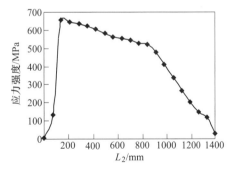

图 8-44　壁体应力强度分布

高。炉喉煤气温度为 800℃ 时，钢砖温度场分布情况如图 8-45 所示。

从图中可以看出，高炉操作异常时，钢砖壁体表面温度较正常情况明显增加，平均温度升高 200℃ 以上。由于壁体底部煤气温度较高，壁体最高温度达到 783℃，位置分布在钢砖底部边沿。由于铸钢件的安全工作温度在 700℃ 以内，因此，异常情况发生时，壁体烧损较为明显。图 8-46 所示为钢砖热面由底至顶的温度分布曲线。由图中可见，壁体下端温度较高，中部区域稳定，温度在 600~650℃，壁体上端温度较低。

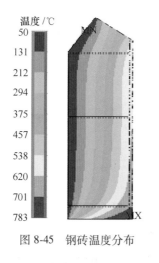

图 8-45 钢砖温度分布

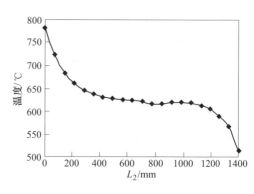

图 8-46 壁体温度分布

图 8-47 所示为高炉异常时钢砖应力场分布云图。

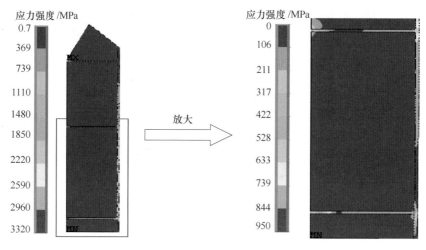

图 8-47 应力场分布

由图中可以看出，钢砖最大应力强度分布在底部肋与壁体接触的部位，应力强度值超过 1000MPa，因此，底部肋与壁体接触的部位最先破坏。底部两肋之间的应力强度与正常情况时相比，应力强度值分布在 600MPa 以上。因此，在异常情况时，底部两肋之间壁体的破坏更为严重。

图 8-48 所示为沿壁体上下方向应力强度的分布曲线。从图中可以看出，底部两肋之间应力强度在 700MPa 以上，极易破坏，顶部两肋之间和上下两端的应力强度较小，破坏不明显。

8.2.3 现场验证

高炉解剖得到的炉喉钢砖破坏情况如图 8-49 所示。

钢砖下端破坏严重，破坏形式为由温度过高导致的壁体下沿烧损严重、应力集中导致下部两肋之间的壁体产生裂纹以致壁体脱落消失、炉料冲击导致壁体的严重磨损等。炉喉

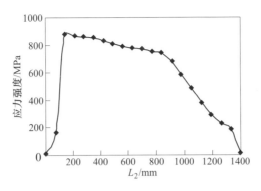

图 8-48　应力强度分布曲线

图 8-49　炉喉钢砖破坏情况

钢砖下部靠近炉喉中心的部位烧损现象明显，破坏严重，这与计算分析的情况相同。钢砖烧损在于高炉操作异常时煤气温度过高。根据异常情况下炉喉钢砖应力场分布规律，炉喉钢砖下部壁体消失是由于两肋之间的应力强度较大，钢砖破坏首先出现在肋与壁体接触的部位，之后在炉料冲击和煤气冲刷情况下，底部两肋之间的壁体脱落。钢砖壁体"翘起"由两个方面的因素引起：一是炉料冲击在壁体上，在中间肋的支撑下，形成一个"杠杆"，即上部肋的上部区域遭到冲击，下部壁体上翘；二是煤气温度变化导致，处于已破坏的钢砖内部的煤气流稳定，温度较高且变化较小，通过壁体表面的煤气流速度较大，温度变化较大，当温度降低时，壁体表面收缩较大，内部较小，造成"翘起"。在停炉时，炉喉处空气温度恢复到环境温度，翘起的程度加大。

8.2.4　炉喉钢砖的改进

考虑到炉喉钢砖的破坏主要是由于炉内高温引起的，因此采用带水冷的炉喉钢砖将大大减轻炉喉钢砖由于热应力造成的损坏。图 8-50 给出了水冷炉喉钢砖温度场分布云图。从图中可以看出，钢砖最高温度在 390℃ 左右，分布在钢砖底部边缘，远低于铸钢的安全工作最高温度 700℃。图 8-51 所示为钢砖壁体由底部至顶部弯角处的温度分布曲线。从图中可以看出，钢砖热面由于冷却水冷却，温度较低，平均温度在70℃以下。上下两端温度较高，温度在150℃以上，底端温度最高，在350~400℃之间。因此，水冷炉喉钢砖的热面能够保持较高的抗拉强度，抵抗炉料冲刷和高温煤气的侵蚀。

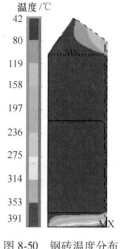

图 8-50　钢砖温度分布

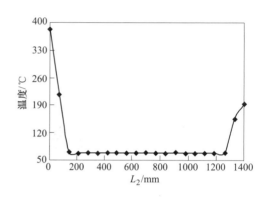

图 8-51　壁体表面温度分布

为了进一步降低炉喉钢砖的温度，在设计水冷炉喉钢砖时，将冷却水管扩展到壁体热面和上下底面部分，实现炉喉钢砖的热面全冷却，由此可以显著降低钢砖上下两端的温度，从而实现炉喉钢砖的长期正常使用。

图 8-52 所示为水冷炉喉钢砖应力强度分布云图。

从图中可以看出，水冷炉喉钢砖应力强度值最大在250MPa左右，位置分布在钢砖底部肋的边缘。由于低温下铸钢的抗拉强度在300MPa以上，且钢砖安装时，底部肋具有一定的移动范围，因此可以保证炉喉钢砖的应力强度值低于材料的抗拉强度，应力集中对壁体的破坏不明显。

图 8-53 所示为钢砖壁体表面由底部至顶部的应力强度分布曲线。由图中可以看出，壁体表面的平均应力强度在150MPa左右，上下两端应力强度较小。因此，采用水冷炉喉

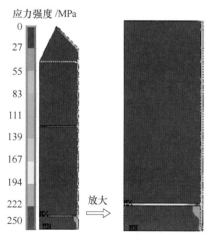

图 8-52　水冷炉喉钢砖应力场分布

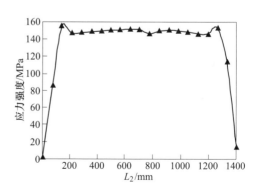

图 8-53　壁体表面应力强度分布曲线

钢砖可以大大降低炉喉钢砖的应力集中，减小壁体裂纹的产生，从而使钢砖的使用寿命得到提高。因此，建议在高炉炉喉安装水冷炉喉钢砖，延长炉喉钢砖的使用时间，从而增加高炉的使用寿命。

8.3 冷却壁破损机理

8.3.1 数学模型

8.3.1.1 冷却壁热阻分析

冷却壁本体如图8-54所示。假设 Q_1 为冷却壁本体传递给冷却水的热量，也代表了冷却壁的冷却能力，在一维稳态条件下，可以表示为：

$$Q_1 = KF_2(t_2 - t_3) = [F_2(t_2 - t_3)]/R \tag{8-6}$$

式中　t_2——冷却壁本体与水管接触面的平均温度，℃；

$\quad\quad t_3$——冷却水平均温度，℃；

$\quad\quad K$——冷却壁本体与水之间的传热系数，W/(m²·K)；

$\quad\quad R$——冷却壁本体与水之间的热阻，m²·K/W；

$\quad\quad F_2$——冷却水管表面积，m²；

$\quad\quad F_1$——炉墙传热面积，m²；

$\quad F_1/F_2$——冷却壁的一个重要结构参数，不同冷却壁的 F_1/F_2 值一般在 0.75~1.1 之间。

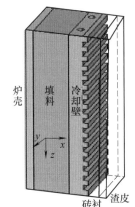

图 8-54　冷却壁本体示意图

如果假设 $F_1/F_2 = 1.0$，分析 Q_1 时可按 $F_2 = \pi d_0 L$ 考虑，其中 d_0 为水管外径。

冷却壁本体与冷却水之间有 4 个热阻：

（1）水管内表面与水之间的对流换热热阻 R_0：

$$R_0 = (1/\alpha_2)/(d_0/d_1) \tag{8-7}$$

式中　α_2——水管内表面与水之间的对流换热系数，W/(m²·K)；

$\quad\quad d_0$——水管外径，m；

$\quad\quad d_1$——水管内径，m。

由于是强制对流换热，α_2 可由下列公式求得：

$$Nu = \alpha_2 d_1/\lambda = 0.023\,(vd_1/\nu)^{0.8}\,(\nu/\alpha_2)^{0.4}$$

$$\alpha_2 = 0.023\,\frac{v^{0.8}\lambda^{0.6}c_p^{0.4}\rho^{0.4}}{d_1^{0.2}\nu^{0.4}} \tag{8-8}$$

式中　　　v——水管内冷却水流速，m/s；

λ，c_p，ρ，ν——分别为冷却水的导热系数，W/(m²·K)；比热容，J/(kg·K)；密度，kg/m³；运动黏度，m²/s。

（2）水管管壁的导热热阻 R_w。由于在计算 Q_1 时，传热面积按 $F = \pi d_0 L$ 考虑，即热阻 R 是以水管外径定义的，故：

$$R_w = \frac{d_0}{2\lambda_w}\ln\frac{d_0}{d_1} \tag{8-9}$$

式中 λ_w——水管管壁的导热系数，W/(m·K)。

（3）水管表面涂层的导热热阻 R_e。水管表面涂层是为防止水管渗碳而喷涂的，其厚度取决于喷涂工艺，一般为 0.2～0.7mm，由于涂层厚度很小，热阻 R_e 可按平壁导热处理，并简单地表示为：

$$R_e = \delta_e/\lambda_e \tag{8-10}$$

式中 δ_e，λ_e——分别为涂层的厚度和导热系数。

（4）气隙层的热阻 R_g。冷却壁本体和水管间的气隙层是冷却壁在制造和工作时本体与水管温度不同，以及膨胀系数不同而产生的，一般约为 0.1～0.3mm。同样，由于气隙层很薄，在考虑 R_g 时，仍可按平壁处理，气隙层中的传热由两部分组成：气隙层中气体的导热，冷却壁本体和涂层外表面的辐射换热。为了方便起见，把这两部分传热用一等效导热过程表示，于是通过气隙的热通量可简单地表示为：

$$q_g = (t_2 - t_e)/R_g$$
$$R_g = \delta_g/\lambda_g \tag{8-11}$$

式中 R_g——气隙热阻。

R_g 中的 λ_g 为气隙的当量导热系数。

$$\lambda_e = \lambda_g + C_0\varepsilon_{xy}\theta\delta_g$$

其中：

$$\varepsilon_{xy} = 1/\left[(1/\varepsilon_s) + (1/\varepsilon_e) - 1\right] \tag{8-12}$$

$$\theta = \left[(T_2/100)^4 - (T_e/100)^4\right]/(t_2 - t_1) \tag{8-13}$$

式中 λ_g，δ_g——气隙层中气体导热系数和气隙层厚度，mm；

ε_s，ε_e——冷却壁本体和涂层的黑度，mm；

t_2，t_1——冷却壁本体和涂层接触面和涂层表面温度，℃；

T_2，T_e——与 t_2 和 t_1 对应的绝对温度，K；

C_0——黑体辐射系数，$C_0 = 5.67W/(m^2·K^4)$。

因此，冷却壁本体和冷却水之间的传热总热阻 R 为：

$$R = R_0 + R_e + R_w + R_g$$

$$R = (1/\alpha_2)(d_0/d_1) + \frac{d_0}{2\lambda_w}\ln\frac{d_0}{d_1} + \delta_c/\lambda_c + \delta_g/\lambda_g \tag{8-14}$$

冷却壁本体与冷却水之间的传热系数：

$$k = 1/R = 1/\left[(1/\alpha_2)(d_0/d_1) + \frac{d_0}{2\lambda_w}\ln\frac{d_0}{d_1} + \delta_c/\lambda_c + \delta_g/\lambda_g\right] \tag{8-15}$$

冷却水流速、涂层厚度和气隙厚度对热阻 R 和传热系数 k 的影响见表 8-2。

表 8-2 水流速、涂层厚度和气隙厚度对热阻和传热系数的影响

影响因素		$R/m^2·℃·W^{-1}$	$k/W·(m^2·℃)^{-1}$
$v/m·s^{-1}$	1.0	$4.347×10^{-3}$	230.04
	1.5	$4.265×10^{-3}$	234.47
	2.0	$4.221×10^{-3}$	236.91
	2.5	$4.193×10^{-3}$	238.48

影响因素		$R/\mathrm{m}^2 \cdot ℃ \cdot \mathrm{W}^{-1}$	$k/\mathrm{W} \cdot (\mathrm{m}^2 \cdot ℃)^{-1}$
δ_e/mm	0.2	$4.265×10^{-3}$	234.5
	0.3	$4.390×10^{-3}$	227.8
	0.4	$4.515×10^{-3}$	221.5
	0.5	$4.640×10^{-3}$	215.6
δ_g/mm	0.10	$3.090×10^{-3}$	323.6
	0.15	$4.265×10^{-3}$	234.5
	0.20	$5.395×10^{-3}$	185.4
	0.25	$6.482×10^{-3}$	154.3

本结果与实验数据基本吻合，日本水稻制铁所试验表明，冷却壁本体与冷却水之间的传热系数约为 $200\sim350\mathrm{W}/(\mathrm{m}^2 \cdot ℃)$。日本新日铁在开发第四代冷却壁计算时，采用的 k 值为 $210\sim240\mathrm{W}/(\mathrm{m}^2 \cdot ℃)$。

通过计算结果可知：

（1）冷却壁热面温度主要取决于冷却壁的冷却能力，即冷却水带走的热量 Q_1 的大小，冷却水带走的热量越多，冷却壁热面温度越低。

（2）冷却壁的冷却能力主要取决于冷却壁本体与冷却水之间的传热热阻。热阻分析表明：气隙热阻约占总热阻的 86%，涂层热阻约占 5.86%，而冷却水与冷却水管壁面的对流换热热阻只占 5.02%。

（3）气隙层厚度由 0.25mm 减至 0.1mm，热阻有很大幅度降低，k 值由 $154.3\mathrm{W}/(\mathrm{m}^2 \cdot ℃)$ 增至 $323.6\mathrm{W}/(\mathrm{m}^2 \cdot ℃)$，增加了约 110%。制造中应尽量减小气隙层厚度。

（4）在整个热阻中，冷却水对流换热热阻只占很小比例，水速由 1.0m/s 增至 2.5m/s，k 值只增加 3.7%。因此，盲目地加大冷却水量，企图增强冷却壁的冷却能力，效果较小，在冷却水量过小或热流量过大，以致水温升高很大时，增大冷却水量是有效的，但此时，主要是降低进水温度而不是增大传热系数。

（5）在采用 SiO_2 或 Al_2O_3 作为涂层材料时，涂层厚度对总热阻影响较小。

根据上述结果进行计算，目前普遍使用的冷却壁由于冷却水管与壁体间隙热阻的存在，在炉温达到一定温度时，冷却壁热面很难降低到 700℃ 以下，冷却壁发生损坏是不可避免的，冷却壁的冷却能力仍需进一步提高。

8.3.1.2 应力应变方程

冷却壁应力场计算是以温度场的分布为基础的，因为温度差引起的热应力在应力场分布中占主要作用。冷却壁应力场的计算牵涉到热应力和机械应力的计算。计算以位移作为初始量，根据位移和应力应变的关系依次计算出应变场和应力场。

位移和应变计算方程如下：

$$\begin{cases} \varepsilon_x = \dfrac{\partial u}{\partial x}, & \gamma_{xy} = \dfrac{\partial v}{\partial x} + \dfrac{\partial u}{\partial y} \\[2mm] \varepsilon_y = \dfrac{\partial v}{\partial y}, & \gamma_{yz} = \dfrac{\partial w}{\partial y} + \dfrac{\partial v}{\partial z} \\[2mm] \varepsilon_z = \dfrac{\partial w}{\partial z}, & \gamma_{zx} = \dfrac{\partial u}{\partial z} + \dfrac{\partial w}{\partial x} \end{cases} \tag{8-16}$$

式中　ε_x，ε_y，ε_z——x、y、z 方向上的应变；

　　　γ_{xy}，γ_{yz}，γ_{zx}——xy、yz、zx 面上的切应变；

　　　u，v，w——x、y、z 方向上的位移。

冷却壁应力场计算的平衡微分方程如下：

$$\begin{cases} \dfrac{\partial \sigma_x}{\partial x} + \dfrac{\partial \tau_{xy}}{\partial y} + \dfrac{\partial \tau_{xz}}{\partial z} = 0 \\[2mm] \dfrac{\partial \tau_{yx}}{\partial x} + \dfrac{\partial \sigma_y}{\partial y} + \dfrac{\partial \tau_{yz}}{\partial z} = 0 \\[2mm] \dfrac{\partial \tau_{zx}}{\partial x} + \dfrac{\partial \tau_{zy}}{\partial y} + \dfrac{\partial \sigma_z}{\partial z} = 0 \end{cases} \tag{8-17}$$

式中　　　　σ_x，σ_y，σ_z——各个方向上的正应力；

τ_{xy}，τ_{xz}，τ_{yx}，τ_{yz}，τ_{zx}，τ_{zy}——各个面上的切应力。

考虑到变温条件下的温度应力之间服从广义胡克定律，其本构方程为：

$$\begin{cases} \sigma_x = 2G\left[\varepsilon_x + \dfrac{3\mu}{1-2\mu}\varepsilon_0 - \dfrac{1+\mu}{1-2\mu}\alpha(T-T_0)\right] \\[2mm] \sigma_y = 2G\left[\varepsilon_y + \dfrac{3\mu}{1-2\mu}\varepsilon_0 - \dfrac{1+\mu}{1-2\mu}\alpha(T-T_0)\right] \\[2mm] \sigma_z = 2G\left[\varepsilon_z + \dfrac{3\mu}{1-2\mu}\varepsilon_0 - \dfrac{1+\mu}{1-2\mu}\alpha(T-T_0)\right] \\[2mm] \tau_{xy} = G\gamma_{xy} \\[2mm] \tau_{yz} = G\gamma_{yz} \\[2mm] \tau_{zx} = G\gamma_{zx} \end{cases} \tag{8-18}$$

式中　G——剪切弹性模量，$G = \dfrac{E}{2(1+\mu)}$；

　　　ε，ε_0——分别为物体内任一点的正应变和热正应变；

　　　μ——泊松比；

　　　α——材料的热膨胀系数；

　　　γ——剪切应变。

8.3.2　凸台冷却壁

凸台冷却壁应用在炉身部分，可以起到支撑上部炉墙的作用。凸台冷却壁凸台部分有一横向冷却水管，对于冷却凸台热面具有重要作用。

8.3.2.1 物理模型

凸台冷却壁在高炉上的位置如图 8-55 所示，凸台冷却壁位于炉身下部，冷却壁材料为球墨铸铁，其实际结构如图 8-56 所示。

凸台冷却壁冷却水管布置为 5 进 5 出，同时在凸台处布置一根冷却水管，加强凸台的冷却强度。水管内径 40mm、外径为 50mm，管壁为钢管。炉壳厚度为 10mm，填料层厚度为 20mm。由于高炉炉型的要求，凸台冷却壁上下两端的宽度不同，且在径向上具有一定的弧度，冷却壁由 4 根固定螺栓固定在炉壳上。

冷却壁由外至内可以分为炉壳（包括固定螺栓）、填料层、冷却壁本体和镶砖，其材料性质见表 8-3。

球墨铸铁性能在高温时迅速恶化，其硬度和力学性能明显减弱，主要表现为：

（1）四种退火球墨铸铁的高温硬度如图 8-57 所示，其成分列于表 8-4。珠光体球墨铸铁在温度高于 540℃时珠光体开始颗粒化，温度高于 650℃时珠光体开始分解，因此硬度开始下降并逐渐接近铁素体球墨铸铁的硬度。

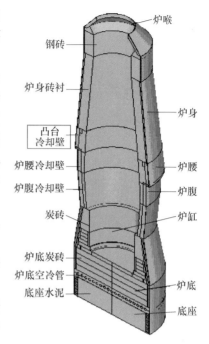

图 8-55　凸台冷却壁位置

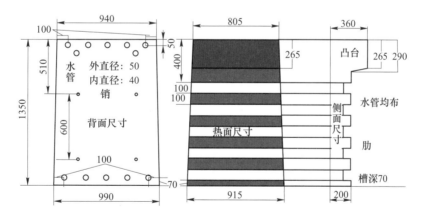

图 8-56　凸台冷却壁结构

（2）高温短时力学性能降低。图 8-57 表示铁素体球墨铸铁和珠光体球墨铸铁自室温至 760℃的高温短时力学性能。图中表明球墨铸铁在低于 315℃时强度没有明显变化，高于此温度时强度明显降低，760℃时抗拉强度降低到 41MPa，伸长率从室温到 540℃时降低至 8%，高于 540~760℃时随温度上升伸长率急剧增加。珠光体球墨铸铁抗拉强度随温度上升迅速降低，760℃时降至 52MPa，伸长率自室温上升至 425℃时逐渐降低至 3%，自 425℃上升至 760℃时明显增加。

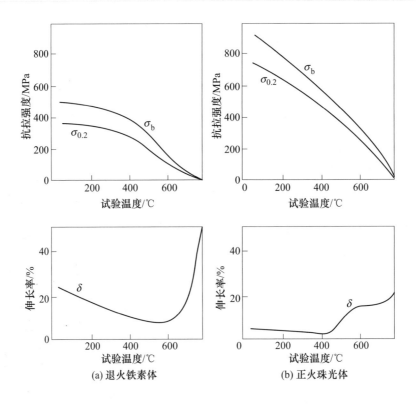

(a) 退火铁素体   (b) 正火珠光体

图 8-57 球墨铸铁高温短时力学性能

表 8-3 计算用材料物性参数

项目	温度/℃	导热系数 /W·(m·℃)⁻¹	热容 /J·(kg·K)⁻¹	弹性模量 /GPa	泊松比	热膨胀系数 /℃⁻¹	抗拉强度 /MPa
球墨铸铁	0	42		206	0.3		>400
	300	31.9	544	170	0.3	1.06×10⁻⁵	
	600	25.8		90	0.3		
	900	17.8		20	0.3		<100
镶砖	20	16.8	1000	21	0.1	4.7×10⁻⁶	
	500			15			
	800			12			
	1370			7			
填料	20	0.35	876	5	0.3	4.7×10⁻⁶	
炉壳 螺栓	0	52.2	465	201	0.3	10.6×10⁻⁶	475
	100	49.7		170			
	200	47.2		90			
	300	44.7		20			

表 8-4 图 8-57 中球墨铸铁成分 (%)

编号	Si	Ni	Mn
1	2.63	1.45	0.59
2	2.41	0.72	0.42
3	2.30	0.96	0.26
4	1.85		0.57

考虑到模型的复杂性，在建模时，将凸台冷却壁的上下两端宽度设置为相同，取原上下两端宽度尺寸的平均值 960mm，忽略冷却壁的弧度，如图 8-58 所示；其他尺寸同原模型尺寸。图 8-59 所示为凸台冷却壁网格划分情况，网格数量 24 万。

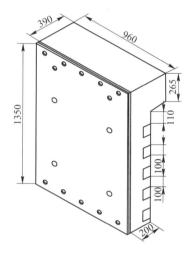

图 8-58　凸台冷却壁模型

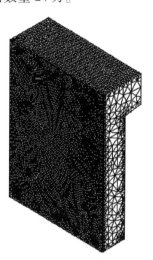

图 8-59　凸台冷却壁网格

8.3.2.2　边界条件

温度场计算的边界条件为：热面综合换热，包括对流、辐射和传导三种情况，煤气温度 1000℃，凸台热面处与煤气的综合换热系数为 150W/(m^2·℃)；凸台下表面与煤气的对流换热系数为 190W/(m^2·℃)；除此之外的热面其他部分与煤气的综合换热系数为 180W/(m^2·℃)。冷面空气温度 50℃，对流换热系数 10W/(m^2·℃)，冷却水管对流换热，温度 40℃，对流换热系数为 3000W/(m^2·℃)。上下两端和两侧面为绝热。

应力场计算需要载入温度场的相关数据。边界条件为：固定螺栓顶面完全固定，上下两端和两侧面为自由膨胀。

8.3.2.3　凸台冷却壁温度场分析

图 8-60 所示为凸台冷却壁温度场分布云图。从图中可以看出，凸台冷却壁最高温度分布在凸台部分靠近两侧的部位，最高温度值达到 740℃。因为这些区域距离冷却水管的距离较远，传热困难，冷却水的冷却效果不佳。冷却壁本体和镶砖温度相差不大，因为在高温环境下，二者的导热系数接近。由于凸台部位横向冷却水管的影响，冷却壁上部冷却强度增强，低温区域扩大，冷却水管对应的热面区域，温度较热面其他区域低，凸台热面最高温度与最低温度之间的差值较大，达到 400℃左右。

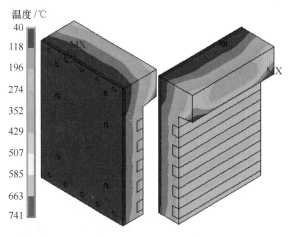

图 8-60 凸台冷却壁温度分布云图

图 8-61 所示为过横向冷却水管中心线的切面温度分布云图。从图中可以看出，由热面至冷面，温度逐渐降低。由于横向冷却壁的冷却，热面中部靠近冷却水管的区域温度较低，最大温差达到200℃左右。在横向冷却水管包围的区域，有一环形区域内的温度较高，这是因为横向布置的冷却水管冷却能力不足。图 8-62 所示为过纵向分布的中部冷却水管中心线的切面温度分布云图。从图中可以看出，凸台下部表面的温度较高。镶砖与冷却壁本体的热面温度分布相差不大，这是因为在高温环境下，镶砖与冷却壁本体（及球墨铸铁）的导热系数几乎相同。横向过凸台内部的冷却水管周围区域的温度较低，凸台部分低温区域的面积较大。

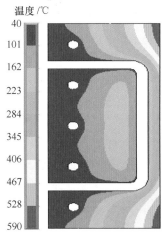

图 8-61 凸台切面温度云图

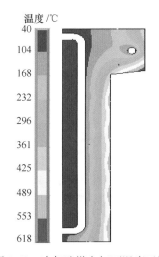

图 8-62 冷却壁纵向切面温度云图

图 8-63 所示为凸台冷却壁热面宽度方向的温度分布曲线。从图中可以看出，凸台部分下沿温度明显高于热面其他区域。凸台上下沿温度分布趋势相同，但二者之间的温度差达到190℃。凸台部分两侧温度明显高于中部区域温度，温差最大达到23℃。冷却壁本体下沿温度在宽度方向几乎没有变化，温度值在535℃。因此，如果煤气温度过高，凸台冷却壁最先出现烧损的是凸台两侧靠近热面的区域。由于高炉中凸台表面一般有渣壳附着，

冷却壁本体最高温度通常较低，烧损几率较小。

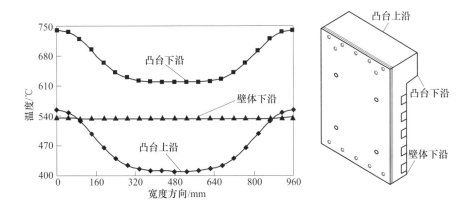

图 8-63　凸台冷却壁宽度方向温度分布曲线

图 8-64 所示为高度方向上冷却壁侧面的温度分布曲线（热面高度方向的温度分布不包括凸台部分，见图 8-65），高度方向是由上至下。从图中可以看出，在冷却壁冷面区域，由上至下冷却壁温度逐渐升高。冷却壁本体冷面上沿温度较低，温度在 100℃ 以下，下沿温度在 170℃ 左右。热面区域的高度方向温度变化明显。由图 8-64（b）可以看出，凸台下表面靠近底部的区域温度较低，这是由横向冷却水管的冷却作用引起的。镶砖和肋表面的温度差在 50℃ 左右，其中，镶砖表面的温度较高，肋表面的温度较低，镶砖各部分的温度分布也不相同，由此造成不同区域热应力分布差别较大。

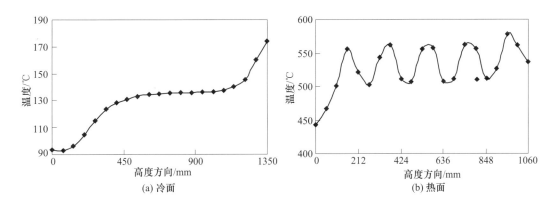

图 8-64　凸台冷却壁冷热面沿温度分布曲线

图 8-65 所示为冷却壁凸台部分顶面边沿厚度方向的温度分布曲线（由热面至冷面）。由图中可以看出，热面至冷面，冷却壁温度逐渐降低，冷面和热面之间的温度差在 500℃ 左右，热面附近的温度变化较大，接近冷面时，温度降低较为缓慢。

图 8-66 所示为冷面上下沿宽度方向的温度分布曲线，位置如图 8-65 所示。从图中可以看出，由于横向冷却水管的冷却强化作用，冷却壁上边沿温度较低，下沿温度较高，二者之间的温度差在 90℃。纵向冷却水管对冷却壁的温度分布影响显著。冷却水管中心线对应的区域温度较低，冷却水管之间的区域温度较高，二者之间的温度差达到 23℃。由此，

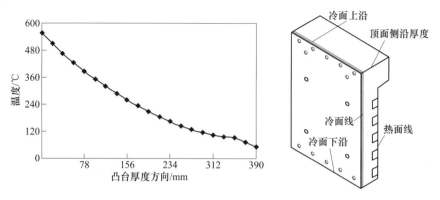

图 8-65 凸台顶面侧沿厚度方向温度分布曲线

可能造成冷面区域的热应力差别较大。凸台部位两侧温度较高，在冷面上沿，两侧温度高出中部区域温度约 20℃。

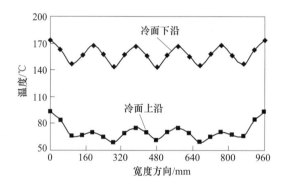

图 8-66 冷面上下沿宽度方向温度分布

8.3.2.4 凸台冷却壁应力场分析

图 8-67 所示为凸台冷却壁应力强度分布云图。由图中可以看出，应力强度最大的部位分布在固定螺栓周围区域，这与冷却壁上固定螺栓采用的是顶面完全固定有关。镶砖应力强度值在 89MPa 以下，冷却壁本体应力强度值最大达到 800MPa 以上。因此，冷却壁本体靠近定位销的区域易破坏。通过设置膨胀缝可以允许定位销移动很小一段的距离，但能够极大地缓解定位销周围区域应力集中造成的破坏。

凸台区域的热面部分，横向冷却水管对应的区域应力强度明显较其他区域高。由于球墨铸铁在高温环境下的抗拉强度较低，因此，这些区域较易破坏。图 8-68 所示为凸台冷却壁凸台部分产生裂纹。裂纹严重时可导致横向冷却水管断裂漏水，不利于冷却壁的使用和高炉使用寿命的延长。凸台两侧区域的应力强度值较小，因此保存完好。

图 8-69（a）所示为过横向冷却水管中心线切面的应力强度分布云图。从图中可以看出，对于纵向分布的冷却水管截面，其周围区域的应力强度较小，应力强度值在 200MPa 以下。对于横向冷却水管来说，靠近冷面的部分，其应力强度较小；靠近热面的区域应力强度较大，由图中可以看出，靠近热面区域的应力强度值最大可达到 400MPa。因此，靠近热面区域部分易破坏，可能造成横向水管裸露、断裂（图 8-68）。

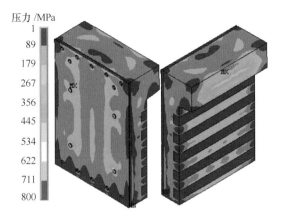

图 8-67　凸台冷却壁应力场分布云图

图 8-68　凸台裂纹

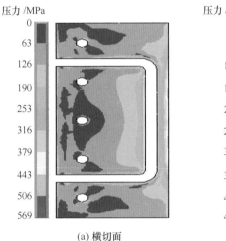

(a) 横切面　　　　　(b) 纵切面

图 8-69　凸台应力强度分布云图

图 8-69（b）所示为过纵向分布的冷却水管中间管中心线切面的应力强度分布云图。从图中可以看出，凸台热面区域的应力强度值明显高于其他区域。冷却壁本体肋的应力强度高于镶砖应力强度，镶砖应力强度值在 50MPa 以下，肋的应力强度值可达 200MPa 左右。横向冷却水管周围区域的应力强度值较大，纵向分布的冷却水管周围区域应力强度较小。

图 8-70 所示为凸台热面上下沿宽度方向应力强度分布曲线。从图中可以看出，凸台两侧应力强度较低，中部区域 240～720mm 的范围内应力强度较高。凸台上沿应力强度低于下沿应力强度。由图中可以明显看出应力强度分布有两个峰值，上下沿最大值分别达到 300MPa 和 400MPa，且中点区域应力强度有一个极小值，分别为 186MPa 和 340MPa。这是图 8-68 凸台区域裂纹分布的原因。因此，在设计凸台冷却壁时，应重点关注凸台部分，包括横向冷却水管的尺寸、分布等。

图 8-71 所示为冷面沿高度方向（由上至下）的应力强度分布曲线。从图中可以看出，冷面上部区域的应力分布受凸台的影响较大，横向冷却水口对应的部分应力强度在

100MPa 以上。上部固定螺栓对应的区域应力强度较小，应力强度值在 60MPa 以下，下部冷却水口对应的区域应力强度值在 120MPa 以上。

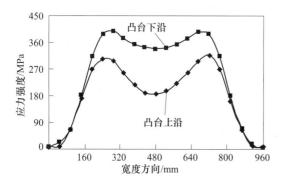

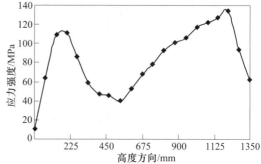

图 8-70   凸台热面上下沿宽度方向应力强度分布   图 8-71   冷面沿高度方向的应力强度分布

图 8-72 所示为热面沿高度方向由凸台下部至底部的应力强度分布曲线。从图中可以看出，应力强度分布较为复杂，靠近凸台区域的部分，应力分布受凸台影响较大，最大应力强度达到 260MPa；镶砖应力强度值较小，在 100MPa 以下。肋和镶砖内部应力强度要小于边缘应力强度。因此，若这些部位出现破坏，则最先出现破坏的部位是镶砖和肋接触的区域。由于镶砖较冷却壁本体来说脆弱，因此，镶砖易碎裂，高炉实际操作中凸台冷却壁的热面表面附着有一层渣，对于降低冷却壁温度、减小冷却壁和破损几率具有重要作用。

图 8-73 所示为冷面上下沿宽度方向应力强度分布曲线。由图中可以看出，冷却壁冷面上下两端的应力分布相似，但上沿凸台部位的应力强度分布较为复杂。两侧应力强度较低，中间区域较大；冷却水管对应的区域应力强度较大，之间的区域应力强度较小，最大值在 200MPa 左右，上沿应力强度最大值在 250MPa 左右。

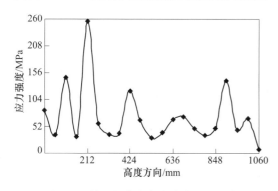

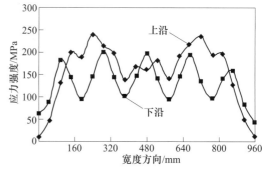

图 8-72   热面沿高度方向应力强度分布   图 8-73   冷面上下沿宽度方向应力强度分布

凸台冷却壁结构上最显著的特点是顶部凸台内布置一横向分布的冷却水管，强化上部冷却效果，横向冷却水管对冷却壁整体的温度场和应力场影响显著，其主要特征如下：

（1）凸台冷却壁的最高温度分布在凸台的下沿靠近两侧处，由于横向冷却水管的作用，凸台热面中部区域温度较周围其他区域低 400℃ 左右。

（2）冷却壁镶砖热面温度与肋的表面温度相差不大，这是因为在高温条件下，二者的导热系数大小接近。

（3）纵向布置的冷却水管对冷却壁冷面温度场的分布影响显著，冷却水管对应的区域温度较低，其他区域温度较高。

（4）冷却壁应力强度最大值分布在固定螺栓周围区域，这是由冷却壁的固定方式决定的；其次为凸台部位，应力集中可能造成裂纹的产生。

（5）由于凸台和固定螺栓的作用，冷却壁应力场的分布较为复杂，在宽度方向冷却水管对应的区域应力强度较大，其他区域应力强度较小。

（6）在设计凸台冷却壁时，应综合考虑横向冷却水管尺寸和其布置方式的影响，尽力减小应力集中，如前文中分析的凸台冷却壁，增加横向布置的冷却水管直径、减小弯角直径，会减小应力集中。

8.3.3 扁水箱

8.3.3.1 物理模型

扁水箱在高炉上的位置如图 8-74 所示。扁水箱实际上是一种铸管冷却壁，内部并排两根弯曲的冷却水管，扁水箱破坏易发生在两冷却水管弯角对应的区域。

扁水箱主要破坏形式如图 8-75 所示。从图中可以看出，冷却水管弯角对应的热面部分已脱落。根据解剖的实际情况，脱落部分首先是裂纹，然后由于炉料和煤气冲刷而脱落。由此可见，这些部位出现了应力集中现象，从而导致扁水箱出现裂纹。

扁水箱分布在凸台冷却壁与下层冷却壁之间，作用在于弥补上下两冷却壁之间冷却能力的不足，防止高炉部分冷却强度不足造成炉壳温度过高或烧穿。

为了建模的方便和减小计算量，建立扁水箱模型如图 8-76 所示。在模型中，忽略了扁水箱在高炉径向的弧度，同时根据图 8-76 的相关参数布置冷却水管。图 8-77 所示为扁水箱网格图，其网格数量约为 10 万。

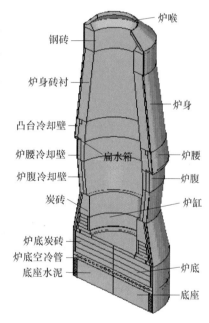

图 8-74　高炉结构及扁水箱位置

8.3.3.2 边界条件

扁水箱的冷面空气温度为 50℃，综合换热系数为 10W/（m²·K）；热面煤气温度为 1200℃，综合换热系数为 250W/（m²·K）；冷却水温度 40℃，因为是铸管，考虑到管壁、涂料和气隙的影响，冷却水与本体之间的综合换热系数为 3500W/（m²·K）。其他面为绝热。应力场计算时，设定炉壳外表面位移为零，其他面为自由膨胀面。

8.3.3.3 扁水箱温度场分析

扁水箱温度场分布主要受冷却水管和内部煤气温度的影响。图 8-78 所示为扁水箱温度场的分布情况。从图中可以看出，扁水箱温度场受冷却水管影响显著，靠近冷却水管的

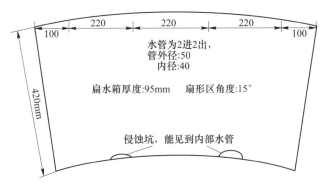

图 8-75   扁水箱结构及破坏形式

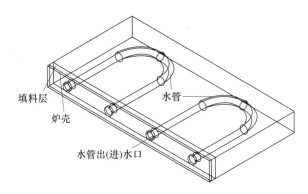

图 8-76   扁水箱模型透视图

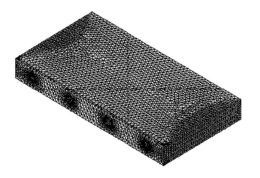

图 8-77   扁水箱网格图

热面区域温度较低,两条冷却水管之间的区域温度较高,最高温度分布在热面横向中部,温度值达到635℃,热面区域的两侧和中间部分由于温度较高,易发生烧损。扁水箱靠近冷面的区域温度低于106℃。当煤气温度高于某一温度时,壁体最高温度超过700℃,从而造成高温部分壁体发生相变,材料力学性质发生变化,壁体破坏。

图 8-79 所示为扁水箱热面宽度和厚度方向的温度变化曲线。由图中可以看出,扁水箱热面宽度方向的温度中间部位和两侧温度较高,冷却水管弯角对应的区域温度较低,二者之间的温差最大达到295℃,造成热面区域温度应力较大,易出现破坏。热面两侧和中部区域在厚度方向上的温度稳定,两侧和中部区域的温度差在15℃。冷却水管弯角顶端对

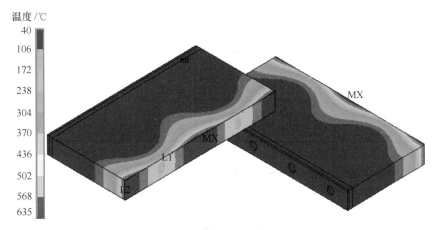

图 8-78 扁水箱温度场分布云图

应的厚度方向温度曲线温度较低，平均温度在 435℃，厚度方向的上下两端与中点区域温度相差为 10℃，由此可见，冷却水管在厚度方向引起的温度差异也较为明显。

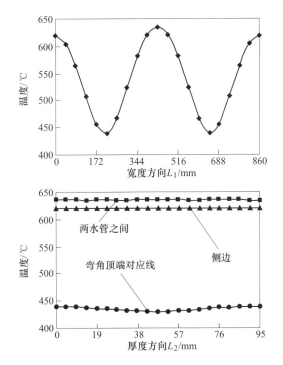

图 8-79 扁水箱宽度和厚度方向的温度变化曲线

图 8-80 所示为扁水箱过两冷却水管中心线的切面和距热面 100mm 并平行于热面的切面温度分布云图。由图中可以看出，由于距离冷却水管较远，扁水箱两侧及中间部分温度较高，冷却水管弯角处的温度分布较统一厚度的其他区域温度较低。冷却水管周围温度较低，且单根冷却水管包围的区域温度分布较为均匀，温度值在 100℃ 以下。因此，烧损已发生在水管拐弯处，由此导致的热应力强度也较高。

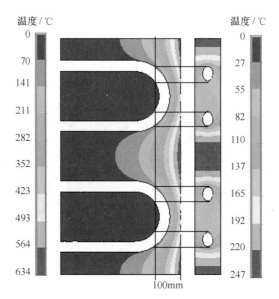

图 8-80 扁水箱切面温度分布云图

8.3.3.4 扁水箱应力场分析

扁水箱的破坏形式主要为应力集中导致的热面部分区域产生裂纹和脱落。图 8-81 所示为扁水箱应力场分布云图。

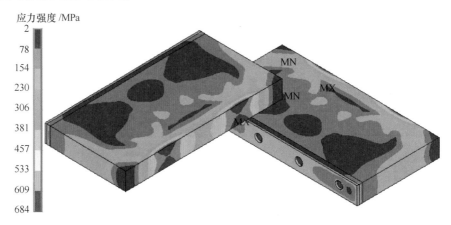

图 8-81 扁水箱应力场分布云图

由图中可以看出，扁水箱热面应力强度明显高于冷面区域。热面区域两侧和中间部分的应力强度较小，冷却水管弯角对应热面部分的应力强度较大，平均值在 450MPa 以上，因此，这些部位易产生裂纹，壁体破碎脱落。扁水箱最大应力强度达到 684MPa，分布在冷却水管弯角对应的热面区域。靠近冷面的区域，冷却水管之间以及其弯角包围的区域应力强度分布均匀，强度值较小，平均应力强度在 100MPa 以下。

图 8-82 所示为扁水箱热面区域宽度和厚度方向的应力强度分布曲线。由图中可以看出，扁水箱热面两侧应力强度较小，应力强度值接近 0；冷却水管弯角对应的热面区域应力强度最大，最大值达到 680MPa。由于铸钢的极限应力强度小于 500MPa，所以这两个区

域极易破坏。热面中部区域的应力强度较小，应力强度值为 340MPa。在厚度方向上，冷却水管弯角对应线的中点区域应力强度低于上下两端 80MPa，而对于两侧和两水管之间对应的热面区域，中点处的应力强度值分别高于上下两端 23MPa 和 6MPa，这是由温度差异引起的应力集中。

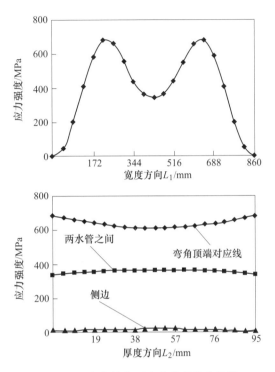

图 8-82　扁水箱热面应力强度分布曲线

图 8-83 所示为扁水箱过两冷却水管中心线的切面和距热面 100mm 并平行于热面的切

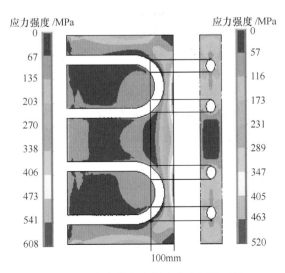

图 8-83　扁水箱应力强度分布切面云图

面应力强度分布云图。从图中可以看出，扁水箱靠近热面区域的部分应力强度较大，其他部分应力强度值在 200MPa 以下；两冷却水管之间对应的热面区域应力强度较周围区域应力强度小；扁水箱两侧面的应力强度值稍大一些，数值在 150~300MPa 之间。冷却水管上下管壁应力强度较大，达到 500MPa 以上；两侧管壁的应力强度较小，在 50MPa 以下。因此，扁水箱的冷却水管管壁也较容易出现裂缝，从而造成扁水箱冷却效果下降，扁水箱最高温度上升，烧损和应力集中加剧。

8.3.4　炉腰炉腹镶砖冷却壁

炉腰炉腹处共安装 3 层镶砖冷却壁，每层 16 块。每块镶砖冷却壁有 4 根定位销，内部水管为 5 进 5 出，水管规格同前面冷却壁。冷却壁镶砖为高铝砖，砌炉时前端均砌有一层厚 300mm 的高铝砖。第二层冷却壁位置分布在扁水箱下部，处于炉腰部位，此层冷却壁内部高炉环境较为复杂，热流较大，因此烧损较为严重；第三层冷却壁对应高炉炉腹，炉内环境为高温，多渣，煤气流速度较大，对炉墙冲刷比较严重。因此，冷却壁受烧损和破坏几率较大；第四层冷却壁位于炉腹位置，高炉内部环境进一步恶化，冷却壁热面热流达到一个峰值。因此，高温对冷却壁的破坏较为严重。

8.3.4.1　物理模型

冷却壁冷却水管布置为 5 进 5 出，水管内径 40mm，外径为 50mm，管壁为钢管。炉壳厚度为 10mm，填料层厚度为 20mm。由于高炉炉型的要求，凸台冷却壁上下两端的宽度不同，且在径向上具有一定的弧度。

第二层冷却壁结构尺寸如图 8-84 所示。第三层、第四层冷却壁与第二层相比较，高度减小，镶砖的条数为 6 条。冷却壁由 4 根固定螺栓固定在炉壳上。

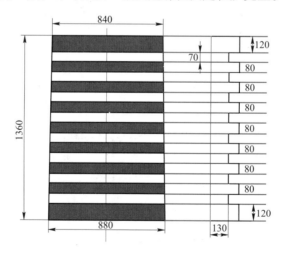

图 8-84　第二层冷却壁结构图

由于高炉炉型的要求，冷却壁上下两端的宽度不同，且在径向上具有一定的弧度。在建立模型时，考虑到计算的速度和建模的复杂性，忽略了弧度的影响，由于建模和计算的困难性，忽略冷却壁在径向上的弧度，其上下两端的宽度相同，宽度为 860mm。

为保证计算的准确性和分析的详尽，第二层冷却壁网格数量为 15.5 万，计算模型及网格分布情况如图 8-85 所示。第三、第四层冷却壁整体网格数为 18 万，计算模型及网格划分如图 8-86 所示。

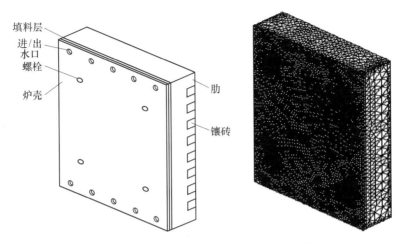

图 8-85 第二层冷却壁计算模型及网格划分

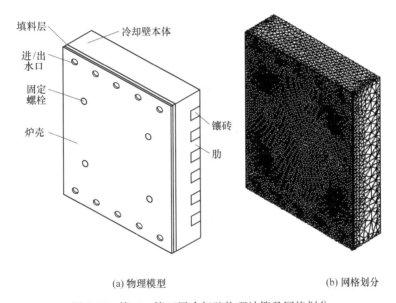

(a) 物理模型　　　　　　　　　　　(b) 网格划分

图 8-86 第三、第四层冷却壁物理计算及网格划分

8.3.4.2 边界条件

温度场计算的边界条件：

（1）第二层冷却壁。热面综合换热，煤气温度 1100℃，热面与煤气的综合换热系数为 200W/（m²·℃）；冷面空气温度 50℃，对流换热系数 10W/（m²·℃），冷却水管对流换热，温度 40℃，对流换热系数取 3000W/（m²·℃）。上下两端和两侧面为绝热。

（2）第三层冷却壁。煤气温度 1200℃，热面与煤气的综合换热系数为 230W/（m²·℃），其余条件同第二层冷却壁。

（3）第四层冷却壁。煤气温度 1300℃，热面与煤气的综合换热系数为 240W/

（$m^2 \cdot$ ℃），其余条件同第二层冷却壁。

应力场计算的边界条件：三层冷却壁均采用固定螺栓顶面完全固定，上下两端和两侧面以及其他面为自由膨胀。

8.3.4.3 温度场分析

冷却壁破损机理模拟结果以第二层冷却壁为例分析，第三、第四层冷却壁分析方法相同。

图 8-87 所示为冷却壁温度场分布云图。由图中可以看出，冷却壁热面温度最高为 643℃，分布在镶砖表面。冷却壁肋的热面和镶砖热面温度相差较小，这是因为在高温条件下镶砖和肋的导热系数接近。从冷却壁上下两端的温度分布云图可以看出，冷却水管对冷却壁温度场分布影响较大，冷却水管对应的周围区域温度较低，冷却水管之间的区域温度较高。冷却壁最低温度分布在冷却水管进（出）口处，温度值在 41℃ 左右。冷却壁热面温度较为均匀，因此，若煤气温度过高引起冷却壁烧损，冷却壁整个热面将烧损严重，烧损面积增大。

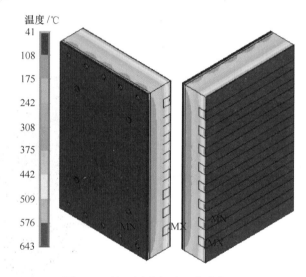

图 8-87   第二层冷却壁温度分布云图

图 8-88 所示为过冷却壁高度方向中点的横截面温度分布云图。由图中可以看出，由热面至冷面，冷却壁温度逐渐降低，冷却水管面向冷面的部分温度较低，温度在 117℃ 以下，面向热面的区域温度较高，部分区域可达到 175℃ 以上。冷却水管之间的区域温度明显较同一厚度的区域温度高，这是因为这些区域距离冷却水管较远，冷却水管的冷却能力较弱。图 8-89 所示为过中部冷却水管中线截面的温度分布云图。从图中可以看出，冷却壁靠近热面的镶砖和肋的温度分布相差不大，冷却壁上下两端温度稍高，冷却水管周围区域的温度较低。

图 8-90 所示为冷却壁顶面与冷热面相交线上的温度分布曲线，位置如图 8-91 所示。从图中可以看出，冷却壁两端的热面和冷面温度相差较大，最大值达到 430℃。热面温度分布均与，顶面靠近冷面的部分受冷却水管影响显著，冷却水管对应的区域温度较低，冷却水管之间的区域温度较高，二者之间的最大温度差为 20℃。因此，冷面顶端区域由于温

度差引起的热应力可能对冷却壁造成损坏。

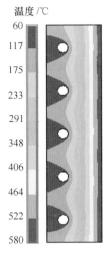

图 8-88 中部横切面温度分布云图

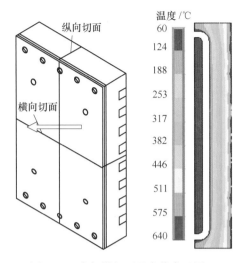

图 8-89 中部纵切面温度分布云图

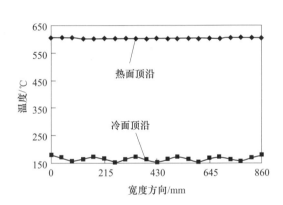

图 8-90 宽度方向两端温度分布曲线

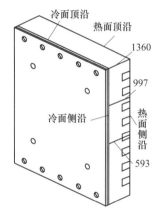

图 8-91 温度场和应力场分析所用线的位置图

图 8-92 所示为冷却壁侧面高度方向温度分布曲线。从图中可以看出，冷却壁热面由于镶砖与冷却壁本体的导热系数大小具有一定的差别，造成镶砖表面和肋的表面温度具有

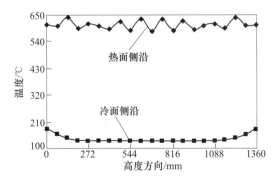

图 8-92 侧面高度方向温度分布曲线

一定的差别，最大温度差达到50℃。冷却壁冷面上下两端温度较高，中间区域温度较低，最大温度差达到50℃左右。

图 8-93 所示为冷却壁侧面不同高度的厚度方向温度分布曲线。由图中可以看出，冷却壁上下两端温度明显较中部区域温度高，镶砖表面（即图中高度 593mm 曲线所示）温度稍高，镶砖与冷却壁本体接触的区域温度变化较大，接近冷面区域，温度变化逐渐减小。

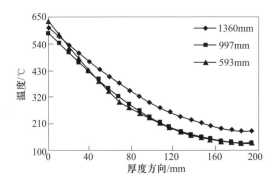

图 8-93　侧面厚度方向的温度分布

8.3.4.4　应力场分析

冷却壁应力场分布对于冷却壁的安装和破坏分析具有重要意义。图 8-94 所示为冷却壁本体应力场分布云图。从图中可以看出，固定螺栓周围区域的应力强度较大，最大应力强度值达到 472MPa，分布在固定螺栓的周围区域。冷却壁冷面应力强度分布受冷却水管分布影响显著。靠近冷却水管的冷面区域应力强度较大，达到 210MPa 以上，冷却水管之间对应的冷面区域应力强度较小。肋热面靠近中心的部分应力强度较大，两侧应力强度较小，最大应力强度值处于 263~315MPa 之间。由于高温条件下铸铁材料抗拉强度降低，热面破坏的可能性较大。

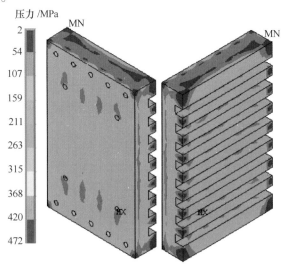

图 8-94　冷却壁本体应力场分布云图

　　图 8-95 所示为过冷却壁高度中点位置的横截面应力强度分布云图。从图中可以看出，热面区域靠近两侧的部分应力强度较小，强度值在 39MPa 以下。冷却水管周围区域的应力强度较大，最大值达到 350MPa 左右。冷却水管与冷、热面之间存在应力强度值较低的区域。这是因为这些区域的温度变化并不明显，应力强度较小。因此，考虑到冷却壁铸造成本，在保证冷却壁温度场分布较为合理的情况下，冷却壁厚度可适当减小，以节约成本，提高冷却效率。

　　图 8-96 所示为过中部冷却水管中心线的纵切面应力强度分布云图。从图中可以看出，冷却水管周围区域应力强度较大，在冷却水管弯角部分，最大应力强度达到 460MPa 左右。热面肋周围区域的应力强度较大，应力强度值在 109~159MPa 之间。镶砖部分应力强度值较小。由于冷却壁热面区域温度达到 500℃ 以上，铸铁材料的抗拉强度减小。因此，部分高温区域，如热面上下两端，可能会出现裂纹。冷却壁热面温度越高，冷却壁损坏严重。冷却壁冷面部分应力强度值也处于 109~159MPa 之间，但由于低温条件下铸铁抗拉强度性能较好，因此不易破坏。

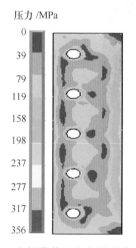

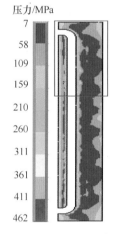

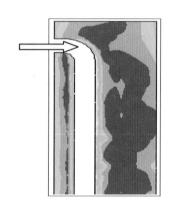

图 8-95　中部横截面应力强度分布云图　　　　图 8-96　中部纵切面应力强度分布云图

　　图 8-97 所示为冷却壁顶面边沿宽度方向的应力强度分布曲线。从中可以看出冷却壁冷面和热面应力强度明显不同。冷却壁冷面应力强度受冷却水管影响显著，冷却水管对应的区域应力强度较大，冷却水管之间的区域应力强度较小，两侧应力强度最小，强度值在 50MPa 左右；热面应力强度受固定螺栓和温度分布较大，中部区域应力强度较大，最大值达到 176MPa，最小值分布在冷却壁两侧，接近零。因此，冷却壁热面靠近中部区域的应力强度较大，可能产生裂纹，降低冷却壁的使用寿命。

　　图 8-98 所示为高炉解剖的第二层冷却壁的破坏情况。从图中可以看出，冷却壁两端有部分烧损，中间区域的裂纹较多，破坏严重，热面两侧部分的部分肋破坏较轻，裂纹较少。因此，从以上可以看出，计算结果与解剖情况较为吻合。

　　图 8-99 所示为冷却壁侧面高度方向应力强度分布曲线。从图中可以看出，冷却壁冷面应力强度高于热面应力强度。冷却水管进（出）口对应的区域应力强度值达到 160MPa 左右。这是因为冷却水管出口所在的区域温度差较大，温度应力较大，冷却壁热面纵向应力强度分布曲线较为复杂。

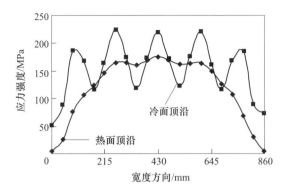

图 8-97   壁面宽度方向应力强度分布曲线

图 8-98   第二层冷却壁破坏情况

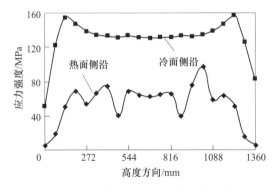

图 8-99   侧面高度方向应力强度分布曲线

图 8-100 所示为侧面不同高度厚度方向由热面至冷面的应力强度分布曲线。从图中可以看出,不同高度处的应力强度分布不同。顶端由热面至冷面,应力强度变化较为复杂,由于冷却水管的影响,在距离热面 120mm 处,应力强度达到最大值 140MPa 左右。在距离热面 120~200mm 的范围内,应力强度先减小,后增加,距离为 180mm 时应力强度达到最小值 12MPa,至冷面应力强度达到 72MPa,这主要由温度差异造成。高度为 997mm 处厚

度方向的应力强度分布与顶端应力强度分布类似，高度为 593mm 处厚度方向的应力强度在距离热面 80mm 处取得最大值。由此可见，冷却水管可以有效降低冷却壁整体温度，但其引起的温度应力可能造成冷却水管处应力集中。若是铸管冷却壁，可能造成铸管与冷却壁本体之间的空隙增加，从而减小冷却水的冷却作用。

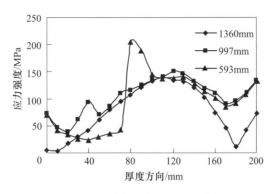

图 8-100　侧面厚度方向应力强度分布曲线

通过以上分析可以得出如下结论：

（1）冷却壁冷面受冷却水管的影响较大，冷却壁热面温度较为均匀，若煤气温度过高引起冷却壁烧损，冷却壁整个热面将烧损严重，烧损面积大。顶面靠近冷面的部分受冷却水管影响显著，冷却水管对应的区域温度较低，冷却水管之间的区域温度较高。

（2）肋的热面靠近中心的部分应力强度较大，两侧应力强度较小，最大应力强度值处于 263～315MPa 之间，冷却水管与冷、热面之间存在部分区域的应力强度值较低的区域。由于冷却壁热面区域温度达到 500℃ 以上，铸铁材料的抗拉强度减小，部分高温区域，如热面上下两端，可能会出现裂纹。

（3）冷却水管可以有效降低冷却壁整体温度，但其引起的温度应力可能造成冷却水管处应力集中，若是铸管冷却壁，可能造成铸管与冷却壁本体之间的空隙增加，从而减小冷却水的冷却作用。

8.3.5　第三、第四层冷却壁计算结果

第三层和第四层冷却壁的温度场和应力场分析的计算模型与炉腰部位冷却壁的计算模型相同，只是边界条件不一样，炉腹部位煤气流的温度更高，分析过程不再赘述。主要计算结果如下。

第三层冷却壁：

（1）热面区域上下两端的肋部温度最高，冷却壁烧损从上下两端的肋部开始，冷却水管周围区域温度较低，冷却水管之间的区域温度较高。

（2）冷却壁热面由于镶砖与冷却壁本体的导热系数存在一定的差别，造成镶砖表面和肋的表面温度具有一定的差别，最大温度差为 50℃ 左右。

（3）热面温度分布较为均匀，冷面区域受冷却水管的影响较大。热面温度在 710℃ 左右，而冷面温度差在 10℃ 左右。因此，接近冷面的部分热应力较大。

（4）冷面应力强度受冷却水管的影响显著，冷却水管周围区域应力较大，冷却水管之

间的区域应力强度较小，固定螺栓的影响不明显，热面受温度影响显著，中部区域应力强度较大，边缘应力强度较小。

（5）镶砖的应力强度明显低于冷却壁本体应力强度，镶砖应力强度值在 125MPa 以下，但由于砖的强度比冷却壁要低，仍易破碎，热面中部区域肋表面应力强度达到 300MPa 左右，因此在高温条件下肋的表面易产生裂纹。

（6）冷却水管上下弯角处的应力强度较小，纵向部分面向热面区域的冷却水管周围区域应力强度较大，最大应力强度在 540MPa 左右。

第四层冷却壁：

（1）冷却壁热面最高温度达到 821℃，分布在镶砖的表面。冷却壁本体最高温度达到 800℃ 左右，远高于铸铁冷却壁的安全工作温度 760℃。因此，冷却壁高温部分分布在冷却壁热面上下两端，这些部位烧损严重。

（2）冷却壁热面宽度方向温度分布较为均匀，顶端宽度方向的温度稳定在 790℃ 上下，因此，顶端的烧损现象较为严重，顶端冷面受冷却水管影响显著。

（3）冷却壁最大应力强度在 610MPa 左右，分布在固定螺栓周围，冷却壁四个对角区域应力强度较小，最小应力强度只有 3MPa 左右。

（4）冷却水管之间靠近冷面的区域以及冷却水管与热面之间的区域应力强度较小，部分应力强度在 55MPa 以下，因此，在保证冷却壁温度场合理分布的情况下，可以适当减薄冷却壁厚度以节约成本。

（5）由于受热膨胀，冷却壁宽度方向的中部区域应力强度较高，这在冷却壁热面表现的较为突出，在安装冷却壁时，固定螺栓的固定方式应采用活动螺栓，防止应力集中造成冷却壁热面应力过大产生裂纹。

（6）钻孔铸铁冷却壁对于减缓高温对冷却壁的影响作用较小，因此可以采用铸铁冷却壁或铜冷却壁，同时优化冷却壁结构降低冷却壁最高温度，降低冷却壁最高应力强度，延长冷却壁使用寿命。

（7）冷却壁的冷却能力主要取决于冷却壁本体与冷却水之间的传热热阻。热阻分析表明：气隙热阻约占总热阻的 86%，涂层热阻约占 5.86%，而冷却水与冷却水管壁面的对流换热热阻只占 5.02%。

（8）在整个热阻中，冷却水对流换热热阻只占很小比例，水速由 1.0m/s 增至 2.5m/s，k 值只增加 3.7%。因此，盲目加大冷却水量，企图增强冷却壁的冷却能力，效果较小；在冷却水量过小或热流量过大，以致水温升高很大时，增大冷却水量是有效的，但此时，主要是降低进水温度而不是增大传热系数。

8.4 炉缸炉底侵蚀分析

高炉炉缸炉底是现代高炉设计中最关键的部位，它作为高炉的基石，由炉缸工作条件决定，热流密度高，并且受到高温铁水的冲刷，所以它是最容易损坏的部位之一。炉缸的寿命由冷却及耐火材料的统一设计以及高炉的操作和维护实践决定。

8.4.1 炉缸炉底的破坏机理和侵蚀形式

高炉炉缸炉底侵蚀是由高温物理化学反应、热应力（及其变化）和液态渣铁流动冲击等相互作用造成的。当炉墙砖衬的厚度减薄到一定程度时，导致冷却壁温度升高，高炉的安全受到威胁。

高炉炉缸中的耐火材料主要承受如下的化学侵蚀：碱金属、CO 的分解、氧化、铁渗透。除了化学侵蚀外，炉缸耐火材料还要承受高达 500℃/min 的温度波动而产生的热应力以及炉缸内的铁水、炉渣和焦炭所带来的侵蚀和熔蚀。

碱金属的侵蚀：由渗入的 K_2CO_3 引起的碳的氧化，生成的钾（金属）蒸气渗入炭砖中使其总体积膨胀 60%，在石墨中生成 KC_8，K 或 K_2CO_3 与气体中的添加物或杂质反应，或由于 K 的影响使 $\alpha\text{-}Al_2O_3$ 转化为 $\beta\text{-}Al_2O_3$，这两种情况都会使体积膨胀，导致耐火材料产生裂纹。

CO 的分解作用：由于 CO 的催化分解而产生的 C(s) 和 CO_2(g) 会引起炭砖的损坏，一般认为对此反应有催化作用的有铁，其次是镍和钴，此分解反应倾向于在 450~750℃ 范围内进行，此温度范围对反应的动力学及热力学条件都极有利。

氧化：砌筑高炉炉缸的材料至少含 80% 的 C，C 对于氧化是异常敏感的，在高炉中，氧、水、CO_2 可作为氧源。氧与水或 CO_2 作为氧化剂的主要区别在于反应的初始温度，由于氧导致的氧化反应与由于水和 CO_2 导致的氧化反应初始氧化温度差别是 300~400℃。

铁的渗透：当炉缸中砖墙上的保护渣皮脱落时，耐火材料砌体将与铁的熔池直接接触。国内某钢厂高炉停炉解剖后发现，炉底铝炭砖与满铺炭砖之间已全部渗铁，"蒜头状"侵蚀的下拐点处炭砖侵蚀的最为严重，铁水距冷却壁内表面的距离只有 310~510mm，与生产中该处冷却壁水温差显著升高相吻合。一个致命缺点是炉底烧成铝炭砖与满铺自焙炭砖界面的铁水沿自焙炭砖间缝隙继续向下渗入，一直渗入到第四层满铺炭砖。铁口以下和炉底部位的刚玉莫来石砌砖，要长期承受铁水的静压力和环流的冲刷，侵蚀速度较快。另一个致命缺点——"焙烧收缩"，炉底自焙炭砖自上而下焙烧强度逐渐降低，造成了"焙烧收缩"现象的发生，砖缝大量渗铁。

铁水环流：由于炉缸内"死料柱"的存在，其内出现两种铁水环流——水平环流和纵向环流。出铁过程中，水平环流是指铁水沿着炉缸内壁流向出铁口的流动方式，将高温铁水不断引流至水平环流区域，致使高温铁水不断冲刷炉缸内侧，并引起炉缸内侧热应力，这是"蒜头状"侵蚀的主要原因；纵向铁水环流是指炉缸以上的铁水沿"死料柱"的底部向下流动，此种环流对炉底砌砖产生一定的冲刷作用。因此，环状流动是炉缸死铁层出现"蒜头状"侵蚀的原因之一。

高炉生产实践表明，炭砖存在环裂现象，裂缝宽度有的可达 20mm。造成炭砖环裂的因素很多，主要有炭砖理化性能差、高温应力、氧化熔蚀等原因。对炉缸而言，炭砖尺寸长、内外温差大，因而产生剪应力，引起环裂；特别地，由于铁口中心线以下耐火材料表面没有渣皮覆盖，其热应力比铁口中心线以上部位要大，更易出现环裂。炭砖环裂使得裂缝处出现气体隔热层，其内部热量向外传递的阻力增大，其外部的冷却作用也因此降低，使环裂缝内侧的炭砖温度升高，侵蚀速度加快。

休风及出铁、出渣操作对炉缸的寿命也有影响。如长期休风，残铁的凝固可导致炉缸的能力下降，再复风时，铁水的流速沿炉墙增加，凝固的残铁再加热使炉缸拐点处产生较大的热应力，损坏炭砖结构，加速异常侵蚀的形成；另外，出铁频率对炉缸寿命也是有影响的，适当降低出铁频率，对延长炉缸炉底的寿命有利。

从目前国内外高炉炉缸炉底的破损调查情况来看，破损的主要原因是渣铁熔蚀、冲刷、渗铁和炭砖环裂。我国高炉炭砖抗渗透性能差，当炉缸炭砖产生裂缝并渗入大量渣铁时就会导致炭砖膨胀率增大，渗铁越多，膨胀率就越大。此外碱金属对炭砖的危害、铁水环流的机械磨损与冲刷，也都大大缩短了炉缸炉底的寿命。

8.4.2   炉缸内炉衬破损传热学原因研究

8.4.2.1   物理模型

图 8-101 所示为莱钢 3 号 125m³ 高炉的炉缸炉底二维结构模型。由于计算模型采用的是对称炉缸炉底，因此在建造模型时建立实际模型的一半。

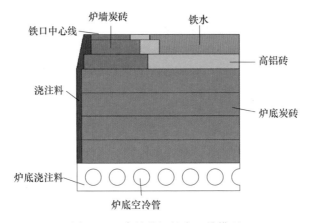

图 8-101   高炉炉缸炉底二维模型

8.4.2.2   边界条件

温度场计算的边界条件：铁水上表面温度为 1500℃，炉底空冷管为对流换热，为计算简便，将炉底空冷管等效为直线边界（图 8-102），对流换热系数取 200W/(m²·℃)，空气温度为 30℃，外围炉壁与冷却壁接触，设定其边界为综合换热，综合换热系数为 3000W/(m²·℃)，温度为冷却水温度 40℃。

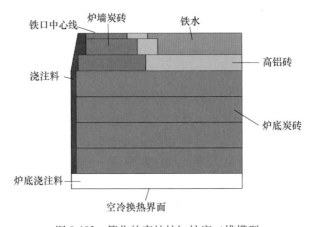

图 8-102   简化的高炉炉缸炉底二维模型

实测数据：死料柱浸入铁水深度为 0.9m，死铁层深度 1.35m。

8.4.2.3　温度场分析

图 8-103 所示为炉底耐火材料完好的情况下炉缸炉底温度场分布云图。从图中可以看出，炉缸内壁耐火材料表面的温度高于 1150℃。通常认为 1150℃ 是炉缸耐火材料的侵蚀线，因此，炉缸耐火材料发生侵蚀。由于炉缸上部渣铁存在，炉缸壁上可能形成渣壳，因此，铁水对炉缸上部的侵蚀情况较轻。在炉缸底部拐角的部分，温度梯度较大，热应力较大，导致拐角部位的炭砖和高铝砖容易碎裂，铁水渗入破损部位，导致拐角部位侵蚀速度较大。炉缸底部靠近风冷管的部分和炉缸外围区域温度较低，在 200℃ 以下。

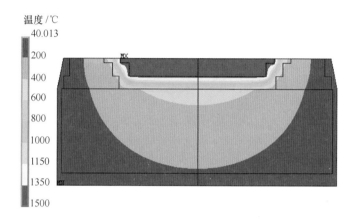

图 8-103　炉缸炉底温度场分布云图

图 8-104 所示为炉底高铝砖和炭砖在不同熔损程度下炉缸炉底的温度场分布。从图中可以看出，随着炉缸炉底破坏的加剧，炉缸炉底部分高温区域逐渐扩大，炉底炭砖直接接触含碳量较低的铁水，炭砖熔损速度逐渐加快。高铝砖消失之后，由于底部炭砖导热系数较大，热量向炉底传递，炉底高温区面积较大。炉底中心区域与炉底拐角处区域相比温度较高，因此，炉底在高炉冶炼后期侵蚀速度加速。炉缸侧壁由于渣铁壳的保护作用，最终会保持一定的厚度。铁口处由于铁水流动，耐火材料受到高温铁水的冲蚀作用和热应力较强。

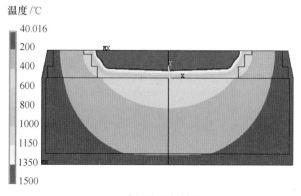

(a) 高铝砖开始被侵蚀

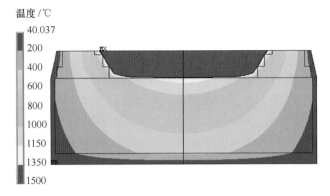

(b) 炉缸中心的高铝砖被完全侵蚀掉

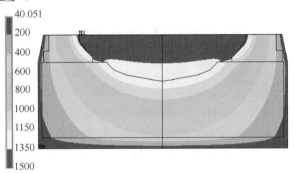

(c) 炉缸高铝砖和炉底炭砖第一层中心被完全侵蚀

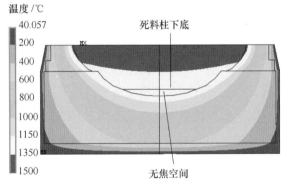

(d) 死料柱浮起,炉底出线无焦空间

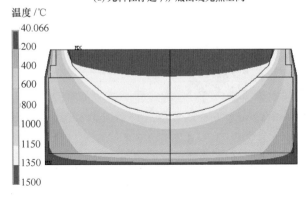

(e) 炉底炭砖第二层中心被完全侵蚀

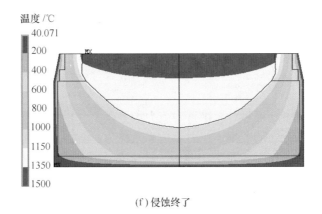

（f）侵蚀终了

图 8-104　炉底被破坏的不同阶段时温度场分布云图

由图 8-104 中可以看出，炉底侵蚀到一定深度时，炉缸内的死料柱由于铁水的作用会浮起。此时死料柱下方的空间内铁水流动会增强，引起铁水与炉底炭砖的对流换热增强，会进一步增强炉底炭砖的侵蚀，进而出现生产中常见的"锅底状"侵蚀炉型。

在炉缸炉底非稳态升温过程中，在接近铁水的热面，铁水热量进入炭砖的能力要大于炭砖传出热量的能力；而在接近冷却系统的冷面，冷却水的对流换热能力要大于炭砖的导热能力，所以靠近铁水的炭砖应选取导热系数大小适中、孔隙率低的材质；而逐渐远离铁水的位置，就要尽快把铁水凝固所传入砖层的热量导走，从下至上在靠近热面的第一层炭砖后的各层耐火材料的导热系数要大于其上一砖的导热系数，这样可使进入炭砖的热量能尽快传至炉缸炉底，进而被冷却水或空气带走。对于紧靠冷却系统的最后一层砖，要选用最高导热性的炭砖，以保证在有渣铁壳时最大限度地发挥冷却系统的"扬冷"作用。即炉缸炉底布砖方式应是自热面至冷面，第一层砖的导热系数最小，最后一层砖的导热系数最大，而在第一层砖和最后一层砖之间要适当增大各层砖的导热系数和厚度，这样在形成渣铁壳前炉底温度才不会过高且能发挥冷却系统的作用。此外，由于"扬冷避热"炉缸炉底的温度梯度自热面到冷面逐渐减小，为了减小应变造成的热应力破坏，耐火砖的厚度及热膨胀系数也应该自热面到冷面逐渐增加。上述布砖方式，由于导热系数、厚度及热膨胀系数逐渐变化，近似称为"梯度布砖法"。

理论计算的结果是死铁层深度最终为 1.49m，如图 8-104（f）所示。计算结果略大于实测值（1.35m），主要是因为忽略了生产中的操作因素，以及实际中炉底可能会形成渣铁壳保护炉底等因素，炉底炭砖的性质会影响铁水的流动，同时也就影响炉底的侵蚀形状。

高铝砖完好时，死铁层深度为 0.304m，炉底炭砖表面温度接近 1360℃，随着高铝砖的消失，炉缸深度不断增加，炉底表面温度逐渐降低。由于炉缸中心处铁水温度较同一高度的边沿铁水温度高，考虑到铁水凝固温度 1150℃，模型高度为 2.284m，炉缸侵蚀较为严重的区域应分布在高度为 1.81m 左右的部分。实际高炉炉缸中铁水存在流动，炉底流动较为剧烈，因此，下部铁水温度稍高一些，则炉缸侵蚀严重的区域应在 1.81m 的下部。

8.4.3 炉缸内炉衬破损力学原因研究

炉缸炉底破坏的主要因素是高温铁水对炉缸炉底耐火材料的侵蚀作用和高温引起的应力集中。炉底应力集中造成局部应力过大，从而引起部分耐火材料碎裂，导致耐火材料渗铁情况严重。

内衬破损力学研究主要通过计算炉缸的应力场分布，分析各部位的受力情况。应力场计算需载入炉缸温度场分布的数据，应力场边界条件为：炉缸炉底的底边和侧边为完全固定，上边沿受高炉压力，压力大小为 10MPa，铁水表面压力为 0.3MPa，考虑铁水重力的影响，炉缸炉底受铁水的压力影响，炉缸底部压力最大。

图 8-105 所示为炉缸炉底耐火材料完好的情况下应力分布云图。从图中可以看出，高铝砖和铁水直接接触，表面区域温度梯度较大，热应力强度较高，其中，炉底、拐角处的应力强度最大，高于耐火材料的抗压强度。因此，高铝砖破碎，铁水由此渗入高铝砖底部，高铝砖底部破坏速度加快。计算结果表明，在设计炉缸炉底的底部拐角部位时处理成阶梯状，可防止冶炼初期高炉炉底拐角处首先破损导致炉底破损加剧。由于炉底中心受到的热应力较大，该处耐火材料最容易首先遭到破坏，高铝砖损毁严重。如果采用导热系数较大、机械性能较高的高铝砖，则高铝砖内的温度梯度减小，有利于保护高铝砖减小侵蚀。炉底炭砖主要受高炉本体压力和铁水重力影响，温度对炉底炭砖的影响较小。

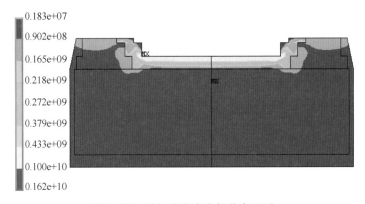

图 8-105　炉缸炉底应力场分布云图

随着高炉冶炼时间的增加，高炉炉底的侵蚀深度加深，炉缸炉底的应力场分布也不同。图 8-106 所示为炉底侵蚀深度不同时炉缸炉底的应力强度分布云图。

由于在建模计算时忽略了耐火材料之间的缝隙，使得耐火材料在受热膨胀时相互之间的空间小于实际情况，可知应力的模拟结果会略大于实际高炉的应力分布。

从图 8-106 中可以看出，高炉炉底受铁水侵蚀，炉缸深度不断增加，底部铁水距离风口高温区的距离逐渐增加，因此温度逐渐降低，炉底温度应力较小。由于受位移约束和热应力的影响，炉底高度不同时，炉底拐角周围区域的应力强度均较大，耐火材料易破损。随着炉缸深度的增加，炉底炭砖与铁水直接接触，应力使得炉底的高温炭砖表面的可能产生裂纹，加剧了炭砖的熔损，因此，在高铝砖以下的炭砖区域沿轴向侵蚀较为严重，在高温铁水的影响下，易出现"锅底状"侵蚀。

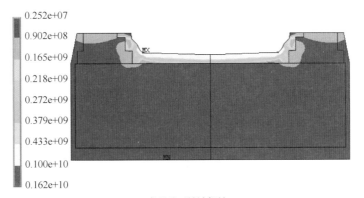

(a) 高铝砖开始被侵蚀

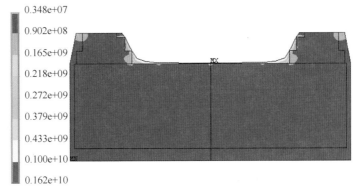

(b) 炉缸中心的高铝砖被完全侵蚀掉

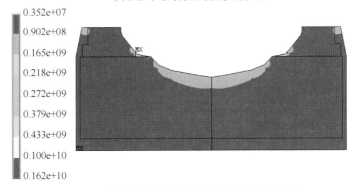

(c) 炉缸高铝砖和炉底炭砖第一层中心被完全侵蚀

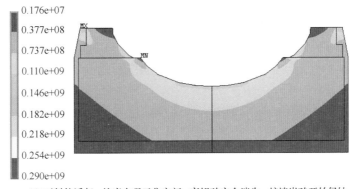

(d) 死料柱浮起,炉底出现无焦空间;高铝砖完全消失,炉墙炭砖开始侵蚀

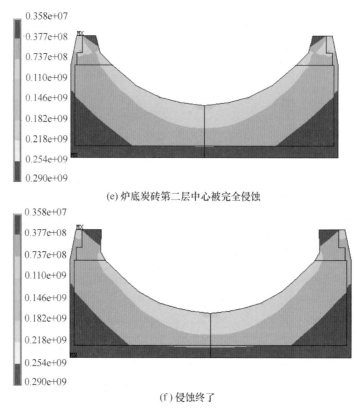

(e) 炉底炭砖第二层中心被完全侵蚀

(f) 侵蚀终了

图 8-106   炉底被破坏的不同阶段时应力场分布云图

((a)~(c) 与 (d)~(f) 的标尺不同)

由于铁水中含有铅、铜等重金属元素，在高炉炉缸炉底内壁出现重金属富集的现象。重金属富集于炭砖表面，使得炭砖机械性能下降，炭砖硬度和抗拉应力强度减小，变得疏松，炭砖熔损速度加快。由于重金属密度较大，在炉底部分的浓度较高。图 8-107 所示为炉底重金属铜富集。由于炉底耐火材料块（包括陶瓷垫和炭砖）之间填充料随着铁水的侵蚀逐渐消失，铁水由这些缝隙之间不断渗入底部和炉缸侧壁，炉缸炉底的侵蚀速度加快。图 8-108 所示为炉底炭砖之间的铁水渗透情况。因此，安装炉底炭砖时，应保证炭砖之间的填料的耐热耐重金属腐蚀性能。

高炉炉缸炉底温度场和应力场分布受结构、耐火材料性质、砌筑情况影响较大。因此，合理的炉缸炉底设计、耐热和机械性能较好的耐火材料以及高质量的砌筑，是延长高炉炉缸炉底使用年限的重要手段。通过以上分析得出如下结论：

（1）高炉炉缸炉底上部炉墙由于炉渣的保护温度稍低，下部靠近炉底的区域温度较高，破坏较为严重。

（2）炉缸炉底侵蚀炉型的形成是由炭砖熔损和应力集中引起的，温度高于 860℃ 时，炭砖出现脆化，熔损情况加剧，而应力强度较高导致炭砖表面产生裂纹，出现剥落的情况。

（3）高炉炉底随着冶炼时间的延长，侵蚀深度不断增加，贴近炉底的铁水温度降低，侵蚀速度逐渐放慢，径向侵蚀加剧。

图 8-107 炉底重金属铜富集

图 8-108 炉底炭砖之间的渗铁片

（4）炉缸炉底重金属富集导致炭砖熔损加快，炉底炭砖之间的填充料受重金属影响消失，导致铁水通过炭砖之间的缝隙不断向下和向外侵蚀。

8.4.4 炉缸渣铁水流动分析

8.4.4.1 物理模型

根据莱钢 125m³ 高炉的基本参数建立数学模型，并采用数值模拟的方法研究实际高炉在排放时炉缸渣铁水的流动特征。根据第 7 章中的料柱受力分析，在炉役初期，莱钢 125m³ 高炉的死料柱是沉坐在炉底的，由近壁效应和死料柱更新机理，设定炉墙附近无焦炭，死料柱为圆柱状，位于高炉中心。结合高炉设计图，建立炉役初期渣铁水排放计算模型（图 8-109）。

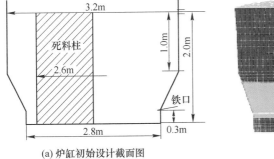

(a) 炉缸初始设计截面图

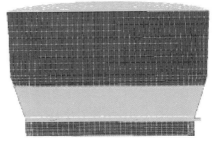

(b) 计算模型图

图 8-109　125m³ 高炉炉役初期炉型及其计算模型图

炉役后期由于炉缸炉底侵蚀，炉型发生较大变化，侵蚀后的炉缸直径和深度有所变化，具体尺寸见图 8-110（a）。解剖时发现料柱浮起，死料柱一部分浸泡在铁水中，一部分浸泡在渣层中，铁口以上炉墙边缘焦炭较少且颗粒较大，据此建立如图 8-110 所示计算模型。模拟计算中，取铁水的密度为 7000kg/m³、黏度 0.005Pa·s；渣的密度为 2800kg/m³、黏度 0.5Pa·s，根据每生产 1000kg 生铁产生 300kg 渣量来计算初始渣厚。计算的初始条件和边界条件采用实际生产数据。

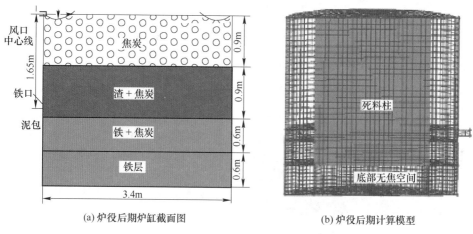

图 8-110　125m³ 高炉炉役后期炉型及其计算模型图

8.4.4.2　高炉炉役初期出铁过程中的流场特征

高炉排放过程中渣铁水的流场如图 8-111 所示，无焦空间液体流速明显比死料柱中的流速快，而且越靠近铁口附近流速明显加快；从过铁口水平截面来看，沿着炉墙存在明显的环流。

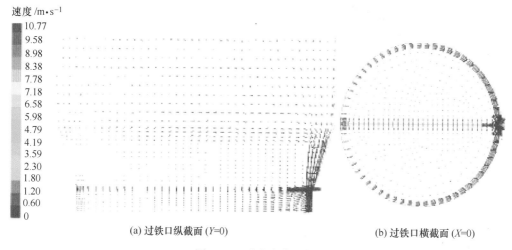

图 8-111　炉役初期流场

图 8-112 分别为出铁前和出铁结束时气、渣、铁三相在炉内分布。可以看出，打开铁口时铁水液面高过铁口，铁水先流出；出铁结束时，渣的上下表面均是倾斜的斜面而非平面，这将导致低于铁口水平面的铁也有部分被排出，而高于铁口水平面的部分炉渣却被滞留在炉缸中无法排出。

图 8-113、图 8-114 所示为计算出铁过程中监测到的铁口渣铁流量，可以发现整个出铁过程可以分为三个阶段：第一阶段，由于铁口打开时铁水液面超过铁口中心线，所以前一阶段出铁口流出的全为铁水。第二阶段，当排出一部分铁水后铁水液面下降，同时渣铁界面向下弯曲，渣铁开始混出，开始时以铁水为主，随着渣的流量逐渐变大慢慢转为以出

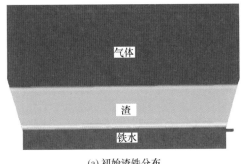
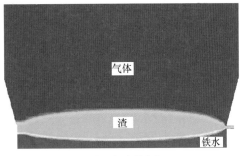

(a) 初始渣铁分布   (b) 出铁结束瞬间渣铁分布

图 8-112 出铁过程渣、铁界面变化

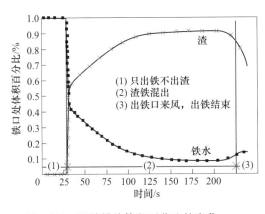
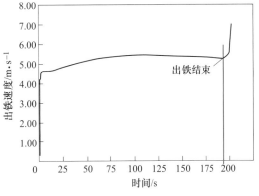

图 8-113 渣铁排放体积百分比的变化   图 8-114 125m³ 高炉出铁体积流量

渣为主。第三阶段，随着渣液面的下降，同时渣面也开始出现向铁口倾斜，炉内铁口中心线以上的渣还没有完全来得及排出时，铁口来风，堵铁口停止出铁，部分渣滞留炉缸。

从实际高炉出铁操作经验来看，打开铁口后流出的几乎全部是铁水，然后渣铁混出，最后铁口来风堵口，这与数值模拟的出铁过程较为吻合，图 8-114 所示为铁口排放的体积流量。可以看出，打开铁口后不久渣铁流速趋于稳定，虽然不同阶段流出的渣铁比例有变化，但整个出铁过程体积流量并无大的变化。

8.4.4.3 高炉炉役后期出铁过程中的流场特征

莱钢 125m³ 高炉炉役后期与初期相比，最大的不同是炉缸加深，死料柱由沉坐变为浮起，底部出现了无焦空间，底部铁水流动通道被打开，影响出铁的流场。由于炉役初期炉缸形状与炉役后期有较大差别，为了更好地对比研究死料柱浮起前后对流场的影响，特按照后期炉型尺寸计算了料柱沉坐与浮起状况下的流场。

图 8-115 (b) 表明炉役初期死料柱沉坐在炉底，铁水主要靠炉缸侧壁环流从铁口流出。图 8-115 (a) 所示为炉役后期死料柱浮起，底部有无焦空间时的过铁口纵截面（Y = 0）的流场，虽然沿着炉缸侧壁的环流依然存在，但由于底部无焦炭，铁水流动阻力小，部分铁水从底部无焦空间通道流向铁口区域。

8.4.4.4 渣铁水流动对高炉炉缸侵蚀的影响

图 8-116、图 8-117 所示分别为死料柱沉坐与浮起状态下的不同高度横截面铁水流场。

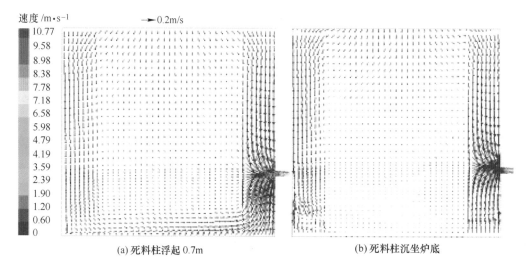

(a) 死料柱浮起 0.7m   (b) 死料柱沉坐炉底

图 8-115   死料柱"浮起"与"沉坐"时的流场图

死料柱沉坐在炉底,底部通道堵死,铁水主要通过环流流向铁口;从不同高度横截面的铁水流场图(图 8-116)可以发现铁水环流在靠近炉底附近较大($z=0.1m$ 截面),总体看越往上环流有所减弱,但当靠近铁口附近时,环流又明显增加;在靠近铁口一侧,离铁口越近,速度越大。

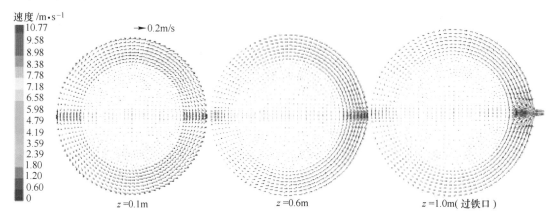

$z=0.1m$ $z=0.6m$ $z=1.0m$(过铁口)

图 8-116   死料柱沉坐时不同高度横截面铁水环流

当死料柱浮起后,底部出现无焦空间,铁水流向铁口有了新通道(图 8-117),靠近炉底(图 8-117 中 $z=0.1m$)的铁水流动方式不再是环流,而是比较均匀的流向铁口一侧,其流速比死料柱沉坐炉底时有所减弱,对比同一高度处的环流流速,发现死料柱浮起后,环流有所减弱,但铁口附近流速基本未变,而且铁口区域依然是速度最大、最受铁水冲刷侵蚀的部位。

图 8-118 所示为根据莱钢 125m³ 高炉解剖测量数据绘制的炉型侵蚀。可以看到,后期整个高炉内型向铁口一侧偏移,形成一个以铁口为中心的"锅状"侵蚀坑,即离铁口越近侵蚀越严重。图 8-119 所示为炉缸炉渣铁水流动时炉墙所受剪切应力分布。说明铁口区域渣铁水流速最大,对铁口附近炉缸冲刷破坏也最严重。

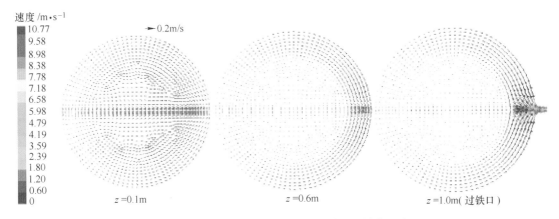

图 8-117　死料柱浮起时不同高度横截面铁水环流

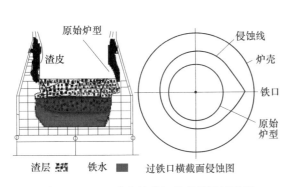

图 8-118　125m³ 高炉炉缸炉底侵蚀示意图

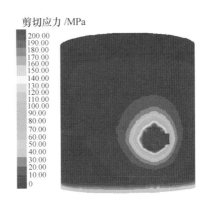

图 8-119　125m³ 高炉炉墙剪切应力分布

当然造成炉缸破坏的原因很多也很复杂，在解剖时发现炉缸侧壁出现较为严重的渗铁，在热负荷变化的情况下容易造成砖衬断裂形成环裂。以上渣铁水流动对炉缸破坏仅仅只是一个重要的破坏因素，但其破坏形式不容忽视，因为虽然铁口区域不停注入的新的炮泥对炉缸有维护作用，但依然侵蚀很厉害，可见渣铁水冲刷破坏力之大。同时剧烈的渣铁水流动使高温铁水易于到达流动较为活跃的区域，高温不但加速热化学破坏，而且剧烈的温度变化使砖衬极易在热应力作用下发生破坏或者导致渗铁。

8.5　小结

本章通过数值模拟的方法，结合现场实际，分析了高炉的破损机理，高炉不同部位的破损情况不尽相同，破损的原因和机理也不同。

炉喉处钢砖破损严重，破坏形式为由温度过高导致的壁体烧损严重、应力集中导致两肋之间的壁体产生裂纹以致壁体脱落消失、炉料冲击导致壁体的严重磨损等。实施水冷炉喉钢砖，以保证即使顶温过高也不至于使炉喉钢砖被烧损或者产生高温变形，这是保证炉喉长寿的关键。

炉身上部砖衬基本完好，砖侵蚀很少，破损主要是由于炉料磨损。炉身中部在局部地方煤气过于旺盛，出现炉料黏结的现象，并黏附在炉墙上形成炉瘤。炉料出现软熔特征的地方炉墙侵蚀突然变得异常严重，局部会出现较深的侵蚀坑。炉身下部靠近凸台镶砖冷却壁附近，砖衬侵蚀突然加剧，沿着炉墙炉料有铁锈色，炉身越往下耐火砖的强度越差，砖的热面裂缝越严重，侵蚀也相对严重，砖缝中往往沉积着较多绿色沉积物。炉身下部的凸台冷却壁在没有渣皮保护的情况下，凸台表面出现了较多的纵向裂纹和少量的横向裂纹。建议采用全冷却壁结构，提高炉身抗侵蚀能力。

炉腰和炉腹处镶砖全部侵蚀，冷却壁本体也遭到严重侵蚀。取代镶砖的是一层 20～60mm 厚的渣皮，冷却壁表面形成稳定的渣皮是冷却壁长寿的关键。同时，冷却壁的设计，特别是内部水管合理布置，是避免冷却壁产生裂纹等应力破坏、实现冷却壁长寿的重要途径。

炉缸炉底侵蚀总体呈现"锅底"状，局部"蒜头"状，炉底真实残厚不到 200mm。炉缸炉底侵蚀主要由于炭砖缝渗铁及碳不饱和的铁水对炭砖的熔蚀造成的，铁口区域冲刷侵蚀严重。炭砖渗铁也是自焙炭块普遍存在的问题。研究发现，在热负荷变化的情况下容易造成砖衬断裂形成环裂，靠近出铁口部位，铁水流动会对炉缸破坏。另外，几乎所有的炭砖砖缝均渗铁，高炉的砌筑和炉体温度分布存在问题。建议炉缸炉底的布砖和砌筑必须满足传热学和力学结构要求，同时建议炉底采用水冷，良好的温度分布是炉缸炉底长寿的重要基础。

参 考 文 献

[1] 宋阳升，杨天钧，吴懋林，等. 高炉冷却壁冷却能力的计算和分析 [J]. 钢铁，1996（S1）：9-13.
[2] 邓凯，程惠尔，吴俐俊，等. 结构参数对高炉冷却壁温度场及热应力分布的影响 [J]. 钢铁研究学报，2006，18（2）：1-5.
[3] 万雷. 首钢迁钢炼铁 2 号高炉炉缸热流和侵蚀在线监测系统开发 [D]. 北京：北京科技大学，2009.

9 总结及展望

莱钢高炉自 2007 年 12 月 18 日停炉解剖至今已有十余载，通过大量的检测分析、模拟实验，系统地研究了高炉炉料在炉内堆积状态、布料与气流分布关系、含铁炉料还原过程、焦炭及煤粉在高炉内的性状变化、渣铁形成过程、有害元素的循环富集、高炉炉衬及冷却系统的损坏机理等，取得了大量宝贵的数据，分析得出了许多重要结论，其中既验证了众多已有的理论，也有一些新的发现。与此同时，在高炉解剖现场实施和实验方法上也进行了许多有益的尝试，获得了大量的经验和信息。

在高炉解剖实施的过程中，采用了一系列的新方法，例如：

◆ 利用石墨盒的分布判断炉内炉料的偏析状况。

◆ 编制了线性差值算法，利用有限的石墨盒测温数据恢复高炉内温度场分布，此方法具有一定的通用性。

◆ 应用算子法、有机玻璃遮挡法、玻璃夹心板法和方盒法观察料层分布状态。

◆ 根据喷吹物性能、喷吹压力及流量要求，自行设计了向风口回旋区喷吹填充材料用异型喷枪。

◆ 采用环氧树脂进行芯管炉料固化，固化强度高，树脂透明，便于观测等。

通过这些创新的方法，最终验证了打水凉炉的可行性，验证了应用石墨盒测温的可行性，验证了采用芯管取样观察料层分布的可行性，验证了炉内温度分布与气流分布的对应关系。

采用直观观察和计算机模拟方法研究了解剖高炉内的物料分布状态及煤气分布：

◆ 解剖高炉料面形状分布验证了钟式布料规律，由于不同种类、不同粒径、不同形状炉料的堆积和滚动特性不同，造成料层分布不均匀。

◆ 炉料下降时沿着以炉墙延长线与高炉中心线交点为原点的放射线向下移动，下降过程炉料仍基本保持层状分布特征。

◆ 高炉内存在的软熔带从上往下呈逐渐放大的环状分布，软熔层之间存在厚度不等的焦窗层，软熔带与温度分布具有良好的对应关系。

◆ 燃烧带呈上翘气囊状，风口回旋区前端依次为混合渣铁的密实区、碎焦区、焦炭疏松区和中心死料柱，相邻回旋区及炉墙之间的三角形区域内存在一定范围的死区。

◆ 在炉缸铁水外缘与炉缸内死料柱底部边缘交汇处存在一圈 Ti(C,N)，证实了钛矿护炉的原理。

◆ 高炉内气流分布研究证实了气流在炉内的三次分配，验证了炉内温度分布与煤气流三次分布的关系、煤气流对不同颗粒与密度炉料落点的影响规律，并着重分析了料层厚度、料柱高度、炉料透气性、矿焦比以及局部透气性差等因素对气流分布的影响规律。

◆ 有趣的是，解剖高炉软熔带呈现偏畸形的倒"V"形分布，高炉温度场分布为"W"形，由于布料存在偏析，造成靠近边缘铁矿石少，且在打水过程中被淬成水渣，所以并未出现预期的"W"形软熔带分布。焦炭充满渣层，填充率 70% 左右，从上到下粒度逐渐变小，焦炭进入铁层约 600mm，铁层边缘焦炭粒度较小，与铁水流动冲刷有关，底部存在无焦空间，焦炭与炉缸之间没有明显缝隙，为今后建立炉缸铁水流动模型提供参考。

通过对高炉解剖样品的分析及实验室的模拟实验全面研究了含铁炉料的演变过程：

◆ 解剖结果证实了含铁炉料低温还原粉化的存在，且验证了含铁炉料随高度方向粒度、强度、还原度和金属化的变化规律，及半径方向上还原度和金属化率与气流分布的关系。

◆ 通过矿相分析验证了铁氧化物逐级还原的规律，验证了正常炉料条件下，低温时球团矿的还原性较好，高温时烧结矿的还原性较好的规律，也间接验证了不同矿物还原性的排列顺序，同时验证了炉料还原性的好坏是由炉料的矿物组成和炉料本身的热性能和结构共同决定的。

◆ 通过混合矿熔滴实验验证了目前高碱度烧结矿配加酸性球团矿炉料结构的互补作用，验证了高炉内硅的还原包括风口前焦炭灰分中 SiO_2 的还原和炉料中 SiO_2 的还原以及硅含量在软熔带开始大量增加的事实。

◆ 通过此次研究还发现，含铁炉料在软熔后由于相互黏结粒度会逐渐增大，在块状带底部还原度和金属化率并没有达到根据直接还原度推算的约 50% 左右的水平，但在进入软熔带后金属化率迅速增大，说明在软熔带上沿以及和软熔带交界的块状带区域由于热力学和动力学条件俱佳是还原反应进行最迅速的区域。

◆ 结果表明球团矿还原过程存在脱壳现象，系统研究了球团矿的还原过程，实验室条件下模拟了高炉内不同高度球团矿的金属化率变化，模拟结果较好地吻合了高炉解剖取样的实测值。

采用历程分割法，研究了高炉内焦炭及煤粉行为：

◆ 验证了炉内块状带焦炭粒度和强度的变化规律，随高度降低，焦炭粒度逐渐减小，强度逐渐变差。

◆ 验证了块状带焦炭劣化与煤气流分布的关系，在煤气流旺盛的中心和边缘焦炭劣化速度快；边缘焦炭进入炉腰部位后，由于碱金属以及锌在此部位的富集，造成焦炭反应性迅速增大；同时验证了焦炭反应性、反应后强度与焦炭气孔率之间的对应关系。

◆ 验证了焦炭对碱金属和锌等有害元素的吸附规律，碱金属在炉身上部含量变化不大，进入软熔带后开始迅速增加，到风口回旋区上方区域达到最大；焦炭中的锌在炉身上部略有增加，进入炉身下部后，边缘焦炭锌含量快速增加，在炉腹上部，锌含量达到最大，此后由于还原升华，焦炭中锌含量迅速降低。

◆ 通过对焦炭的多次转鼓实验，验证了富集元素在焦炭内部的分布规律，证明了碱金属对焦炭具有非常强的渗透能力。系统分析了焦炭劣化机理，本次解剖为多种焦炭劣化方式提供了现实的证据。

◆ 验证了煤粉在风口前燃烧的一般规律，由于停留时间短，总有部分未燃煤粉随煤气上升，除部分参加还原反应和向铁水中渗碳外，剩余随炉尘逸出炉外。

◆ 验证了未燃煤粉对炉渣黏度、熔化性温度的影响规律。

◆ 解剖结果表明，进入软熔带以后，越往下，焦炭的气孔率越低，此时有液态渣铁渗入焦炭内部，焦炭强度增加，焦炭溶损反应减弱。利用煤岩显微分析方法，计算出未燃煤粉在高炉内的大概分布情况，得出了解剖高炉 70kg/t 煤比、无富氧条件下未燃煤粉占粉末中总碳量的 10%~40%、除尘灰中未燃煤粉占炉尘总碳量的 1/12 的结论。

全面地研究了高炉内渣铁形成过程，结果验证了生铁形成的一般规律：

◆ 块状带逐渐还原为 FeO，接近软熔带开始迅速还原，软熔带内侧烧结矿金属化率达到 90% 以上，球团矿金属化率为 70% 左右，随着金属铁被还原出来，渗碳反应就开始了，碳含量不断增加，金属铁熔点降低，温度接近 1400℃ 左右时，液态渣铁滴落，穿过焦炭过程中少量 FeO 被还原，剩余少量 FeO 进入炉渣。

◆ 通过对解剖高炉内滴落带"冰凌"的矿相分析证实了在滴落带渣铁大部分已经分离的事实，偶见渣相中包含着零星的金属铁小颗粒和 FeO 颗粒或者在金属铁中包含少量圆形渣粒。验证了初渣的形成过程，渣相首先在球团矿内部产生，为 FeO 与 SiO₂ 反应生成低熔点的硅酸盐，从球壳中脱落后，滴落在烧结矿上，与烧结矿反应形成复杂化合物，形成初渣。通过成分分析得知，初渣中 FeO 含量很高，超过 30%，初渣中 Si 含量明显高于 Ca 含量，说明初渣为酸性渣。

◆ 通过实验验证了炉渣成分对终渣性能的影响规律。研究发现球团矿还原按照未反应核模型从外向内进行，表层形成致密金属壳，球团矿内部生成渣相，首先滴落，滴落前未发现渣铁分离情况；烧结矿的还原非常不均匀，由于滴落温度高，有些烧结矿内部在没有滴落前部分渣铁已经分离。

◆ 根据风口回旋区燃烧带所取渣样成分分析，确定了中间渣成分，利用配渣的方法系统研究了中间渣的性能。鉴于目前使用炉料中锌含量较高，在中间渣中发现了锌黄长石的存在，这在以往炉渣的报道中尚未见到。

系统研究了高炉内有害元素循环富集行为：

◆ 验证了碱金属在炉内的分布规律以及循环富集现象、碱金属对焦炭溶损反应的催化作用以及碱金属对炉墙的破坏机理，证明了钾对焦炭的破坏作用高于钠。

◆ 验证了铅在高炉内分布规律以及含铁炉料和焦炭对铅的吸附规律，证明了锌对炉料性能的影响大于铅。系统研究了不同部位炉衬的侵蚀机理，利用扫描电镜分析，证实了碱金属、锌等有害元素对炉衬的破坏作用。

◆ 第一次通过高炉解剖揭示了锌在高炉内的分布规律及循环富集现象，阐明了锌对焦炭性能的影响规律；通过对砖衬热面、中间和冷面元素分析，得出了钾对高炉内砖衬的渗透能力大于锌，锌大于钙（来自炉渣），其破坏力的定量化有待进一步研究。

综合高炉解剖结果及数值模拟分析论述了高炉炉衬侵蚀及冷却器损坏机理：

◆ 对高炉炉衬侵蚀及冷却器损坏情况进行了调查，证实了炉身下部和炉腰交界处由于温度高且无渣铁凝固层保护，非常易受侵蚀；炉腹上部侵蚀也比较严重，在炉腹下部，只要冷却系统设计合理，就可以形成渣铁保护层，冷却器在渣铁凝固层的保护下损坏不是很严重。

◆ 通过对炉缸铁水流动的模拟，验证了出铁过程中铁水横向环流和纵向环流的存在；通过加深死铁层设计，可以有效减少铁水环流对炉缸和炉底的冲刷侵蚀。

◆ 尽管有泥包的保护，但铁口周围尤其是铁口两侧约 $30°\sim40°$ 的位置上受铁水流动侵蚀的影响最大。

◆ 炉底和炉缸炭砖砖缝中大量渗铁，此铁水一方面对炭砖形成热侵蚀和溶损侵蚀，另一方面铁水产生的浮力对炭砖的影响也是不可忽视的。

◆ 利用 CFD 软件，模拟了不同形式冷却器在不同炉况下的温度场和应力场分布，给出了不同冷却器的破损机理以及改进建议。

◆ 利用数值模拟的方法，对炉缸出铁过程进行模拟，并对铁水出不净现象给出了解释。

通过以上总结发现，本书通过创新的高炉解剖方法，一方面验证了已知的工业高炉内现象，另一方面发掘了许多新的反应规律，更加具体和直接地揭示了高炉冶炼规律，生动地论述了炼铁过程机制。在一个相当长的历史时期，铁水仍将是炼钢的主要原料，高炉工艺仍将是生产铁水的主导工艺，且由于我国经济基数大，铁水需求量大，高炉炼铁仍然具有很好的市场前景。本书所揭示的高炉内部冶炼原理将有助于提升我国高炉冶炼理论水平，为解决新时代高炉炼铁面临的问题提供理论依据。

作为世界钢铁第一大国，我国仍然需要加强炼铁基础理论的研究，从本质上找出限制炼铁技术进步的核心问题，从根本上解决问题，使炼铁生产绿色环保地可持续发展，尽快使我国成为钢铁强国。